STARK

2022

MSA · eBBR

Original-Prüfungsaufgaben
mit Lösungen

Berlin · Brandenburg

Mathematik

STARK

12. ergänzte Auflage
www.stark-verlag.de

Inhalt

Fortsetzung siehe nächste Seite

Wegen des Corona-Virus fand die Prüfung zum MSA in Berlin im Jahr 2021 nicht statt. Die Original-Prüfungsaufgaben 2021, die in Brandenburg gestellt wurden, kannst du als PDF auf der Plattform MyStark herunterladen (Zugangscode vgl. Umschlaginnenseite), sobald sie zur Veröffentlichung freigegeben sind.

Jeweils zu Beginn des neuen Schuljahrs erscheinen
die neuen Ausgaben der Prüfungsaufgaben mit Lösungen.

Autorinnen: Heike Ohrt, Doris Cremer

Vorwort

Liebe Schülerin, lieber Schüler,

mit dem vorliegenden Buch kannst du dich ideal auf die **schriftliche Prüfung am Ende der Jahrgangsstufe 10** im Fach **Mathematik** vorbereiten, die gemeinsam in den Bundesländern Berlin und Brandenburg stattfindet.

Es handelt sich dabei um eine **einheitliche eBBR / MSA-Prüfung**, die sowohl zum Schulabschluss **erweiterte Berufsbildungsreife** als auch zum **mittleren Schulabschluss** (bzw. zur Fachoberschulreife in Brandenburg) führt. Für den Erwerb der eBBR musst du grundlegende Aufgaben lösen, für den Erwerb des MSA (bzw. der FOR) zusätzlich noch anspruchsvollere (Teil-)Aufgaben, die durch ein Sternchen * gekennzeichnet sind.

Dieses Buch enthält die **Original-Abschlussprüfungen** der Jahre **2014–2020**. Die **Original-Prüfung 2021** aus Brandenburg steht auf der **Plattform MyStark als Download** zur Verfügung, sobald sie zur Veröffentlichung freigegeben ist. Für die Prüfungen hast du jeweils **135 Minuten** Zeit.

Zu allen Aufgaben gibt es **ausführliche Lösungen**, in denen jeder Rechenschritt erklärt ist. Zuerst solltest du versuchen, selbst auf die Lösung zu kommen und sie dann mit der aus dem Buch vergleichen. Nur was du dir selbst erarbeitet hast, bleibt im Gedächtnis. So lernst du dazu. Halte dich deswegen konsequent daran, jede Aufgabe zunächst selbst zu rechnen.

Sollten nach dem Erscheinen dieses Bandes noch wichtige Änderungen in der eBBR/MSA-Prüfung vom LISUM Berlin-Brandenburg bekannt gegeben werden, findest du aktuelle Informationen dazu auf der **Plattform MyStark** (Zugangscode vgl. Umschlaginnenseite).

Viel Erfolg bei deiner Prüfung!

Heike Ohrt

Hinweise und Tipps

1 Hinweise zur Prüfung

Die schriftliche Prüfung in Mathematik zur erweiterten Berufsbildungsreife/zum mittleren Schulabschluss (bzw. zur Fachoberschulreife in Brandenburg) in der Jahrgangsstufe 10 wird voraussichtlich am 28. 4. 2022 stattfinden. Die Prüfungszeit beträgt **135 Minuten**. Die Prüfung ist für alle Schülerinnen und Schüler in Berlin und Brandenburg gleich (mit Ausnahme der Brandenburger Gymnasien). Die Aufgaben orientieren sich an den Inhalten des Rahmenlehrplans für die Klassen 7 bis 10 und an den allgemeinen Bildungsstandards der Kultusministerkonferenz.

Folgende **Hilfsmittel** sind zugelassen:

- Geodreieck
- Zirkel
- nichtprogrammierbarer, nichtgrafikfähiger Taschenrechner
- Wörterbuch
- Formelübersicht (erhältst du mit der Prüfungsarbeit)

2 So bereitest du dich vor

Es ist wichtig, dass du rechtzeitig mit der Vorbereitung beginnst. Empfehlenswert sind 4 Monate vor dem Prüfungstermin.

Lege dir für die Prüfungsvorbereitungen einen Prüfungsordner an und hefte alle Übungen ein. Nummeriere die Aufgaben, z. B. MSA/eBBR 2020 Aufgabe 1.

Vergleiche deine Ergebnisse mit den Lösungen aus dem Buch und markiere deine Ergebnisse als r (richtig) oder f (falsch). Berichtige die mit „f" markierten Ergebnisse, nachdem du alle Lösungen verglichen hast.

3 So kannst du dich testen

Mithilfe der alten Prüfungsarbeiten kannst du dein Können unter Beweis stellen und dich verbessern. Es ist ein gutes Training, wenn du zunächst eine komplette Prüfungsarbeit unter Prüfungsbedingungen in der vorgegebenen Zeit (135 Minuten) ohne Unterbrechung bearbeitest. Nur so kannst du dich in die Prüfungssituation hineinversetzen und diese üben.

Beachte folgende Hinweise:

- Stelle eine prüfungsähnliche Situation her.
- Schaff dir einen freien Arbeitsplatz und lege Taschenrechner, Geodreieck, Bleistift, Radiergummi, Zirkel, karierte Blätter, einen blauen Kugelschreiber oder Füller und die Formelübersicht aus diesem Buch bereit.
- Sorge dafür, dass du 135 Minuten ungestört arbeiten kannst. Keine Musik, Handy ausschalten!
- Stell dir ein Getränk und etwas zu essen bereit.

Ab jetzt läuft die Zeit.

- Lies dir zunächst alle Aufgaben durch, damit du weißt, was auf dich zukommt.
- Beginne mit der Aufgabe, bei der du dich am sichersten fühlst. Du kannst wichtige Aussagen markieren.
- Halte dich nicht zu lange an einer Aufgabe auf, verbeiß dich nicht, sondern mache mit der nächsten weiter.
- Lege kurze Pausen ein.
- Achte auf die Form und vergiss bei Textaufgaben die Antwortsätze nicht.
- Bedenke, dass alle Lösungswege nachvollziehbar sein müssen.
- Überprüfe, ob dein Antwortsatz zur Fragestellung passt und ob die Einheiten stimmen.
- Wenn du am Ende noch Zeit hast, gehe deine Arbeit noch einmal durch.

Kontrolliere erst nach einer Pause von mindestens 2 Stunden die Lösungen. Markiere deine Fehler.

Bearbeite zu einem späteren Zeitpunkt (z. B. 2 Tage danach) unbedingt die Aufgaben, in denen du Fehler gemacht hast, noch einmal.

Prozentrechnung

(Grundformel)	$\frac{G}{100} = \frac{W}{p}$	G: Grundwert W: Prozentwert p %: Prozentsatz

Zinsrechnung

Zinsformel	$\frac{K}{100} = \frac{Z}{p}$	K: Kapital Z: Zinsen p %: Zinssatz
Zinsen für t Tage	$Z_t = \frac{K \cdot p \cdot t}{100 \cdot 360}$	t: Tage
Zinsen für m Monate	$Z_m = \frac{K \cdot p \cdot m}{100 \cdot 12}$	m: Monate
Kapital nach n Jahren	$K_n = K_0 \cdot \left(1 + \frac{p}{100}\right)^n$	n: Anzahl der Jahre K_n: Kapital nach n Jahren K_0: Anfangskapital
Zinssatz	$\frac{p}{100} = \sqrt[n]{\frac{K_n}{K_0}} - 1$	

Dichte

eines Stoffes	$\rho = \frac{m}{V}$	ρ: Dichte; m: Masse V: Volumen

Geschwindigkeit

einer gleichförmigen Bewegung	$v = \frac{s}{t}$	v: Geschwindigkeit s: zurückgelegter Weg t: benötigte Zeit

Quadratische Funktionen und Gleichung

Scheitelpunktform der Normalparabel	$f(x) = (x + d)^2 + e$ $f(x) = (x - m)^2 + n$	Scheitelpunkt $S(-d \mid e)$ Scheitelpunkt $S(m \mid n)$
Normalform	$0 = x^2 + px + q$	$p, q \in \mathbb{R}$
Lösungsformel für quadratische Gleichungen in Normalform und zur Bestimmung von Nullstellen	$x_{1/2} = -\frac{p}{2} \pm \sqrt{\left(\frac{p}{2}\right)^2 - q}$	Für $\left(\frac{p}{2}\right)^2 - q < 0$ ist die Gleichung nicht lösbar.

Potenzen und Wurzeln

$a^n := a \cdot a \cdot \ldots \cdot a$ (n-mal) — für $a, b \in \mathbb{R}, a \neq 0$ und $m, n \in \mathbb{N}$

$a^0 := 1$

$a^m \cdot a^n = a^{m+n}$

$\frac{a^m}{a^n} = a^{m-n}$

$a^m \cdot b^m = (a \cdot b)^m$

$\frac{a^m}{b^m} = \left(\frac{a}{b}\right)^m$ — für $b \neq 0$

$(a^m)^n = a^{m \cdot n}$

$a^{-n} := \frac{1}{a^n}$

$\sqrt[n]{a} = a^{\frac{1}{n}}$; $\sqrt[2]{a} = \sqrt{a} = a^{\frac{1}{2}}$

$\sqrt[n]{a}\sqrt[n]{b} = \sqrt[n]{ab}$

$\frac{\sqrt[n]{a}}{\sqrt[n]{b}} = \sqrt[n]{\frac{a}{b}}$

$\sqrt[n]{a^m} = a^{\frac{m}{n}}$

für $a, b \in \mathbb{R}^+$ und $m, n \in \mathbb{N} \setminus \{0\}$ (Für den Spezialfall $n = 2$, die Quadratwurzel, lässt man den Wurzelexponenten weg und schreibt nur $\sqrt{\ }$.)

Rechtwinkliges Dreieck

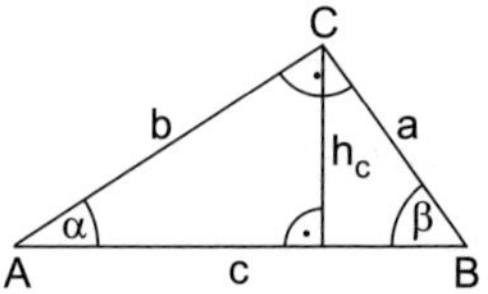

Satz des Pythagoras $c^2 = a^2 + b^2$

Umfang $u = a + b + c$

Flächeninhalt $A = \frac{1}{2} a \cdot b$ bzw.

$A = \frac{1}{2} c \cdot h_c$

Seiten-Winkel-Beziehungen

$\sin \alpha = \frac{\text{Gegenkathete von } \alpha}{\text{Hypotenuse}} = \frac{a}{c}$

$\cos \alpha = \frac{\text{Ankathete von } \alpha}{\text{Hypotenuse}} = \frac{b}{c}$

$\tan \alpha = \frac{\text{Gegenkathete von } \alpha}{\text{Ankathete von } \alpha} = \frac{a}{b}$

Beliebiges Dreieck

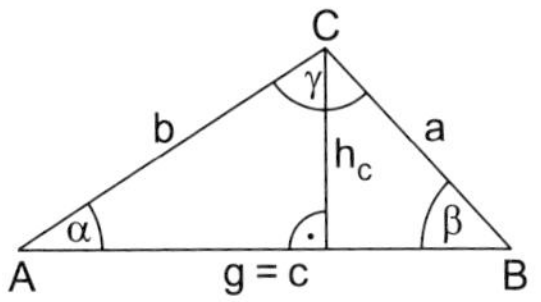

Sinussatz $$\frac{a}{\sin\alpha}=\frac{b}{\sin\beta}=\frac{c}{\sin\gamma}$$

Kosinussatz $$c^2=a^2+b^2-2ab\cdot\cos\gamma$$
$$a^2=b^2+c^2-2bc\cdot\cos\alpha$$
$$b^2=a^2+c^2-2ac\cdot\cos\beta$$

Umfang $$u=a+b+c$$

Flächeninhalt $$A=\frac{1}{2}c\cdot h_c \quad \text{bzw.}$$
$$A=\frac{1}{2}a\cdot b\cdot\sin\gamma$$

Strahlensätze

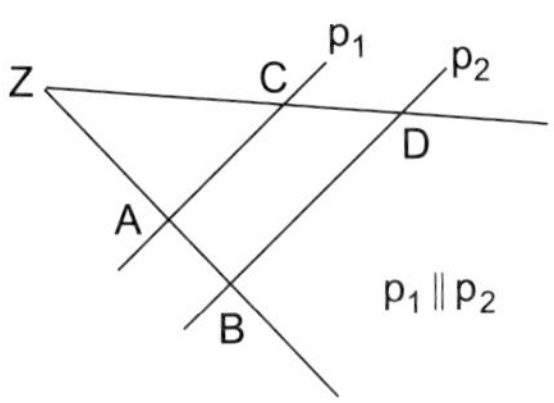

1. Strahlensatz $$\frac{\overline{ZA}}{\overline{AB}}=\frac{\overline{ZC}}{\overline{CD}};\quad \frac{\overline{ZA}}{\overline{ZB}}=\frac{\overline{ZC}}{\overline{ZD}}$$

2. Strahlensatz $$\frac{\overline{ZA}}{\overline{ZB}}=\frac{\overline{AC}}{\overline{BD}};\quad \frac{\overline{ZC}}{\overline{ZD}}=\frac{\overline{AC}}{\overline{BD}}$$

Rechteck

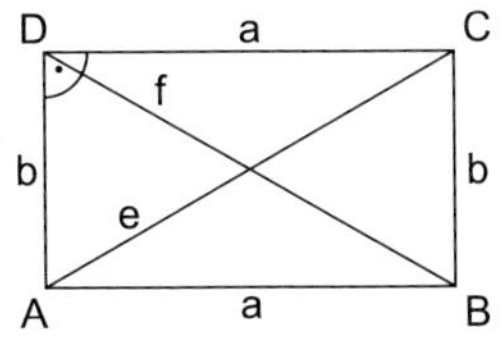

Umfang $$u=2a+2b=2(a+b)$$

Flächeninhalt $$A=a\cdot b$$

Diagonalen $$e=f=\sqrt{a^2+b^2}$$

Trapez

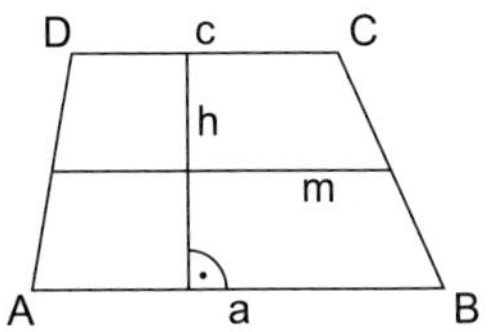

Mittellinie $$m=\frac{1}{2}(a+c)$$

Flächeninhalt $$A=m\cdot h$$
$$A=\frac{1}{2}(a+c)\cdot h$$

Kreis

Durchmesser $d = 2 \cdot r$

Umfang $u = 2\pi \cdot r$

Flächeninhalt $A = \pi \cdot r^2$

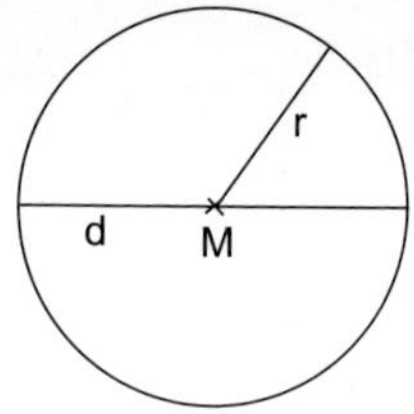

Würfel

Grundfläche $A_G = a^2$

Oberfläche $A_O = 6a^2$

Volumen $V = a^3$

Raumdiagonale $d = a\sqrt{3}$

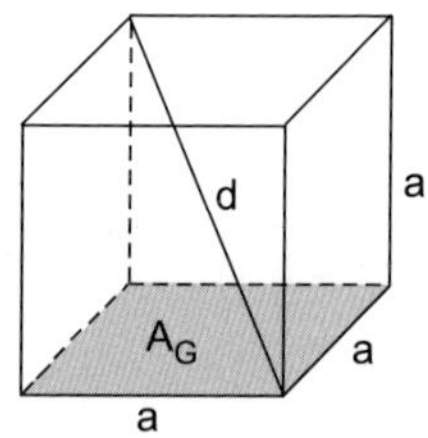

Quader

Grundfläche $A_G = a \cdot b$

Oberfläche $A_O = 2ab + 2ac + 2bc$

Volumen $V = a \cdot b \cdot c$

Raumdiagonale $d = \sqrt{a^2 + b^2 + c^2}$

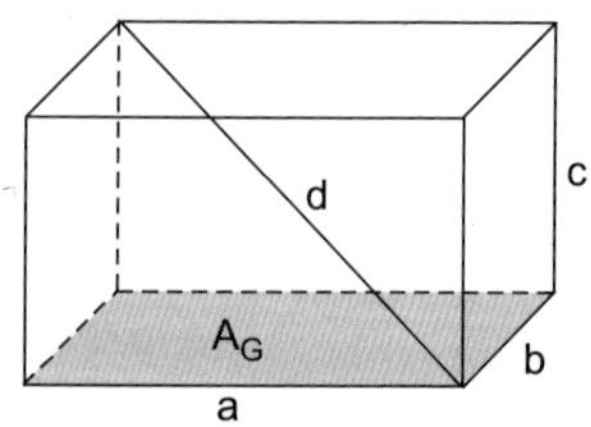

Prisma (dreiseitig, gerade)

Grundfläche $A_G = \frac{1}{2} h_g \cdot g$

Umfang der Grundfläche $u_G = a + b + c$

Mantelfläche $A_M = (a + b + c) \cdot h = u_G \cdot h$

Oberfläche $A_O = 2A_G + A_M$

Volumen $V = A_G \cdot h = \frac{1}{2} h_g \cdot g \cdot h$

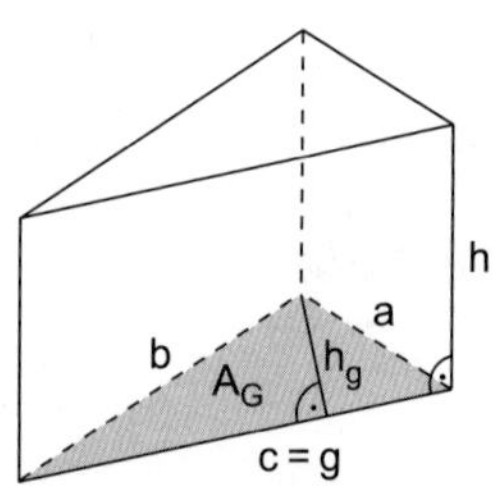

Pyramide (quadratisch, gerade)

Grundfläche	$A_G = a^2$
Mantelfläche	$A_M = 2a \cdot h_S$
Oberfläche	$A_O = A_G + A_M$
Volumen	$V = \frac{1}{3} A_G \cdot h = \frac{1}{3} a^2 \cdot h$

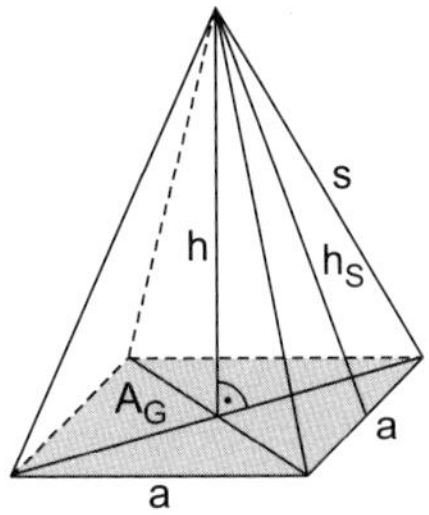

Zylinder (gerader Kreiszylinder)

Grundfläche	$A_G = \pi \cdot r^2$
Mantelfläche	$A_M = 2\pi \cdot r \cdot h$
Oberfläche	$A_O = 2A_G + A_M$
Volumen	$V = A_G \cdot h = \pi \cdot r^2 \cdot h$

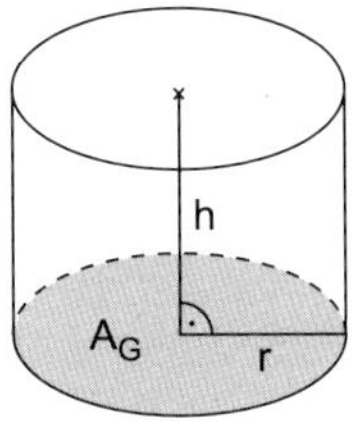

Kugel

Oberfläche	$A_O = 4\pi \cdot r^2$
Volumen	$V = \frac{4}{3} \pi \cdot r^3$

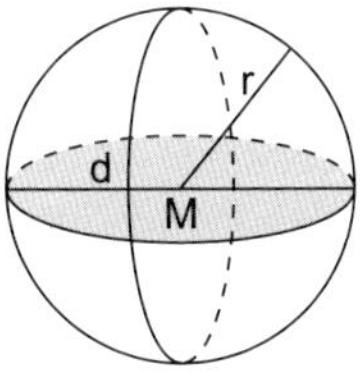

Kegel (gerader Kreiskegel)

Mantellinie	$s^2 = r^2 + h^2$
Grundfläche	$A_G = \pi \cdot r^2$
Mantelfläche	$A_M = \pi \cdot r \cdot s$
Oberfläche	$A_O = \pi \cdot r(r + s)$
Volumen	$V = \frac{1}{3} A_G \cdot h = \frac{1}{3} \pi \cdot r^2 \cdot h$

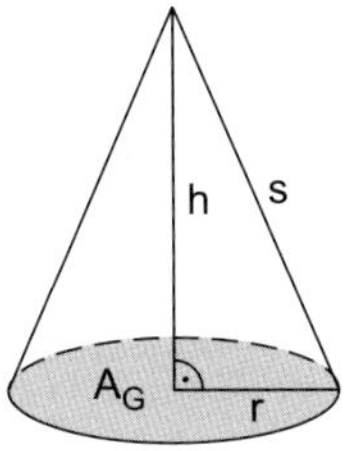

Stochastik

Zufallsexperimente	Sind alle Ergebnisse bei einem Zufallsexperiment gleich wahrscheinlich, so gilt für ein Ereignis A: $P(A) = \frac{\text{Anzahl der für A günstigen Ergebnisse}}{\text{Anzahl der möglichen Ergebnisse}}$	P(A): Wahrscheinlichkeit von A
Pfadregeln für mehrstufige Zufallsexperimente	Produktregel: Die Wahrscheinlichkeit eines Ergebnisses D ist gleich dem Produkt der Wahrscheinlichkeiten entlang des jeweiligen Pfades im Baumdiagramm. Bsp: $P(D) = p_1 \cdot p_4$ Summenregel: Die Wahrscheinlichkeit eines Ereignisses H ist gleich der Summe der Wahrscheinlichkeiten aller Pfade, die für dieses Ereignis günstig sind. Bsp: $H = \{D, E\}$, $P(H) = p_1 \cdot p_4 + p_2 \cdot p_5$	Baumdiagramm: 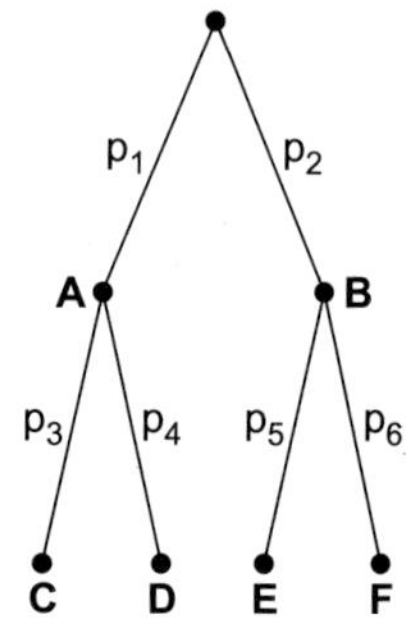

Punkte

Aufgabe 1 — 10 P.

Basisaufgaben

a) Bestimmen Sie 13 % von 50 €. — 1 P.

____

b) Eine Lostrommel enthält 80 Nieten und 20 Gewinnlose. — 1 P.
Geben Sie die Gewinnwahrscheinlichkeit P an.

P(Gewinn) = ____________________________

c) Geben Sie eine Zahl an, die zwischen $\frac{1}{2}$ und $\frac{4}{5}$ liegt. — 1 P.

____

d) Ein Spielwürfel wird einmal geworfen. — 1 P.
Geben Sie die Wahrscheinlichkeit dafür an, dass weder eine 1 noch eine 6 gewürfelt werden.

____

e) Frau Klein erhält in einem Jahr für ihre 10 000 € Sparguthaben 230 € Zinsen. — 1 P.
Bestimmen Sie den Zinssatz.

____

f) Es gilt: $\alpha = 50°$ und $\gamma = 30°$ — 1 P.
Geben Sie die Größe des Winkels β an.

β = ________________________

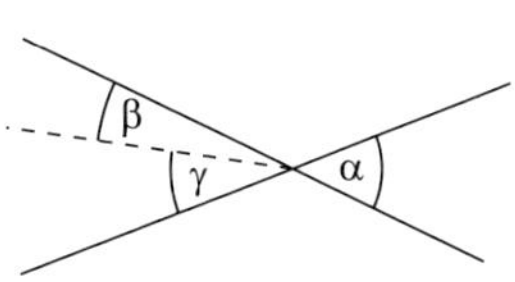

(Skizze nicht maßstabsgerecht)

g) Geben Sie einen Term für die Berechnung des Umfangs u der grauen Fläche an. — 1 P.

____

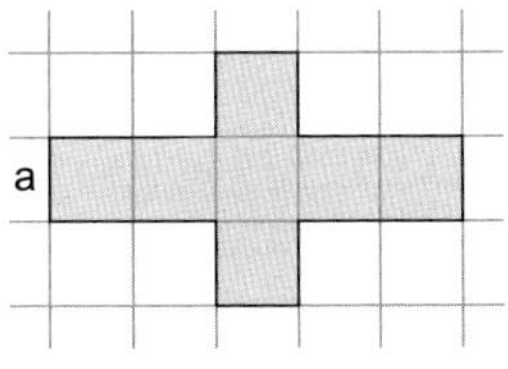

h) Ordnen Sie die Zahlen nach ihrer Größe. 1 P.
Beginnen Sie mit der kleinsten Zahl.

$-\frac{1}{2}$; 1,4; −0,512; $\sqrt{2}$

i) Geben Sie den Anteil der grau gefärbten Fläche als Bruch **und** in Prozent an. 2 P.

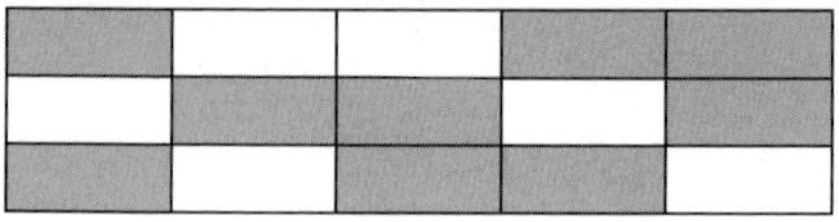

Aufgabe 2 9 P.

Wanderung

Zwei Wandergruppen aus Berlin und Potsdam sind in einer Jugendherberge untergebracht. Beide Gruppen wollen zur Badestelle laufen.

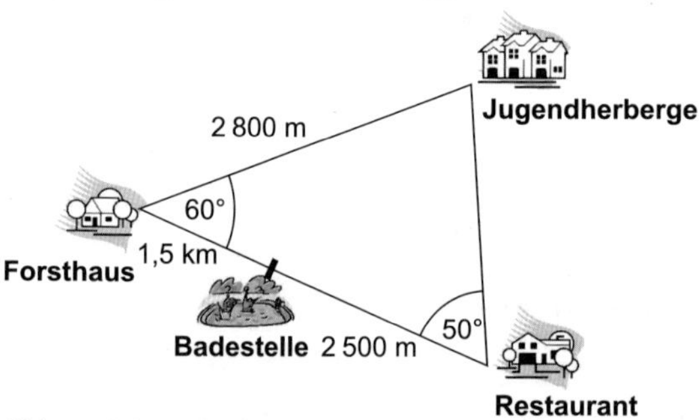

(Skizze nicht maßstabsgerecht)

a) Die Potsdamer Gruppe entscheidet sich für den Weg zur Badestelle, der am **Forsthaus** vorbeiführt. 2 P.
Ermitteln Sie die Länge des Weges in km.

*b) Die Berliner Gruppe wandert zuerst zum Restaurant und danach zur Badestelle. 4 P.
Berechnen Sie die Gesamtlänge dieses Weges.

*c) Die Berliner Gruppe ist mit einer durchschnittlichen Geschwindigkeit von $5\,\frac{\text{km}}{\text{h}}$ unterwegs. Um 11:30 Uhr ist die Gruppe am Restaurant, macht dort 45 Minuten Pause und wandert dann weiter zur Badestelle. 3 P.
Berechnen Sie, zu welcher Uhrzeit die Berliner Gruppe an der Badestelle ankommt.

Aufgabe 3 7 P.

Sparbuch

Ab seinem 11. Geburtstag zahlt Tom immer an seinem Geburtstag 200,00 € auf sein Sparbuch ein.

An seinem 15. Geburtstag fertigt Tom folgende Tabelle an:

Geburtstag	11.	12.	13.	14.	15.
Zinsen	———	4,00 €	8,08 €	12,24 €	
Einzahlung	200,00 €	200,00 €	200,00 €	200,00 €	200,00 €
Guthaben	200,00 €	404,00 €	612,08 €		1 040,81 €

a) Der Zinssatz für Toms Guthaben beträgt 2 % pro Jahr. Weisen Sie für das erste Jahr nach, dass das richtig ist. 1 P.

b) Vervollständigen Sie die Tabelle. 2 P.

c) Tom entschließt sich bei einer anderen Bank 1 000 € für 5 Jahre anzulegen. Der Zinssatz beträgt 3 % pro Jahr. 2 P.
Berechnen Sie, welches Guthaben sich nach 5 Jahren auf Toms Konto befinden wird.

*d) Bei einer anderen Bank erhält man einen Zinssatz von nur 0,25 % jährlich. 2 P.
Erklären Sie, wodurch es der Bank trotzdem gelingt, die Guthabenentwicklung in der Grafik günstig aussehen zu lassen.

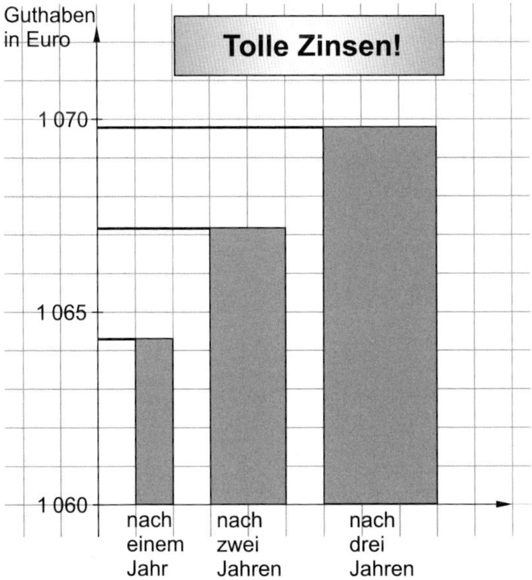

Aufgabe 4 11 P.

Kraftstoffpreise

In der Tabelle stehen die Preise an einer Tankstelle für die beiden Kraftstoffe E 10 und Diesel. Die Preise sind in Cent pro Liter angegeben. Die Tabelle zeigt den Zeitraum vom 03. 07. bis zum 04. 09. 2012:

	03. 07.	10. 07.	17. 07.	24. 07.	31. 07.	07. 08.	14. 08.	21. 08.	28. 08.	04. 09.
E 10	154,2	157,4	158,8	159,7	159,1	161,0	164,8	169,2	168,1	167,0
Diesel	139,6	142,5	144,2	145,4	146,2	147,1	150,7	154,0	153,1	152,0

a) Geben Sie das Minimum und das Maximum des Preises für **E 10** in diesem Zeitraum an. 2 P.

b) Berechnen Sie die Spannweite des Preises für **Diesel** in diesem Zeitraum. 2 P.

Herr Meier ist Taxifahrer. Sein Taxi verbraucht rund neun Liter Diesel auf 100 Kilometer.

c) Im Jahr 2011 betrug der durchschnittliche Preis für einen Liter Diesel 145,5 Cent. Herr Meier fuhr im Jahr 2011 insgesamt 100 000 km. Berechnen Sie die Kraftstoffkosten von Herrn Meier für das Jahr 2011. 1 P.

d) Im Herbst 2012 stöhnt Herr Meier: „Wenn ich genauso viel fahre wie im vergangenen Jahr und der durchschnittliche Preis in diesem Jahr 152,0 Cent beträgt, dann habe ich in diesem Jahr 585 € mehr Kraftstoffkosten als im letzten Jahr.“ 2 P.
Weisen Sie nach, dass Herr Meier recht hat.

e) Herr Meier behauptet: „Der Preis für einen Taxikilometer müsste um ca. 6 Cent erhöht werden, um diesen Anstieg auszugleichen.“ 4 P.

Er hat gerechnet: 585 € = 585 000 ct
585 000 ct : 100 000 = 5,85 ct

Erklären Sie, was Herr Meier in seiner Rechnung falsch gemacht hat. Korrigieren Sie seine Rechnung und seine Behauptung.

Aufgabe 5 11 P.

Vitrine

Bäckermeister Neumann beauftragt einen Handwerksbetrieb mit dem Bau einer Kühlvitrine für sein neues Café.

Die Vitrine soll die Form eines Prismas haben. Als Grundfläche ist ein **gleichschenkliges** Trapez mit einem Flächeninhalt von 5 225 cm^2 vorgesehen.

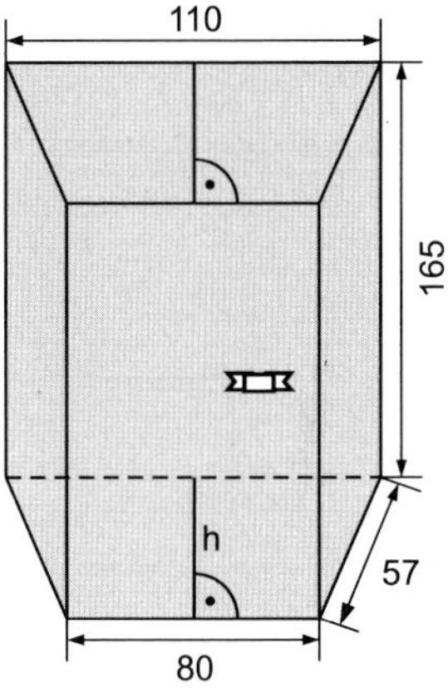

(Maße in cm; Abbildung nicht maßstabsgerecht)

a) Berechnen Sie das Volumen der Vitrine. 2 P.

b) Vervollständigen Sie die Skizze des Netzes der Vitrine. Ergänzen Sie die fehlenden Maße. 4 P.

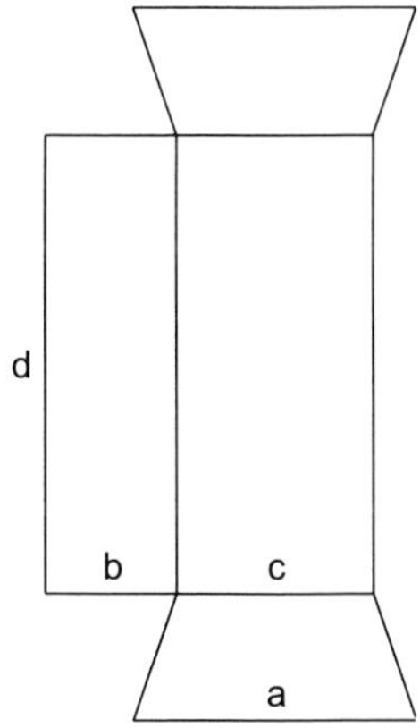

a = __________

b = __________

c = 80 cm

d = __________

*c) Weisen Sie nach, dass die Tiefe h der Vitrine für Kuchenplatten mit einem Durchmesser von 50 cm ausreicht. 3 P.

d) Die Rückwand der Vitrine soll aus einer rechteckigen Platte ausgesägt werden. Es steht eine 1,8 m^2 große Platte zur Verfügung. Sie ist 1,20 m breit. 2 P.

Kann die Platte verwendet werden?
Entscheiden Sie mithilfe einer Rechnung.

Aufgabe 6

6 P.

Glücksrad

Pauls Vater hat für den Kindergeburtstag im Garten ein Glücksrad aufgebaut (siehe Abbildung). Für eine Spielrunde wird das Rad zweimal nacheinander gedreht.

Jedes Feld auf dem Glücksrad hat die gleiche Wahrscheinlichkeit.

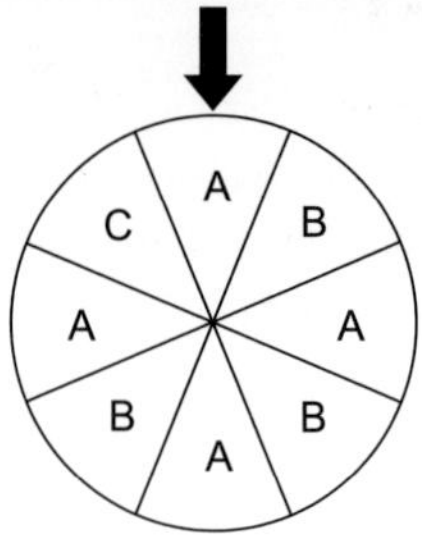

a) Ermitteln Sie die Wahrscheinlichkeit dafür, dass der Pfeil auf ein „B" zeigt. 2 P.
Notieren Sie das Ergebnis als Bruch **und** in Prozent.

____

b) Ergänzen Sie in dem gegebenen Baumdiagramm die passenden Wahrscheinlichkeiten. 2 P.

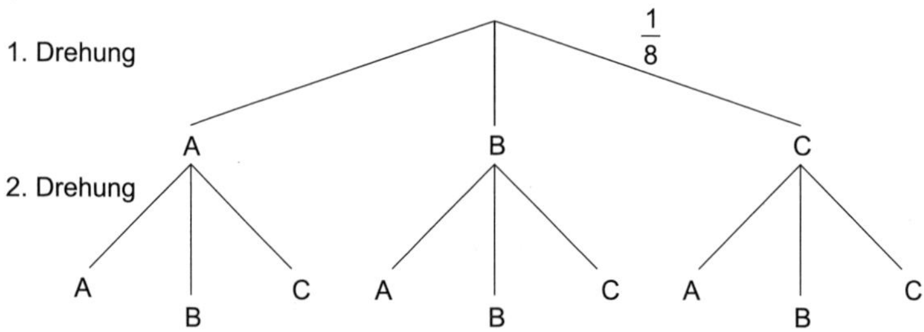

*c) Berechnen Sie die Wahrscheinlichkeit dafür, dass der Pfeil zweimal nacheinander auf gleiche Buchstaben zeigt. 2 P.

____

____

Aufgabe 7 6 P.

Funktionen

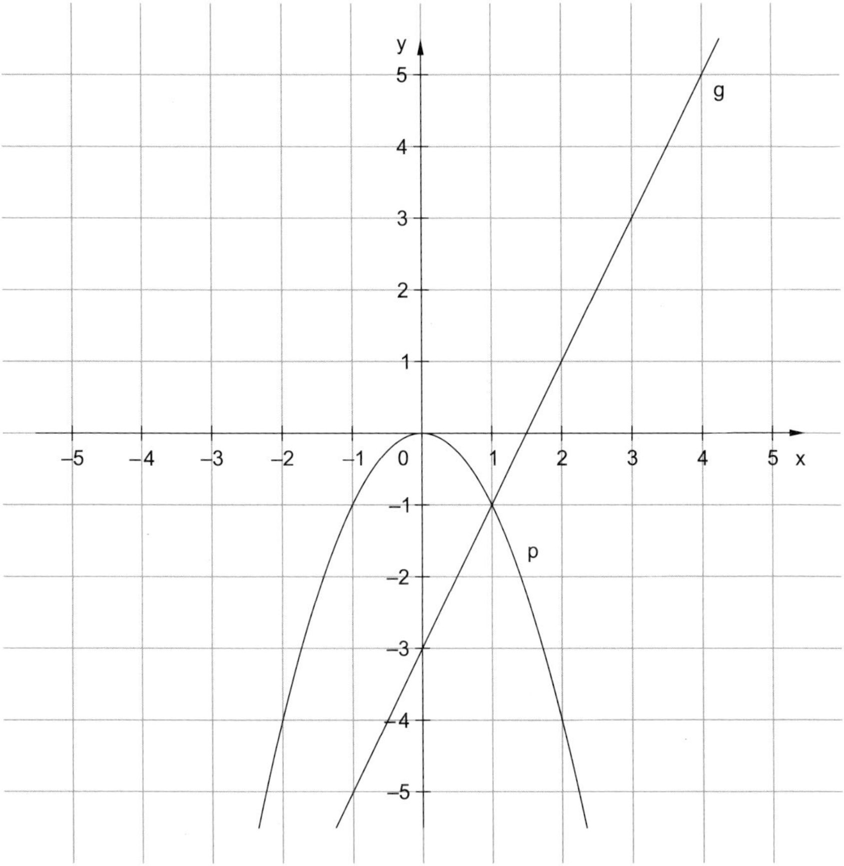

* a) Zur Parabel p gehört die Funktionsgleichung $p(x) = -x^2$. 4 P.
Zur Geraden g gehört die Funktionsgleichung $g(x) = 2x - 3$.
Überprüfen Sie rechnerisch, ob der Punkt $S(-3\,|\,-9)$ ein Schnittpunkt der Parabel p mit der Geraden g ist.

* b) Abgebildet sind eine Parabel p und eine Gerade g. 2 P.
Eine weitere Gerade f soll so verlaufen, dass sie mit der Parabel p keine gemeinsamen Punkte hat.
Geben Sie eine mögliche Funktionsgleichung für f an.

Lösung

Aufgabe 1

a) Lösung mit dem Dreisatz:

$$\begin{array}{rrcll} :100 & 100\,\% & \hat{=} & 50\,€ & :100 \\ & 1\,\% & \hat{=} & 0{,}50\,€ & \\ \cdot 13 & 13\,\% & \hat{=} & \mathbf{6{,}50\,€} & \cdot 13 \end{array}$$

oder

Lösung über proportionale Zuordnung:

$$\frac{50}{100} = \frac{x}{13} \qquad |\cdot 13$$

$$x = \frac{50 \cdot 13}{100}$$

$$x = 6{,}50$$

Antwort: **6,50 €**

b) Anzahl der Gewinnlose: 20
Anzahl aller Lose: $80 + 20 = 100$

Gewinnwahrscheinlichkeit P:

$$P(\text{Gewinn}) = \frac{\text{Anzahl der Gewinnlose}}{\text{Anzahl aller Lose}} = \frac{20}{100} = \frac{1}{5} = \mathbf{20\,\%}$$

c) Umwandlung in Brüche mit gleichem Nenner:

$\frac{1}{2} = \frac{5}{10}$ und $\frac{4}{5} = \frac{8}{10}$

Lösungen sind z. B.: $\mathbf{\frac{6}{10}}$; $\mathbf{\frac{65}{100}}$; …

oder

Umwandlung in Dezimalzahlen:

$\frac{1}{2} = 0{,}5$ und $\frac{4}{5} = 0{,}8$

Lösungen sind z. B.: **0,51; 0,6; …**

d) Menge der günstigen Ergebnisse: $E = \{2, 3, 4, 5\}$
Menge der möglichen Ergebnisse: $\{1, 2, 3, 4, 5, 6\}$

Anzahl der günstigen Ergebnisse: 4
Anzahl der möglichen Ergebnisse: 6

Wahrscheinlichkeit, weder eine 1 noch eine 6 zu würfeln:

$$P(E) = \frac{\text{Anzahl der günstigen Ergebnisse}}{\text{Anzahl aller möglichen Ergebnisse}} = \frac{4}{6} = \frac{2}{3} \approx 0{,}67 = \mathbf{67\ \%}$$

e) Gegeben: $K = 10\,000$ €; $Z = 230$ €
Gesucht: p %

Lösung mit dem Dreisatz:

$$\begin{aligned} 10\,000\text{ €} &\triangleq 100\ \% \\ &\quad :10\,000 \\ 1\text{ €} &\triangleq \frac{100}{10\,000}\ \% \\ &\quad \cdot 230 \\ 230\text{ €} &\triangleq \frac{100 \cdot 230}{10\,000}\ \% \\ &= \mathbf{2{,}3\ \%} \end{aligned}$$

oder

Lösung über proportionale Zuordnung:

$$\frac{K}{100} = \frac{Z}{p}$$

$$\frac{10\,000}{100} = \frac{230}{p} \qquad |\cdot p \quad |\cdot 100$$

$$10\,000 \cdot p = 230 \cdot 100 \qquad |:10\,000$$

$$p = \frac{230 \cdot 100}{10\,000}$$

$$p = 2{,}3$$

Antwort: **2,3 %**

f) Scheitelwinkel liegen sich an kreuzenden Geraden gegenüber und sind gleich groß. Damit gilt:

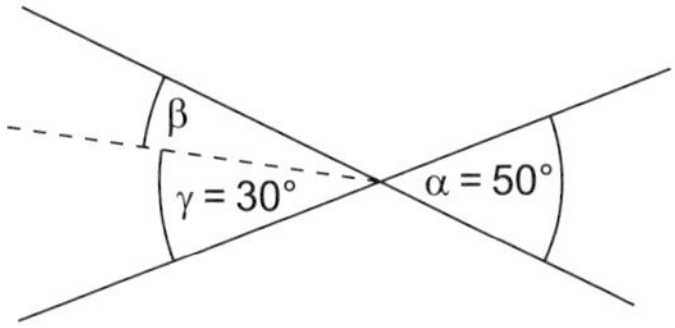

$$\alpha = \beta + \gamma$$

$$50° = \beta + 30° \qquad |-30°$$

$$\beta = \mathbf{20°}$$

g) Eine Einheit hat die Länge a. Es muss gezählt werden, wie oft a auftritt.

$n = a + a + a + a + a + a + a + a$

$\quad + a + a + a + a + a + a + a + a$

$n = \mathbf{16 \cdot a}$

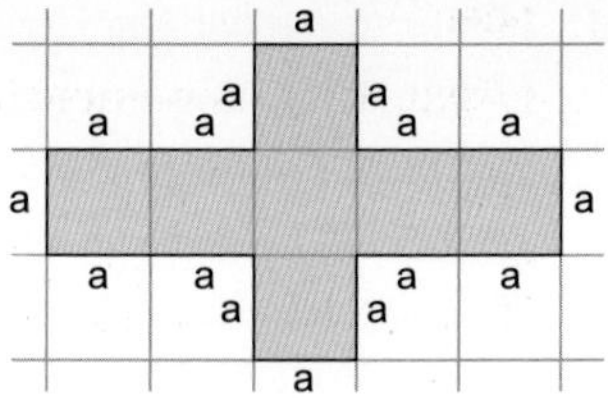

h) Die Zahlen lassen sich besser miteinander vergleichen, wenn alle als Dezimalzahlen vorliegen. Daher wird zunächst der Bruch umgewandelt und die Wurzel gezogen:

$-\frac{1}{2} = -0{,}5 \quad 1{,}4 \quad -0{,}512 \quad \sqrt{2} \approx 1{,}41$

Lösung:

$-0{,}512 < -\frac{1}{2} < 1{,}4 < \sqrt{2}$

i) Anzahl der grau gefärbten Flächen: 9
Anzahl aller Flächen: 15

Berechnung als Anteil:
Anteil als Bruch:

$\mathbf{\frac{9}{15}}$

Anteil als Prozentsatz:

$\frac{9}{15} = \frac{90}{150} = \frac{30}{50} = \frac{60}{100} = 0{,}6 = \mathbf{60\ \%}$

oder

Lösung mit dem Dreisatz:

$$\begin{aligned} :15 \quad & 15 \text{ Flächen} \triangleq 100\ \% & :15 \\ & 1 \text{ Fläche} \triangleq \frac{100}{15}\ \% & \\ \cdot 9 \quad & 9 \text{ Flächen} \triangleq \frac{100 \cdot 9}{15}\ \% & \cdot 9 \\ & = \mathbf{60\ \%} & \\ & = \mathbf{\frac{60}{100}} & \end{aligned}$$

oder

Lösung über proportionale Zuordnung:

$$\frac{15}{100} = \frac{9}{x} \qquad |\cdot x \quad |\cdot 100$$

$$15 \cdot x = 9 \cdot 100 \qquad |:15$$

$$x = \frac{9 \cdot 100}{15}$$

$$x = 60$$

Antwort: $\mathbf{60\ \% = \frac{60}{100}}$

Aufgabe 2

Hinweis:
Die Werte in diesem Dreieck sind nicht stimmig. Ein Dreieck mit den angegebenen Winkeln und Seitenlängen gibt es nicht. Das bemerkst du sofort, wenn du versuchst, das Dreieck zu konstruieren:

- Läge der Kongruenzfall Seite-Winkel-Seite (SWS) vor, dann würde der Winkel nicht 50°, sondern 43° betragen.

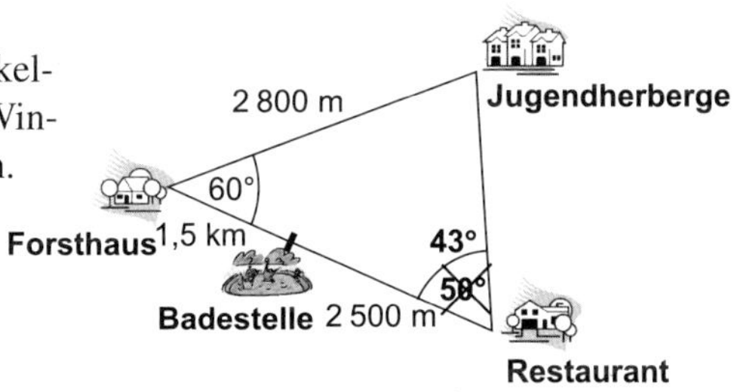

- Läge der Kongruenzfall Winkel-Seite-Winkel (WSW) vor, dann würde die Länge der Seite nicht 2 800 m, sondern 3 260,83 m betragen.

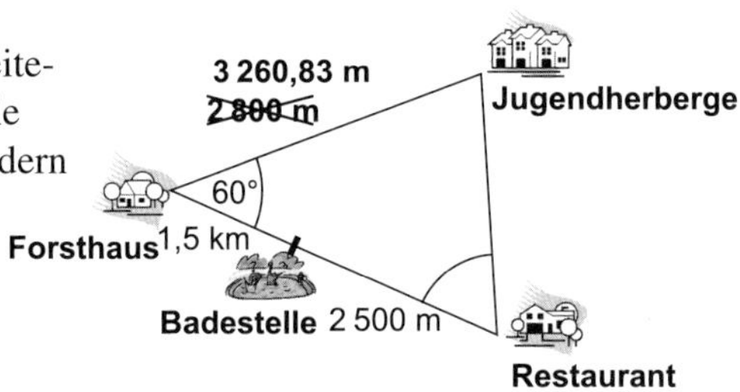

Da der Fehler in den Aufgabenstellungen nicht weiter auffällt, hat die Senatsverwaltung für Bildung, Jugend und Wissenschaft entschieden, die Aufgabe und die Lösungen zu werten. Aus diesem Grund zeigen wir hier Berechnungen in einem „unmöglichen“ Dreieck.

a) Länge des Weges Jugendherberge – Forsthaus: 2 800 m = 2,8 km
Länge des Weges Forsthaus – Badestelle: 1,5 km

Gesamtlänge des Weges:
$2{,}8 + 1{,}5 = \mathbf{4{,}3}$

Die Länge des Weges von der Jugendherberge bis zur Badestelle beträgt 4,3 km.

b) Berechnung der Länge der Strecke a mithilfe des Sinussatzes:
Gegeben: $\alpha = 60°$; $\beta = 50°$; $b = 2\,800$ m
Gesucht: a

$$\frac{a}{\sin\alpha} = \frac{b}{\sin\beta}$$

$$\frac{a}{\sin 60°} = \frac{2\,800}{\sin 50°} \qquad |\cdot \sin 60°$$

$$a = \frac{2\,800 \cdot \sin 60°}{\sin 50°}$$

$$a \approx 3\,165{,}44$$

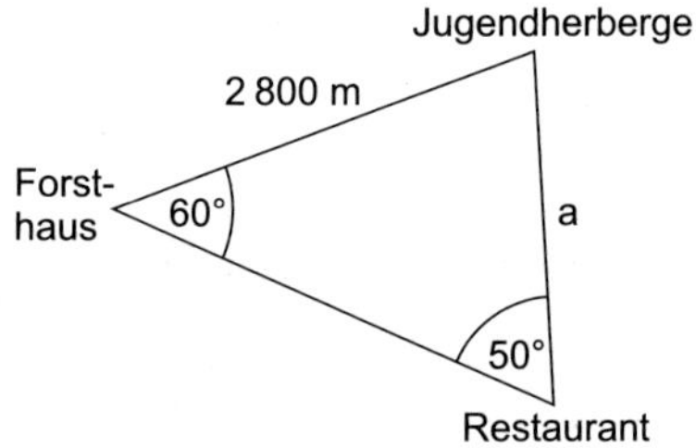

Berechnung der Gesamtlänge des Weges:
Länge des Weges Jugendherberge – Restaurant: $3\,165{,}44$ m
Länge des Weges Restaurant – Badestelle: $2\,500{,}00$ m

Gesamtlänge des Weges:
$3\,165{,}44 + 2\,500{,}00 = \mathbf{5\,665{,}44}$

oder

Berechnung der Länge der Strecke a mithilfe der Dreieckshöhe h:
Das vorhandene Dreieck wird durch Einzeichnen der Höhe h in zwei rechtwinklige Teildreiecke zerlegt.
Berechnung der Höhe h im (linken) rechtwinkligen Dreieck:

$$\sin 60° = \frac{\text{Gegenkathete}}{\text{Hypotenuse}}$$

$$\sin 60° = \frac{h}{2\,800} \qquad |\cdot 2\,800$$

$$h = 2\,800 \cdot \sin 60°$$

$$h \approx 2\,424{,}87$$

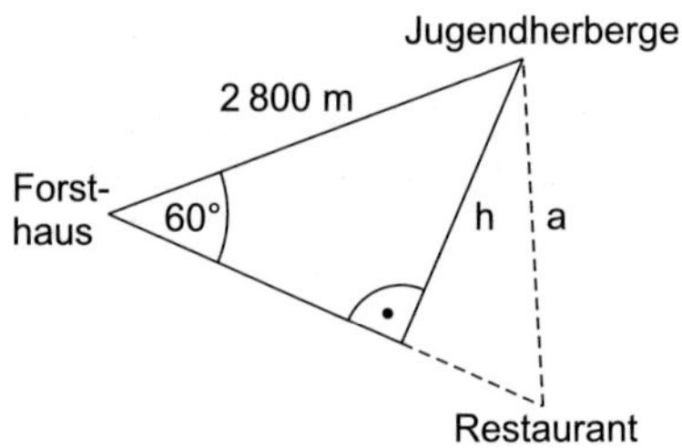

Berechnung der Länge der Strecke a im (rechten) rechtwinkligen Dreieck:

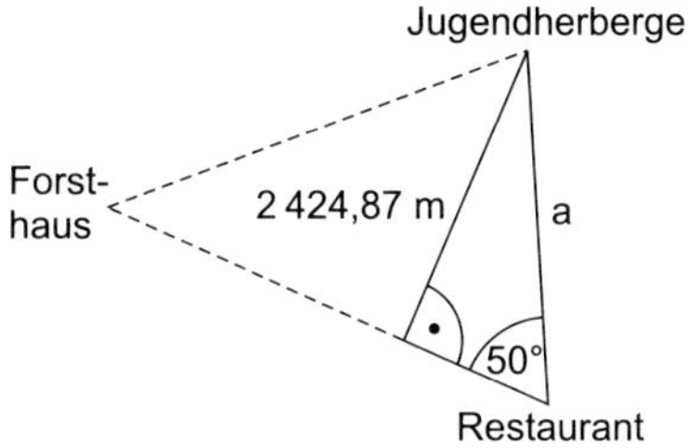

$$\sin 50° = \frac{\text{Gegenkathete}}{\text{Hypotenuse}}$$

$$\sin 50° = \frac{2\,424{,}87}{a} \qquad |\cdot a$$

$$a \cdot \sin 50° = 2\,424{,}87 \qquad |:\sin 50°$$

$$a = \frac{2\,424{,}87}{\sin 50°}$$

$$a \approx 3\,165{,}44$$

Länge des Weges Jugendherberge – Restaurant:	3 165,44 m
Länge des Weges Restaurant – Badestelle:	2 500,00 m

Gesamtlänge des Weges:
$3\,165{,}44 + 2\,500{,}00 = \mathbf{5\,665{,}44}$

Die Gesamtlänge für die Berliner Gruppe beträgt etwa 5 665,44 m.

c) Gegeben: Strecke s = 2 500 m = 2,5 km

Geschwindigkeit $v = 5\,\frac{\text{km}}{\text{h}} = \frac{5\,000\text{ m}}{60\text{ min}}$

Gesucht: Ankunftszeit

Berechnung der Wanderzeit der Gruppe:
Lösung mit dem Dreisatz:

$5\,\frac{\text{km}}{\text{h}}$ bedeutet: Für 5 km braucht die Gruppe 1 h = 60 min. Für die Strecke von 2,5 km braucht die Gruppe somit:

$$:2 \left(\begin{array}{rcl} 5\text{ km} & \hat{=} & 60\text{ min} \\ 2{,}5\text{ km} & \hat{=} & \mathbf{30\ min} \end{array} \right) :2$$

oder

Lösung über proportionale Zuordnung:

$$\frac{5\,000}{60} = \frac{2\,500}{x} \qquad |\cdot x \quad |\cdot 60$$

$$5\,000 \cdot x = 2\,500 \cdot 60 \qquad |:5\,000$$

$$x = \frac{2\,500 \cdot 60}{5\,000}$$

$$x = \mathbf{30}$$

Für die Strecke braucht die Gruppe 30 min.

Berechnung der Ankunftszeit:

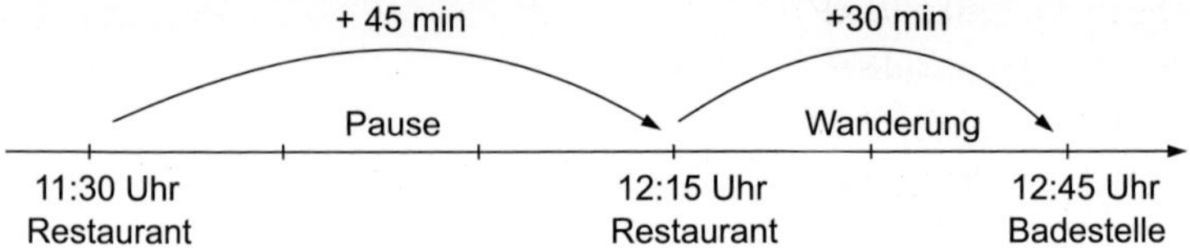

Die Gruppe kommt um **12:45 Uhr** an der Badestelle an.

Aufgabe 3

a) • *1. Möglichkeit:* Nachweis: 2 % von 200 € sind 4 €.

Lösung mit dem Dreisatz:

$$\begin{array}{rcl} & 100\,\% \triangleq 200\,€ & \\ :100 \downarrow & & \downarrow :100 \\ & 1\,\% \triangleq 2\,€ & \\ \cdot 2 \downarrow & & \downarrow \cdot 2 \\ & 2\,\% \triangleq \mathbf{4\,€} & \end{array}$$

oder

Lösung über proportionale Zuordnung:

$$\frac{200}{100} = \frac{x}{2} \qquad |\cdot 2$$

$$x = \frac{200 \cdot 2}{100}$$

$$x = \mathbf{4}$$

2 % von 200 € sind 4 €. Somit stimmt Toms Tabelle für das erste Jahr.

• *2. Möglichkeit:* Nachweis: 4 € von 200 € sind 2 %.

Lösung mit dem Dreisatz:

$$\begin{array}{rcl} & 200\,€ \triangleq 100\,\% & \\ :200 \downarrow & & \downarrow :200 \\ & 1\,€ \triangleq 0{,}5\,\% & \\ \cdot 4 \downarrow & & \downarrow \cdot 4 \\ & 4\,€ \triangleq \mathbf{2\,\%} & \end{array}$$

oder

Lösung über proportionale Zuordnung:

$$\frac{200}{100} = \frac{4}{x} \qquad |\cdot x \quad |\cdot 100$$

$$200 \cdot x = 4 \cdot 100 \qquad |:200$$

$$x = \frac{4 \cdot 100}{200}$$

$$x = \mathbf{2}$$

4 € von 200 € sind 2 %. Somit stimmt Toms Tabelle für das erste Jahr.

b) **1. Lücke:**

Guthaben:	612,08 €
Zinsen:	+ 12,24 €
Einzahlung:	+ 200,00 €
	824,32 €

2. Lücke:

Berechnung als Differenz:

Guthaben 15. Geburtstag:	1 040,81 €
Einzahlung:	– 200,00 €
Guthaben 14. Geburtstag:	– 824,32 €
	16,49 €

oder

Lösung mit dem Dreisatz:

$$\begin{aligned} &:100 \quad 100\,\% \mathrel{\hat{=}} 824{,}32\text{ €} \quad :100 \\ &\cdot 2 \quad 1\,\% \mathrel{\hat{=}} 8{,}2432\text{ €} \quad \cdot 2 \\ &2\,\% \mathrel{\hat{=}} 16{,}4864\text{ €} \\ &\approx \mathbf{16{,}49\text{ €}} \end{aligned}$$

oder

Lösung über proportionale Zuordnung:

$$\frac{824{,}32}{100} = \frac{x}{2} \quad \Big|\cdot 2$$

$$x = \frac{824{,}32 \cdot 2}{100}$$

$$x \approx \mathbf{16{,}49}$$

Ausgefüllte Tabelle:

Geburtstag	11.	12.	13.	14.	15.
Zinsen	———	4,00 €	8,08 €	12,24 €	**16,49 €**
Einzahlung	200,00 €	200,00 €	200,00 €	200,00 €	200,00 €
Guthaben	200,00 €	404,00 €	612,08 €	**824,32 €**	1 040,81 €

c) Berechnung der jährlichen Guthaben mithilfe der Prozentrechnung:

	Zinsen	Guthaben
Kontoeröffnung	——	1 000 €
nach 1 Jahr	3 % von 1 000 € sind 30 €	1 000 € + 30 € = 1 030 €
nach 2 Jahren	3 % von 1 030 € sind 30,90 €*	1 030 € + 30,90 € = 1 060,90 €
nach 3 Jahren	3 % von 1 060,90 € sind etwa 31,83 €	1 060,90 € + 31,83 € = 1 092,73 €
nach 4 Jahren	3 % von 1 092,73 € sind etwa 32,78 €	1 092,73 € + 32,78 € = 1 125,51 €
nach 5 Jahren	3 % von 1 125,51 € sind etwa 33,77 €	1 125,51 € + 33,77 € = **1 159,28 €**

*Beispielrechnung: 3 % von 1 030 €

Dreisatz:

$$\begin{array}{rl} & 100\,\% \mathrel{\hat=} 1\,030\,€ \\ :100 & \\ & 1\,\% \mathrel{\hat=} 10{,}30\,€ \\ \cdot 3 & \\ & 3\,\% \mathrel{\hat=} 30{,}90\,€ \end{array}$$

(links und rechts jeweils : 100 und · 3)

oder

Proportionale Zuordnung:

$$\frac{1\,030}{100} = \frac{x}{3} \qquad |\cdot 3$$

$$x = \frac{1\,030 \cdot 3}{100}$$

$$x = 30{,}90$$

oder

Berechnung der jährlichen Guthaben mithilfe des Zinsfaktors:
Der Zinssatz beträgt p % = 3 %. Damit gilt für den Zinsfaktor:

$$q = 1 + \frac{p}{100} = 1 + \frac{3}{100} = 1 + 0{,}3 = 1{,}03$$

Der Zinsfaktor beträgt also 1,03.

Die Werte für das Guthaben während der 5 Jahre werden in folgender Tabelle dargestellt:

Vergangene Jahre	0	1	2	3	4	5
Guthaben in €	1 000,00	1 030,00	1 060,90	1 092,73	1 125,51	**1 159,28**

· 1,03 · 1,03 · 1,03 · 1,03 · 1,03

Nach 5 Jahren befinden sich 1 159,28 € auf Toms Konto.

oder

Es handelt sich um eine Zinseszinsaufgabe. Die Berechnung erfolgt mithilfe der Formel der Zinsrechnung.

Gegeben: Anfangskapital: $K_0 = 1\,000$ €
Zinssatz: $p\,\% = 3\,\%$
Laufzeit: $n = 5$

Gesucht: K_5

Berechnung des Kapitals nach 5 Jahren:

$$K_n = K_0 \cdot \left(1 + \frac{p}{100}\right)^n$$

$$K_5 = 1\,000 \cdot \left(1 + \frac{3}{100}\right)^5$$

$$K_5 = 1\,000 \cdot 1{,}03^5$$

$$K_5 \approx \mathbf{1\,159{,}27}$$

Nach 5 Jahren befinden sich 1 159,27 € auf Toms Konto.

d) Es gibt mehrere Punkte, durch die die Grafik verfälscht wird:

- Die senkrechte Achse beginnt nicht bei 0 €, sondern bei 1 060 €. 1 € Guthaben entspricht auf der senkrechten Achse ungefähr 0,5 cm. Würde die Achse bei 0 € beginnen, müsste sie bis 1 070 € Guthaben ca. 535 cm = 5,35 m lang sein und die Steigerung des Guthabens in 3 Jahren (um ca. 10 €) würde bei diesen Dimensionen kaum auffallen.
- Die Säulen werden immer breiter. Der Flächeninhalt der zweiten Säule wird doppelt so groß dargestellt, wie er eigentlich sein müsste, und der der dritten Säule sogar dreimal so groß. Das vermittelt dem Betrachter ein verfälschtes Bild der Guthabensteigerung.
- Die Grafik lässt den Betrachter vermuten, dass das Anfangskapital 1 060 € beträgt. Für diesen Wert würden sich aber folgende Zahlen ergeben:

  Guthaben nach 1 Jahr: $1\,060\text{ €} \cdot 1{,}0025 = 1\,062{,}65\text{ €}$
  Guthaben nach 2 Jahren: $1\,062{,}65\text{ €} \cdot 1{,}0025 \approx 1\,065{,}31\text{ €}$
  Guthaben nach 3 Jahren: $1\,065{,}31\text{ €} \cdot 1{,}0025 \approx 1\,067{,}97\text{ €}$

  Die in der Grafik eingetragenen Werte sind höher. Somit ist das Anfangskapital unbekannt, aber höher als 1 060 €, und die Zunahme dieses Guthabens in 3 Jahren beträgt noch weniger, als die Grafik vermuten lässt.

Aufgabe 4

a) Das Minimum ist der kleinste Wert und das Maximum der größte Wert der Datensammlung.

Minimum des Preises pro Liter für E10: **154,2 ct**

Maximum des Preises pro Liter für E10: **169,2 ct**

b) Die Spannweite ist die Differenz zwischen dem Maximum und dem Minimum der Datensammlung.

Maximum des Preises pro Liter für Diesel: 154,0 ct

Minimum des Preises pro Liter für Diesel: 139,6 ct

Spannweite:
$154{,}0\ \text{ct} - 139{,}6\ \text{ct} = \mathbf{14{,}4\ ct}$

c) Berechnung des Kraftstoffverbrauchs im Jahr 2011:
Herr Meier fuhr 100 000 km, sein Taxi verbraucht auf 100 km 9 ℓ Diesel.
Lösung mit dem Dreisatz:

$$\begin{array}{rrcll} :100 & 100\ \text{km} & \hat{=} & 9\ \ell & :100 \\ & 1\ \text{km} & \hat{=} & 0{,}09\ \ell & \\ \cdot 100\,000 & 100\,000\ \text{km} & \hat{=} & 9\,000\ \ell & \cdot 100\,000 \end{array}$$

oder

Lösung über proportionale Zuordnung:

$$\frac{9}{100} = \frac{x}{100\,000} \qquad |\cdot 100\,000$$

$$x = \frac{9 \cdot 100\,000}{100}$$

$$x = 9\,000$$

Herr Meier benötigte 9 000 ℓ Diesel.

Berechnung der Kraftstoffkosten für das Jahr 2011:
1 ℓ Diesel kostete 145,5 ct. Damit kosteten 9 000 ℓ Diesel:
$9\,000 \cdot 145{,}5\ \text{ct} = 1\,309\,500\ \text{ct} = \mathbf{13\,095\ €}$

Herr Meier zahlte im Jahr 2011 insgesamt 13 095 € für Kraftstoff.

d) Da Herr Meier 2012 genauso viel wie im Vorjahr fährt, braucht er wieder insgesamt 9 000 ℓ Diesel (siehe Aufgabe c).

Berechnung der Kraftstoffkosten für 2012:
1 ℓ Diesel kostet 152,0 ct. Damit kosten 9 000 ℓ Diesel:
$9\,000 \cdot 152{,}0\text{ ct} = 1\,368\,000\text{ ct} = 13\,680\text{ €}$

Berechnung der Differenz der Kraftstoffkosten aus den Jahren 2012 und 2011:

$$\begin{aligned}\text{Kosten}_{2012} - \text{Kosten}_{2011} &= 13\,680\text{ €} - 13\,095\text{ €}\\ &= 585\text{ €}\end{aligned}$$

Herr Meier hat recht.

oder

Berechnung der Mehrkosten für 1 ℓ Kraftstoff:

$$\begin{aligned}\text{Preis}_{2012} - \text{Preis}_{2011} &= 152{,}0\text{ ct} - 145{,}5\text{ ct}\\ &= 6{,}5\text{ ct}\end{aligned}$$

Berechnung der Mehrkosten für die 9 000 ℓ Kraftstoff:
$9\,000 \cdot 6{,}5\text{ ct} = 58\,500\text{ ct} = 585\text{ €}$

Herr Meier hat recht.

e) Herr Meier macht einen Fehler bei der Umrechnung von Cent in Euro.

$$\begin{aligned}1\text{ €} &= 100\text{ ct}\\ 585\text{ €} &= \mathbf{58\,500\text{ ct}}\end{aligned}$$

Er zahlt also 58 500 ct mehr für insgesamt 100 000 Taxikilometer.

Berechnung der Preiserhöhung für einen Taxikilometer:
Lösung mit dem Dreisatz:

$$:100\,000 \left(\begin{array}{rcl}100\,000\text{ km} &\hat{=}& 58\,500\text{ ct}\\ 1\text{ km} &\hat{=}& \mathbf{0{,}585\text{ ct}}\end{array}\right):100\,000$$

oder

Lösung über proportionale Zuordnung:

$$\frac{58\,500}{100\,000} = \frac{x}{1} \qquad |\cdot 1$$

$$x = \frac{58\,500 \cdot 1}{100\,000}$$

$$x = \mathbf{0{,}585}$$

Der Preis für einen Taxikilometer müsste um ca. 1 ct erhöht werden.

Hinweis: 0,585 ct oder 0,6 ct wurden in der Prüfung auch akzeptiert.

Aufgabe 5

a) Prismen sind Körper mit kongruenter Grund- und Deckfläche. Für die Volumenberechnung von Prismen gilt die Formel:
Volumen = Grundfläche des Körpers · Körperhöhe

Die Grundfläche des vorliegenden Prismas ist ein gleichschenkliges Trapez.

Gegeben: $G = 5\,225\text{ cm}^2$

$h_{Vitrine} = 165\text{ cm}$

Gesucht: V

$V = G \cdot h_{Vitrine}$

$V = 5\,225 \cdot 165$

$V = \mathbf{862\,125}$

Das Volumen der Vitrine beträgt $862\,125\text{ cm}^3$.

b) Zunächst müssen die Seiten im Netz mit denen im gegebenen Schrägbild des Prismas verglichen werden. Dabei sieht man, dass die Längen a, b und c für die Seitenlängen des Trapezes stehen und die Länge d für die Körperhöhe der Vitrine. Somit gilt:

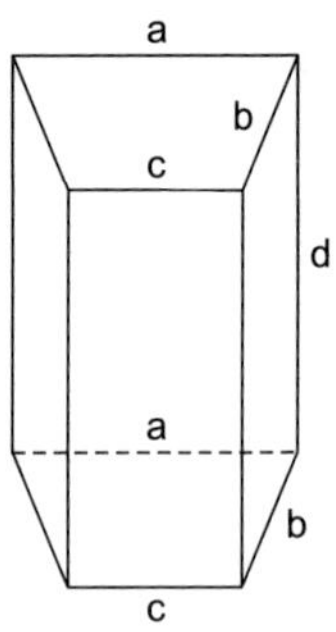

a = **110 cm**
b = **57 cm**
c = 80 cm
d = **165 cm**

Netz der Vitrine:
Im vorgegebenen Netz der Vitrine fehlen eine Seitenwand (b · d) und die Rückwand (a · d).

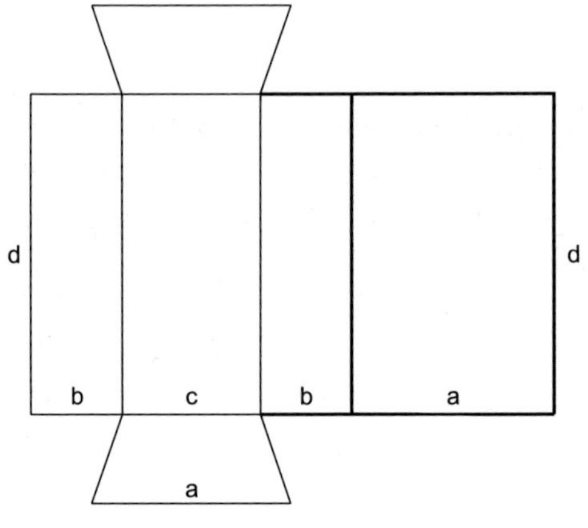

oder

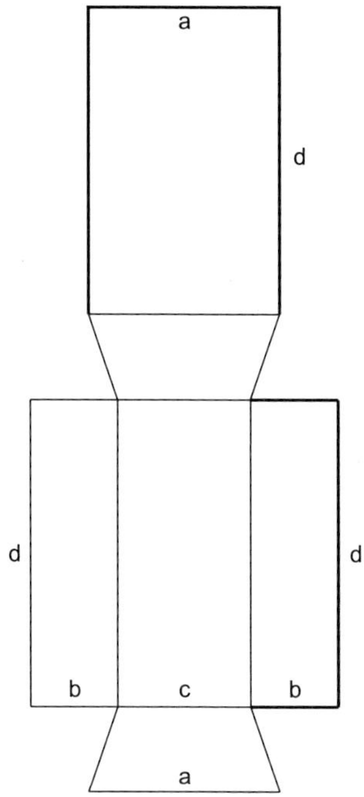

Beachte: Es gibt noch viele weitere Möglichkeiten.

c) Skizze zur Fragestellung:

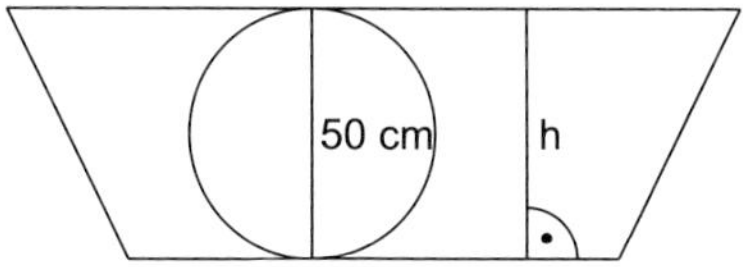

Damit die Tiefe der Vitrine für die Kuchenplatten mit einem Durchmesser von 50 cm ausreicht, muss die Höhe h des Trapezes größer als 50 cm sein.

Berechnung der Höhe h des Trapezes mithilfe des Satzes von Pythagoras:

Zunächst Berechnung der Seitenlänge im rechtwinkligen Dreieck:
Da das Trapez gleichschenklig ist, gilt für die Seitenlängen:
$(110-80):2=30:2=15$

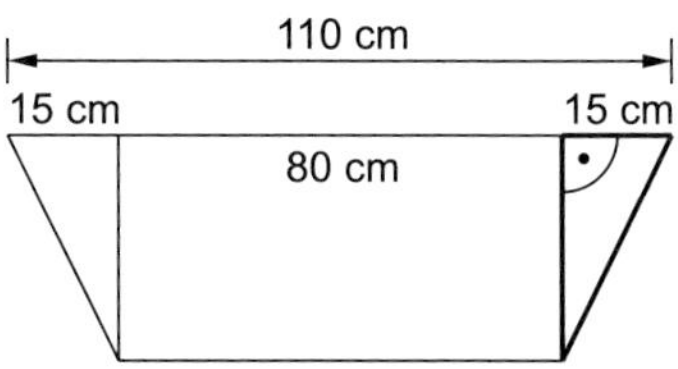

Satz von Pythagoras:

$$h^2 + 15^2 = 57^2 \quad | -15^2$$
$$h^2 = 57^2 - 15^2$$
$$h^2 = 3\,249 - 225$$
$$h^2 = 3\,024 \quad | \sqrt{\ }$$
$$h \approx 55$$

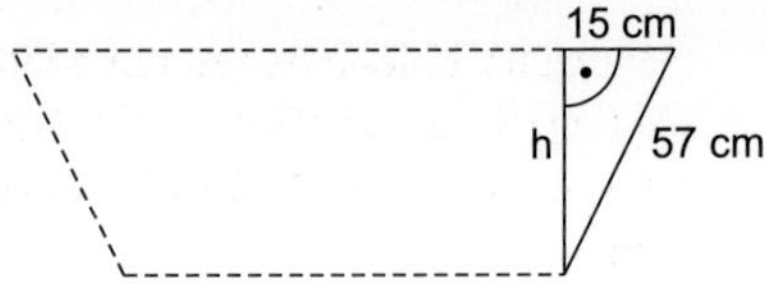

oder

Berechnung der Höhe h des Trapezes mithilfe der Flächeninhaltsformel des Trapezes:

Gegeben: $A = 5\,225\ \text{cm}^2$; $a = 110$ cm; $c = 80$ cm

Gesucht: h

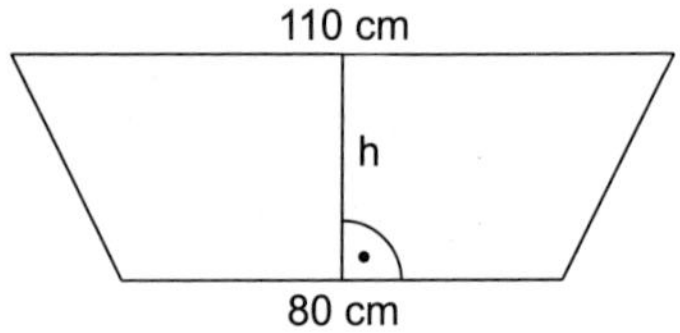

$$A = \frac{1}{2} \cdot (a + c) \cdot h$$
$$5\,225 = \frac{1}{2} \cdot (110 + 80) \cdot h$$
$$5\,225 = \frac{1}{2} \cdot 190 \cdot h$$
$$5\,225 = 95 \cdot h \quad | :95$$
$$h = 55$$

Die Tiefe der Vitrine beträgt 55 cm und reicht für Kuchenplatten mit einem Durchmesser von 50 cm aus.

d) Benötigte Breite der Platte:

Für die Rückwand wird ein Rechteck mit folgenden Maßen benötigt:

$110\ \text{cm} \times 165\ \text{cm} = 1{,}10\ \text{m} \times 1{,}65\ \text{m}$

Die rechteckige Platte muss also mindestens 1,65 m lang sein.

Länge a der vorhandenen rechteckigen Platte:

Gegeben: $A = 1{,}8\ \text{m}^2$; $b = 1{,}20$ m

Gesucht: a

$$A = a \cdot b$$
$$1{,}8 = a \cdot 1{,}2 \quad | :1{,}2$$
$$a = 1{,}5$$

Vergleich der Seitenlängen:

$1{,}5\ \text{m} < 1{,}65\ \text{m}$

Die rechteckige Platte kann nicht verwendet werden, da die zweite Seite mit 1,5 m zu kurz ist.

oder

Benötigter Flächeninhalt der Platte:
Da eine Seite der Platte 1,2 m beträgt, müsste die andere Seite mindestens 1,65 m lang sein. Damit gilt für den Flächeninhalt, den die Platte mindestens haben müsste:

$A = a \cdot b$

$A = 1{,}2 \cdot 1{,}65$

$A = 1{,}98$

Die Platte müsste einen Flächeninhalt von mindestens 1,98 m^2 haben. Da sie aber nur eine Fläche von 1,8 m^2 hat, ist sie zu klein.

Aufgabe 6

a) Betrachtet wird das Ereignis E: „Pfeil zeigt auf ein B".

Anzahl der Felder mit dem Buchstaben „B": 3
Anzahl aller Felder des Glücksrades: 8

Wahrscheinlichkeit dafür, dass der Pfeil auf ein „B" zeigt:

$$P(E) = \frac{\text{Anzahl der für E günstigen Ergebnisse}}{\text{Anzahl aller möglichen Ergebnisse}}$$

$$P(E) = \mathbf{\frac{3}{8}} = 0{,}375 = \mathbf{37{,}5\ \%}$$

b) Einzelwahrscheinlichkeiten bei der 1. Drehung:
Anzahl der Felder mit dem Buchstaben „A": 4
Anzahl aller Felder des Glücksrades: 8

Wahrscheinlichkeit für „A":

$$P(\text{„A"}) = \frac{4}{8}$$

Die Wahrscheinlichkeit für „C" ist im Baumdiagramm gegeben:

$$P(\text{„C"}) = \frac{1}{8}$$

Einzelwahrscheinlichkeiten bei der 2. Drehung:
Da sich die Anzahl der Buchstaben auf den Glücksradfeldern nicht ändert und kein Feld „herausgenommen" wird, sind die Einzelwahrscheinlichkeiten bei der 2. Drehung dieselben wie bei der 1. Drehung.

Baumdiagramm:

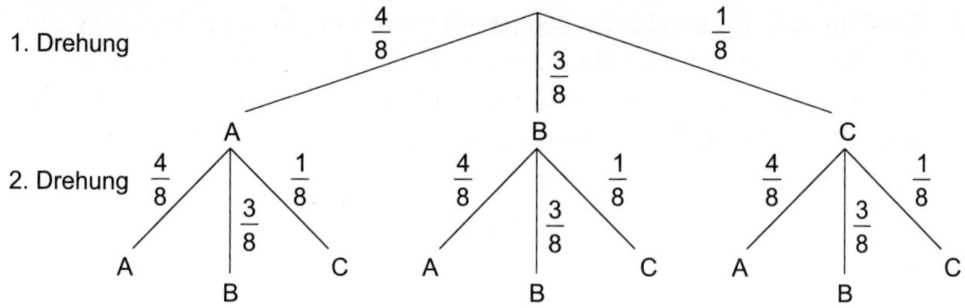

c) Es handelt sich um einen zweistufigen Zufallsversuch. Die Pfade, die zum Ereignis „Pfeil zeigt zweimal nacheinander auf gleiche Buchstaben“ führen, sind im Baumdiagramm fett markiert:

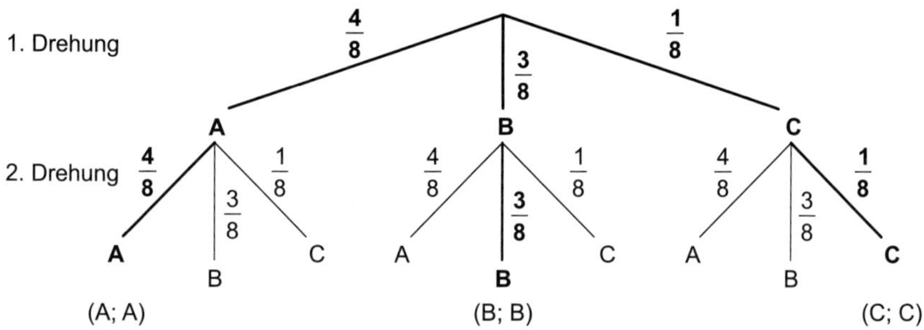

Berechnung der Wahrscheinlichkeit mithilfe der 1. und 2. Pfadregel:

$$\begin{aligned}P(\text{„zwei gleiche Buchstaben“}) &= P(A;\,A)+P(B;\,B)+P(C;\,C)\\ &=\frac{4}{8}\cdot\frac{4}{8}+\frac{3}{8}\cdot\frac{3}{8}+\frac{1}{8}\cdot\frac{1}{8}\\ &=\frac{16}{64}+\frac{9}{64}+\frac{1}{64}\\ &=\frac{26}{64}=\frac{13}{32}=0{,}40625=\mathbf{40{,}625\ \%}\end{aligned}$$

Die Wahrscheinlichkeit dafür, dass der Pfeil beim zweimaligen Drehen des Glücksrades auf zwei gleiche Buchstaben zeigt, beträgt $\frac{13}{32}$ oder ungefähr 41 %.

Aufgabe 7

a) Bei dem Punkt S handelt es sich um einen Schnittpunkt der Parabel p mit der Geraden g, wenn S sowohl auf der Parabel p als auch auf der Geraden g liegt. Um zu testen, ob S auf den Graphen der Funktionen liegt, werden jeweils die Koordinaten von S in die Funktionsgleichung eingesetzt und es muss überprüft werden, ob sich eine wahre oder falsche Aussage ergibt.

1. Überprüfung: Liegt $S(-3\,|\,-9)$ auf der Parabel $p(x) = -x^2$?

$$p(x) = -x^2$$
$$-9 \overset{?}{=} -(-3)^2$$
$$-9 = -9 \qquad \text{(w)}$$

S liegt auf p.

2. Überprüfung: Liegt $S(-3\,|\,-9)$ auf der Geraden $g(x) = 2x - 3$?

$$g(x) = 2x - 3$$
$$-9 \overset{?}{=} 2 \cdot (-3) - 3$$
$$-9 \overset{?}{=} -6 - 3$$
$$-9 = -9 \qquad \text{(w)}$$

S liegt auf g.

Da der Punkt $S(-3\,|\,-9)$ sowohl auf p als auch auf g liegt, handelt es sich um einen Schnittpunkt der beiden Graphen.

oder

Berechnung der Schnittpunkte von p und g:
Um die Schnittpunkte zu ermitteln, werden die Funktionsgleichungen $p(x) = -x^2$ und $g(x) = 2x - 3$ gleichgesetzt.

Berechnung der x-Koordinaten mithilfe der p-q-Formel:

$$p(x) = g(x)$$
$$-x^2 = 2x - 3 \qquad |+x^2 \quad \text{(Gleichung null setzen)}$$
$$0 = x^2 + 2x - 3 \qquad \text{(Normalform; } p = 2;\ q = -3\text{)}$$

p-q-Formel:

$$x_{1/2} = -\frac{p}{2} \pm \sqrt{\left(\frac{p}{2}\right)^2 - q}$$

Einsetzen in die p-q-Formel:

$$x_{1/2} = -\frac{2}{2} \pm \sqrt{\left(\frac{2}{2}\right)^2 - (-3)}$$

$$x_{1/2} = -1 \pm \sqrt{1+3}$$

$$x_{1/2} = -1 \pm \sqrt{4}$$

$$x_{1/2} = -1 \pm 2$$

$x_1 = -1 + 2 = 1$ (diese Lösung ist unbedeutend für die Aufgabenstellung)

$x_2 = -1 - 2 = -3$

Berechnung der y-Koordinate für $x = -3$:
Zur Berechnung der y-Koordinate wird $x = -3$ in eine der beiden Funktionsgleichungen eingesetzt.

$p(x) = -x^2$ für $x = -3$:

$p(-3) = -(-3)^2$

$p(-3) = -9$

Der Punkt $S(-3\,|\,-9)$ ist ein Schnittpunkt der Parabel p und der Geraden g.

b) In der verkleinerten Abbildung sind beispielhaft vier Geraden mit ihren Funktionsgleichungen eingezeichnet, die keinen Schnittpunkt mit der Parabel p haben. Es gibt unzählige weitere Lösungen.

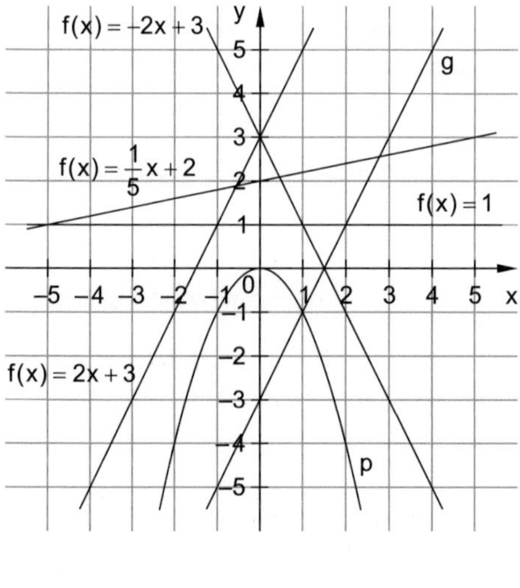

Mittlerer Schulabschluss und erweiterte Berufsbildungsreife Berlin/Brandenburg Mathematik 2015

Punkte

Aufgabe 1 — 10 P.

Basisaufgaben

a) Die Wahrscheinlichkeit, ohne hinzusehen eine weiße Kugel zu ziehen, soll 50 % betragen. — 1 P.

☐ 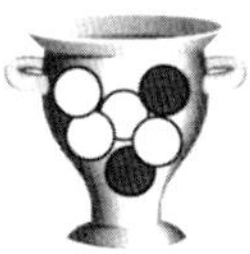 ☐  ☐ 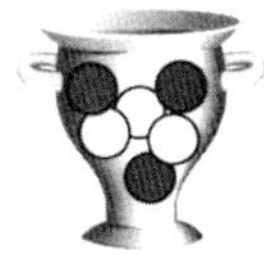

Kreuzen Sie an, aus welchem Topf gezogen werden muss.

b) Geben Sie eine Zahl an, die größer als –150 ist. — 1 P.

____

c) Kreuzen Sie die wahre Aussage an. — 1 P.

☐ $1{,}5 < \frac{3}{2}$ ☐ $\frac{8}{5} > \frac{3}{2}$ ☐ $\sqrt{2} > \frac{3}{2}$

d) Die Geraden g und h sind parallel zueinander. Geben Sie die Größe des Winkels α an. — 1 P.

____

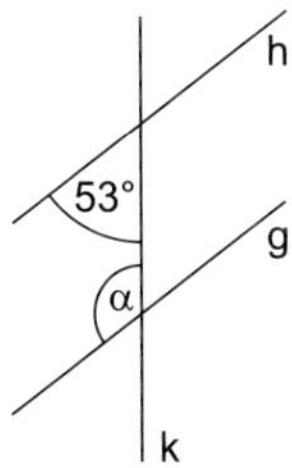

(Skizze nicht maßstabsgerecht)

e) Max hat 400 € auf seinem Konto. Er erhält 2 % Zinsen im Jahr. Geben Sie an, wie viel Euro Zinsen er nach einem Jahr bekommt. — 1 P.

____

f) Geben Sie den Zentralwert (Median) folgender Messdaten an. — 1 P.

5 °C 7 °C 3 °C 8 °C 1 °C 8 °C 5 °C

____

____

g) Kreuzen Sie die wahre Aussage an. 1 P.
Multipliziert man eine positive Zahl mit einer negativen Zahl, so ist das Ergebnis

☐ … immer positiv.

☐ … immer negativ.

☐ Das kann man nicht entscheiden.

h) Eine Wassertonne mit 600 Liter Fassungsvermögen ist zu $\frac{2}{3}$ gefüllt. 1 P.
Geben Sie an, wie viele Liter Wasser nachgefüllt werden müssen, damit die Tonne voll ist (ohne überzulaufen).

___

*i) Die abgebildete Normalparabel soll um zwei Einheiten nach rechts verschoben werden. 1 P.

Geben Sie die Koordinaten des Scheitelpunktes der **verschobenen** Parabel an.

S(____|____)

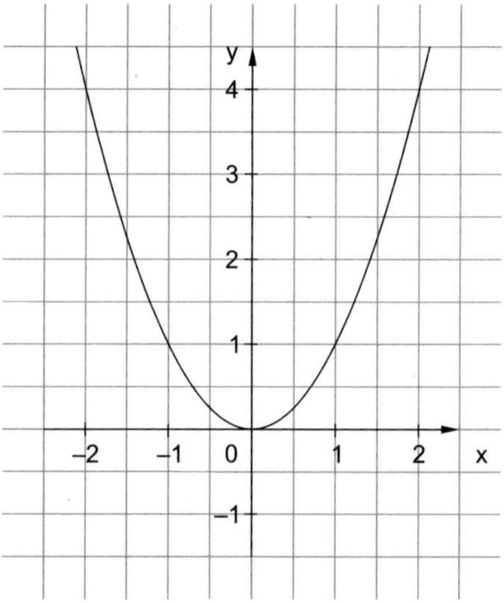

*j) Kreuzen Sie die wahre Aussage an. 1 P.

☐ $\sqrt{(-4)^2} = -4$

☐ $\sqrt{(-4)^2} = +4$

☐ $\sqrt{(-4)^2}$ ist nicht definiert.

Aufgabe 2 5 P.

Fernsehturm

Der Berliner Fernsehturm ist ein beliebtes Ausflugsziel.

Eintrittspreise:

Erwachsene:	12,00 €
Kinder (3 bis 16 Jahre):	7,50 €

Im Winter gibt es ein Sonderangebot:

20 % Rabatt auf den Eintrittspreis

(Hinweis: „Rabatt" bedeutet „Preisnachlass")

a) Familie Krause (Vater, Mutter, der 13-jährige Sohn und der Großvater) besucht im Winter den Fernsehturm und nutzt das Sonderangebot. 3 P.

Entscheiden Sie jeweils, ob der Term für die Berechnung des Rabatts richtig oder falsch ist.

Kreuzen Sie an.

Berechnung des Rabatts	richtig	falsch
$(2 \cdot 12\,€ + 2 \cdot 7{,}50\,€) \cdot \frac{20}{100}$	☐	☐
$\frac{1}{5} \cdot (36\,€ + 7{,}50\,€)$	☐	☐
$\frac{20 \cdot (12\,€ + 12\,€ + 12\,€ + 7{,}50\,€)}{100}$	☐	☐

b) Berechnen Sie, wie viel Euro Familie Krause für den Eintritt bezahlt. 2 P.

Aufgabe 3 6 P.

Sterne

Die Entfernung zwischen Sternen kann in Lichtjahren angegeben werden. Ein Lichtjahr ist die Strecke, die das Licht in einem Jahr zurücklegt.

Es gilt: 1 Lichtjahr = 9 460 000 000 000 km.

a) Geben Sie an, wie viele Kilometer 100 Lichtjahren entsprechen. 1 P.

9 460 000 000 000 000

b) Welcher Zahl entspricht $9{,}46 \cdot 10^{12}$? 1 P.
Kreuzen Sie an.

- ☐ 94 600 000 000 000
- ☒ 9 460 000 000 000
- ☒ 946 ~~000 000~~ 000 000

*c) Das Licht legt in einer Sekunde einen Weg von ca. $3 \cdot 10^5$ km zurück. 4 P.
Der Stern Proxima Centauri ist ca. $4{,}03 \cdot 10^{15}$ km von der Sonne entfernt.

- Berechnen Sie die Zeit, die das Licht für den Weg von der Sonne bis zum Stern Proxima Centauri benötigt.
  Geben Sie das Ergebnis in Sekunden an.
- Ermitteln Sie, wie viele Jahre das Licht dann für diesen Weg benötigt.
  (1 Jahr = 365 Tage)

Aufgabe 4 10 P.

Fallschirmspringer

Tom springt mit einem Fallschirm aus einem Flugzeug. In den ersten 20 Sekunden fällt Tom frei, d. h. ohne geöffneten Fallschirm. Dann öffnet er den Fallschirm und sein Gleitflug beginnt.

Der Graph G stellt Toms Flughöhe in Abhängigkeit von der Zeit dar.

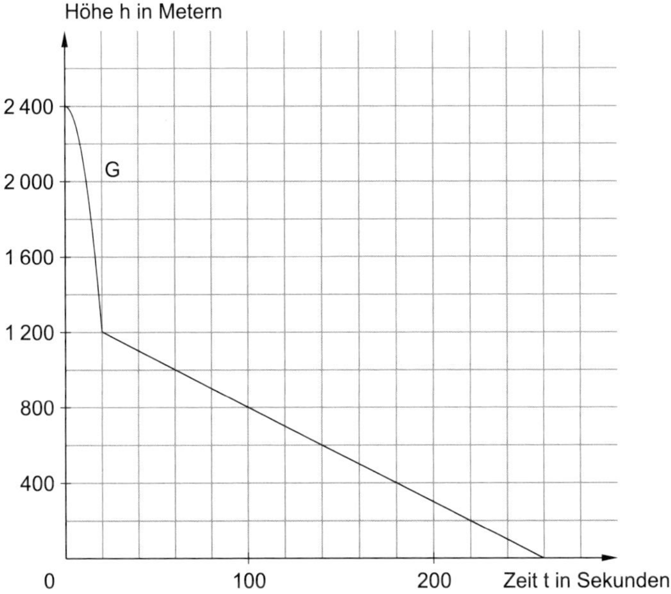

a) Geben Sie an, in welcher Höhe Tom das Flugzeug verlassen hat und nach welcher Zeit er auf dem Boden gelandet ist. 2 P.

*b) Kreuzen Sie an, welche der folgenden Parabelgleichungen zum Graphen G in den ersten 20 Sekunden passen könnte. 3 P.

☐ $h(t) = 3t^2 + 2\,400$ ☐ $h(t) = 3t^2 - 2\,400$

☐ $h(t) = -3t^2 + 2\,400$ ☐ $h(t) = -3t^2 - 2\,400$

Begründen Sie Ihre Entscheidung.

____

____

*c) Nach 20 Sekunden öffnet Tom in 1 200 m Höhe den Fallschirm und nach weiteren 100 Sekunden hat er eine Höhe von 700 m erreicht. Er schwebt mit einer konstanten Geschwindigkeit dem Erdboden entgegen. 2 P.

Berechnen Sie diese Geschwindigkeit in $\frac{\text{km}}{\text{h}}$.

*d) Der Graph für den Gleitflug bei geöffnetem Fallschirm liegt auf einer Geraden. 3 P.

Stellen Sie eine Gleichung für diese Gerade auf.

Aufgabe 5 7 P.

Drachenviereck

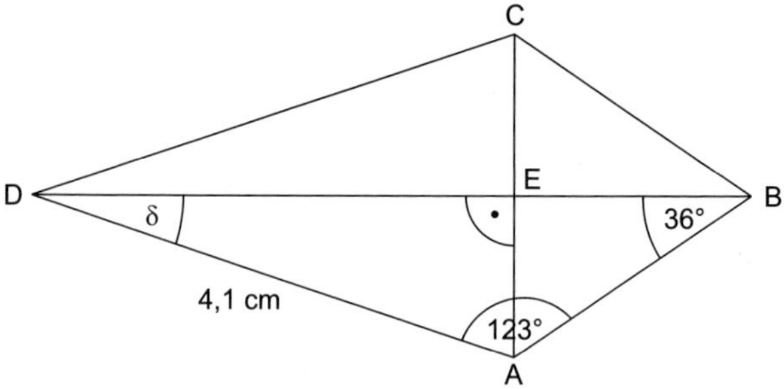

(Skizze nicht maßstabsgerecht)

a) Wie viele verschiedene Dreiecke lassen sich bilden, bei denen drei der Punkte A, B, C, D und E die Eckpunkte sind? 1 P.

Kreuzen Sie an.

☐ 6 ☐ 8 ☐ 10 ☐ 12

b) Geben Sie die Größe des Winkels δ an. 1 P.

____

*c) Berechnen Sie die Länge der Strecke $\overline{BD}$. 2 P.

d) Der Flächeninhalt des Dreiecks AED soll ermittelt werden. 3 P.

- Geben Sie die benötigten Seiten und Winkel an.
- Notieren Sie eine Reihenfolge der Schritte, die zur Berechnung des gesuchten Flächeninhaltes notwendig sind.

Aufgabe 6 11 P.

Karlsruher Pyramide

Das Bild zeigt das Wahrzeichen der Stadt Karlsruhe, eine quadratische Pyramide aus Sandstein.

Tim hat ein Modell der Pyramide im Maßstab 1 : 10 gebaut.

Sein Modell ist 0,68 m hoch. Die Grundkante ist im Modell 0,80 m lang.

a) Geben Sie an, wie hoch die Karlsruher Pyramide tatsächlich ist und welche Länge ihre Grundkante hat. 2 P.

b) Zeichnen Sie die Höhe ein und beschriften Sie die Skizze der Modellpyramide mit den gegebenen Maßen. 2 P.

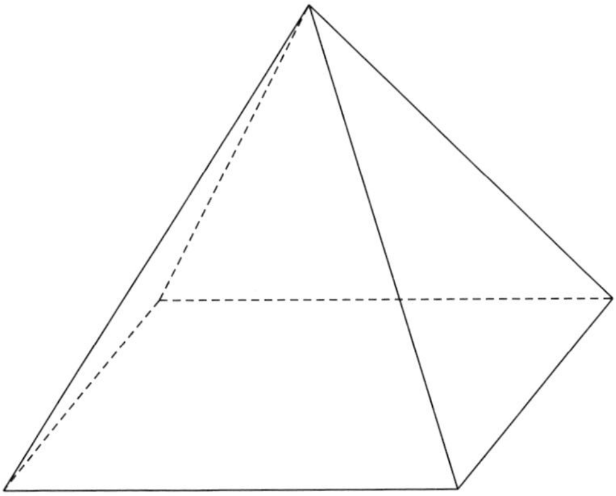

(Skizze nicht maßstabsgerecht)

c) Die Seitenflächen der Modellpyramide baut Tim aus dünnem Sperrholz. 4 P.
Weisen Sie nach, dass er für eine Seitenfläche ca. 0,32 m^2 Sperrholz braucht.

d) Abschließend streicht Tim alle Seitenflächen außen mit farbigem Lack zweimal an. Ein Liter farbiger Lack reicht für das Anstreichen von $10\ m^2$. 3 P.

Farbigen Lack gibt es im Baumarkt in folgenden Abpackungen:

Dosengröße	**S**	**M**	**L**
Inhalt	375 $m\ell$	750 $m\ell$	2,5 ℓ
Preis	8,49 €	12,49 €	31,95 €

Tim möchte die Dosengröße **M** kaufen. Paul sagt, die Dosengröße **S** reicht.

- Entscheiden Sie, wer recht hat.
- Begründen Sie Ihre Entscheidung.

Aufgabe 7 11 P.

Fußball

In der Saison 2012/13 hat Hertha BSC in der 2. Bundesliga gespielt.

a) Zu den 17 Heimspielen kamen insgesamt 680 353 Zuschauer. 2 P.

Berechnen Sie, wie viele Zuschauer durchschnittlich ein Heimspiel besucht haben. Runden Sie sinnvoll.

b) Von den insgesamt 34 Spielen hat die Mannschaft 22-mal gewonnen, 10-mal unentschieden gespielt und 2-mal verloren. 1 P.

Geben Sie die relative Häufigkeit an, mit der ein Spiel gewonnen wurde.

c) In allen Spielen der 2. Bundesliga wurden in dieser Saison 83 Elfmeter gegeben. Davon wurden 71 verwandelt. 4 P.

- Berechnen Sie den prozentualen Anteil der nicht verwandelten Elfmeter in dieser Saison.
- Zeichnen Sie diesen Anteil in das vorbereitete Kreisdiagramm ein.
- Geben Sie die Größe des zugehörigen Winkels an.

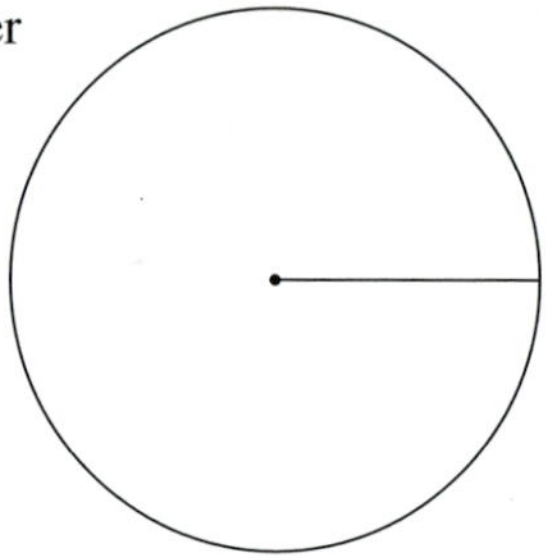

*d) Beim Training für das Elfmeter-Schießen stehen 11 Spieler zur Verfügung. Jeder darf höchstens einmal schießen. Die Reihenfolge der Schützen wird zufällig ausgewählt. 4 P.

Die Fans von Hertha hoffen darauf, dass Torjäger Ronny unter den ersten drei Schützen ist.

- Vervollständigen Sie dazu das vorgegebene Baumdiagramm und tragen Sie die fehlenden Wahrscheinlichkeiten ein.

Ronny wird ausgewählt: R

Ronny wird nicht ausgewählt: nR

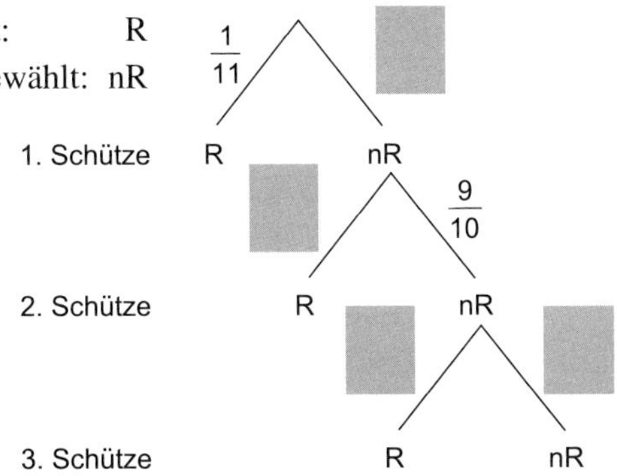

- Berechnen Sie die Wahrscheinlichkeit dafür, dass Ronny unter den ersten drei Schützen ist.

Lösung

Aufgabe 1

a) Lösung über die Farbverteilung:
Damit die Wahrscheinlichkeit 50 % beträgt, müssen die Anzahl der weißen und die Anzahl der schwarzen Kugeln im Topf gleich sein. Da insgesamt 6 Kugeln im Topf sind, müssen es 3 weiße und 3 schwarze Kugeln sein.

oder

Anzahl weißer Kugeln:
Da die Wahrscheinlichkeit für „weiß" 50 % betragen soll, gilt:

$$P(\text{„weiß"}) = 50\,\% = \frac{1}{2} = \frac{3}{6}$$

Somit müssen 3 von 6 Kugeln weiß sein.

oder

Berechnung der Wahrscheinlichkeiten:
Mithilfe der Formel $P(\text{„weiß"}) = \frac{\text{Anzahl der weißen Kugeln}}{\text{Anzahl aller Kugeln}}$ wird für jeden Topf die Wahrscheinlichkeit für „weiß" berechnet:

Topf 1:

$$P_1 = \frac{4}{6} \approx 66{,}67\,\%$$

☐ 

Topf 2:

$$P_2 = \frac{2}{6} \approx 33{,}33\,\%$$

☐ 

Topf 3:

$$P_3 = \frac{3}{6} = 50\,\%$$

☒ 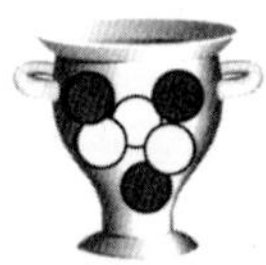

b) Es gibt unendlich viele Lösungen, z. B.: **–149; –148; –147; 0; 1; 2; ...**

c) Es gilt: $\frac{3}{2} = 3:2 = 1{,}5$

Prüfen der Aussagen:

$1{,}5 < \frac{3}{2}$ ist falsch, weil $1{,}5 = 1{,}5$ gilt.

$\frac{8}{5} > \frac{3}{2}$ ist richtig, weil $\frac{8}{5} = 1{,}6 > 1{,}5$ gilt.

$\sqrt{2} > \frac{3}{2}$ ist falsch, weil $\sqrt{2} = 1{,}414\ldots < 1{,}5$ gilt.

☐ $1{,}5 < \frac{3}{2}$ ☒ $\frac{8}{5} > \frac{3}{2}$ ☐ $\sqrt{2} > \frac{3}{2}$

d) Wenn zwei parallele Geraden von einer dritten Gerade geschnitten werden, entstehen Stufenwinkel (α), die gleich groß sind. Der Winkel α und sein Nebenwinkel von 53° ergänzen sich zu 180°:

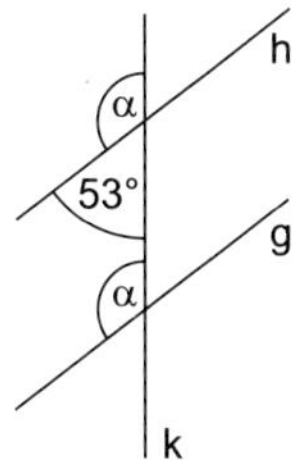

$$\alpha + 53° = 180° \quad \Big| -53°$$
$$\alpha = \mathbf{127°}$$

e) Gegeben: K = 400 €; p % = 2 %
Gesucht: Z

Lösung mit dem Dreisatz:

$$\begin{array}{rrcll} :100 & 100\,\% & \triangleq & 400\ € & :100 \\ & 1\,\% & \triangleq & 4\ € & \\ \cdot 2 & 2\,\% & \triangleq & \mathbf{8\ €} & \cdot 2 \end{array}$$

oder

Lösung über proportionale Zuordnung:

$$\frac{K}{100} = \frac{Z}{p}$$
$$\frac{400}{100} = \frac{Z}{2} \qquad \Big| \cdot 2$$
$$Z = \frac{400 \cdot 2}{100}$$
$$Z = 8$$

Antwort: **8 €**

f) Da eine ungerade Anzahl von Daten vorliegt (7), ist der Zentralwert (Median) der Wert, der genau in der Mitte aller erfassten Daten liegt, wenn sie der Größe nach geordnet sind. Die gegebenen Daten werden der Größe nach sortiert:

1 °C 3 °C 5 °C **5 °C** 7 °C 8 °C 8 °C

5 °C liegt in der Mitte und ist somit der Zentralwert (Median).

g) Es gilt: *Plus mal minus ergibt minus.*

Multipliziert man eine positive Zahl mit einer negativen Zahl, so ist das Ergebnis

☐ … immer positiv.

☒ … immer negativ.

☐ Das kann man nicht entscheiden.

h) *Hinweis:* 600 ℓ Fassungsvermögen bedeutet, dass die Tonne vollständig gefüllt ist, wenn sie 600 ℓ Wasser enthält.

Die Tonne ist zu $\frac{2}{3}$ gefüllt, somit fehlt noch $\frac{1}{3}$ von den 600 ℓ. Das sind $600\ \ell : 3 = 200\ \ell$.

Es müssen **200 ℓ** Wasser nachgefüllt werden.

oder

Die Tonne ist zu $\frac{2}{3}$ gefüllt. $\frac{2}{3}$ von 600 ℓ sind $2 \cdot (600\ \ell : 3) = 2 \cdot 200\ \ell = 400\ \ell$.

Die Tonne ist mit 400 ℓ gefüllt. Es müssen also $600\ \ell - 400\ \ell =$ **200 ℓ** Wasser nachgefüllt werden.

i) Wie die gesamte Parabel wird auch der Scheitelpunkt (0|0) der abgebildeten Normalparabel um zwei Einheiten nach rechts verschoben. Diese Verschiebung nach rechts bedeutet, dass der Wert der x-Koordinate um 2 Einheiten erhöht werden muss.

Neuer Scheitelpunkt:
S(2|0)

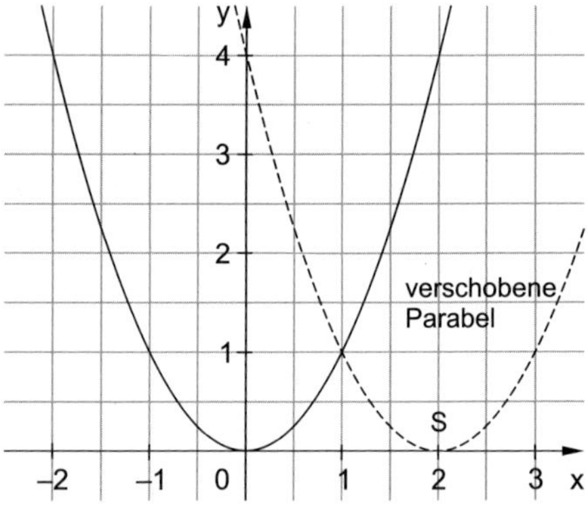

j) Die Quadratwurzel einer Zahl x ist definiert als die **positive Zahl** y, deren Quadrat x ergibt:
$\sqrt{x} = y \Rightarrow y^2 = x$

Das Ergebnis aus $\sqrt{(-4)^2}$ muss also positiv sein.

oder

Das Ergebnis kann berechnet werden: $\sqrt{(-4)^2} = \sqrt{16} = +4$

☐ $\sqrt{(-4)^2} = -4$

☒ $\sqrt{(-4)^2} = +4$

☐ $\sqrt{(-4)^2}$ ist nicht definiert.

Aufgabe 2

a) • Terme für die Berechnung des Eintrittspreises:
Familie Krause besteht aus 3 Erwachsenen und 1 Kind. Für jeden Erwachsenen kostet der Eintritt 12 €, für das Kind 7,50 €.
Ohne Rabatt beträgt der Eintrittspreis somit:

$$12\,€ + 12\,€ + 12\,€ + 7{,}50\,€ = 3 \cdot 12\,€ + 7{,}50\,€$$
$$= 36\,€ + 7{,}50\,€$$

• Terme für die Berechnung des Rabatts auf den Eintrittspreis:
Familie Krause erhält 20 % Rabatt auf den Eintrittspreis.
Der Rabatt beträgt somit:

Lösung mit dem Dreisatz:

$$\begin{aligned} :100 \quad 100\,\% &\mathrel{\hat=} 12\,€+12\,€+12\,€+7{,}50\,€ \quad :100 \\ 1\,\% &\mathrel{\hat=} \frac{12\,€+12\,€+12\,€+7{,}50\,€}{100} \\ \cdot 20 \quad 20\,\% &\mathrel{\hat=} \frac{20\cdot(12\,€+12\,€+12\,€+7{,}50\,€)}{100} \quad \cdot 20 \end{aligned}$$

oder

Lösung über proportionale Zuordnung:

$$\frac{x}{20} = \frac{12\,€+12\,€+12\,€+7{,}50\,€}{100} \qquad \Big|\cdot 20$$
$$x = \frac{20\cdot(12\,€+12\,€+12\,€+7{,}50\,€)}{100}$$

Umgeformt ergeben sich damit auch folgende, äquivalente Terme:

$$\begin{aligned} \frac{20\cdot(12\,€+12\,€+12\,€+7{,}50\,€)}{100} &= (12\,€+12\,€+12\,€+7{,}50\,€)\cdot\frac{20}{100} \\ &= (3\cdot 12\,€+7{,}50\,€)\cdot\frac{20}{100} \\ &= (36\,€+7{,}50\,€)\cdot\frac{20}{100} \end{aligned}$$

• Überprüfung der Terme:

1. Term:
Term 1 gibt die Höhe des Rabatts auf den Eintrittspreis für 2 Erwachsene und 2 Kinder an. Somit ist der 1. Term **falsch**.

oder

Es werden der Wert von Term 1 und der Wert von einem der äquivalenten Terme zur Berechnung des Rabatts berechnet und verglichen, ob die berechneten Werte übereinstimmen:

Wert von Term 1:

$$(2 \cdot 12\,€ + 2 \cdot 7{,}50\,€) \cdot \frac{20}{100}$$
$$= 39\,€ \cdot \frac{20}{100}$$
$$= 7{,}80\,€$$

Wert eines der Terme:

$$(3 \cdot 12\,€ + 7{,}50\,€) \cdot \frac{20}{100}$$
$$= 43{,}50\,€ \cdot \frac{20}{100}$$
$$= 8{,}70\,€$$

Da die Werte nicht übereinstimmen, sind die beiden Terme nicht äquivalent. Term 1 ist somit **falsch**.

2. Term:
Wenn man 20 % eines Wertes berechnen möchte, kann man wegen $20\,\% = \frac{20}{100} = \frac{1}{5}$ auch $\frac{1}{5}$ des Wertes bestimmen.
Berechnet man $\frac{1}{5}$ des Eintrittspreises $(36\,€ + 7{,}50\,€)$, erhält man Term 2.
Somit ist der 2. Term **richtig**.

oder

Formt man den aufgestellten Term für den Rabatt um und kürzt, erhält man Term 2, der somit richtig ist:

$$\frac{\overset{1}{\cancel{20}}\,(36\,€ + 7{,}50\,€)}{\underset{5}{\cancel{100}}} = \frac{1}{5} \cdot (36\,€ + 7{,}50\,€)$$

3. Term:
Term 3 entspricht dem Term für die Berechnung des Rabatts auf den Eintrittspreis. Somit ist der 3. Term **richtig**.

Insgesamt ergibt sich:

Berechnung des Rabatts	richtig	falsch
$(2 \cdot 12\,€ + 2 \cdot 7{,}50\,€) \cdot \frac{20}{100}$	☐	☒
$\frac{1}{5} \cdot (36\,€ + 7{,}50\,€)$	☒	☐
$\frac{20 \cdot (12\,€ + 12\,€ + 12\,€ + 7{,}50\,€)}{100}$	☒	☐

b) Berechnung des Eintrittspreises ohne Rabatt:
$3 \cdot 12\,€ + 7{,}50\,€ = 43{,}50\,€$

1. Möglichkeit: Berechnung über den Rabatt
Berechnung der Rabatthöhe (20 %):
Lösung mit dem Dreisatz:

$$\begin{aligned} :100\;\big(\quad 100\,\% &\mathrel{\hat{=}} 43{,}50\,€ \quad\big):100 \\ 1\,\% &\mathrel{\hat{=}} \frac{43{,}50\,€}{100} \\ \cdot 20\;\big(\quad 20\,\% &\mathrel{\hat{=}} \frac{43{,}50\,€ \cdot 20}{100} \quad\big)\cdot 20 \\ &= 8{,}70\,€ \end{aligned}$$

oder

Lösung über proportionale Zuordnung:

$$\frac{x}{20} = \frac{43{,}50}{100} \quad \big| \cdot 20$$
$$x = \frac{43{,}50 \cdot 20}{100}$$
$$x = 8{,}70$$

Berechnung der Kosten für den Eintritt:
$43{,}50\,€ - 8{,}70\,€ = \mathbf{34{,}80\,€}$

Familie Krause bezahlt 34,80 € für den Eintritt.

oder

2. Möglichkeit: Direkte Berechnung des ermäßigten Eintrittspreises
Da Familie Krause 20 % Rabatt auf den Eintrittspreis (Grundwert) erhält, muss sie nur noch $100\,\% - 20\,\% = 80\,\%$ des regulären Eintrittspreises bezahlen.

Lösung mit dem Dreisatz:

$$\begin{aligned} :100\;\big(\quad 100\,\% &\mathrel{\hat{=}} 43{,}50\,€ \quad\big):100 \\ 1\,\% &\mathrel{\hat{=}} \frac{43{,}50\,€}{100} \\ \cdot 80\;\big(\quad 80\,\% &\mathrel{\hat{=}} \frac{43{,}50\,€ \cdot 80}{100} \quad\big)\cdot 80 \\ &= \mathbf{34{,}80\,€} \end{aligned}$$

oder

Lösung über proportionale Zuordnung:

$$\frac{x}{80} = \frac{43{,}50}{100} \quad | \cdot 80$$

$$x = \frac{43{,}50 \cdot 80}{100}$$

$$x = \mathbf{34{,}80}$$

Familie Krause bezahlt 34,80 € für den Eintritt.

Aufgabe 3

Hinweis:
Ein Lichtjahr ist keine Zeitangabe, sondern eine Längeneinheit für große Entfernungen, die meist in der Astronomie verwendet wird.

Umrechnung in km:
1 Lichtjahr = 9 460 000 000 000 km = $9{,}46 \cdot 10^{12}$ km (Normdarstellung mithilfe einer Zehnerpotenz)

a) Berechnung von 100 Lichtjahren:

$$\cdot 100 \left(\begin{array}{r} 1 \text{ Lichtjahr} = 9\,460\,000\,000\,000 \text{ km} \\ 100 \text{ Lichtjahre} = \mathbf{946\,000\,000\,000\,000 \text{ km}} \end{array} \right) \cdot 100$$

oder

$$1 \text{ Lichtjahr} = 9{,}46 \cdot 10^{12} \text{ km} \Rightarrow 100 \text{ Lichtjahre} = 100 \cdot 1 \text{ Lichtjahr}$$
$$= 100 \cdot 9{,}46 \cdot 10^{12} \text{ km}$$
$$= 9{,}46 \cdot 10^{12} \cdot 10^{2} \text{ km}$$
$$= 9{,}46 \cdot 10^{12+2} \text{ km}$$
$$= \mathbf{9{,}46 \cdot 10^{14} \text{ km}}$$

Antwort: **946 000 000 000 000 km** oder **$9{,}46 \cdot 10^{14}$ km**

b) Multiplikation mit **10^{12}** bedeutet: Verschiebe das Komma um **12** Stellen nach rechts.

$$9{,}46 \cdot 10^{12} = 9\,\underbrace{460\,000\,000\,000}_{12 \text{ Stellen}} = 9\,460\,000\,000\,000$$

Lösung:

☐ 94 600 000 000 000

☒ 9 460 000 000 000

☐ 946 000 000 000 000

c) • Berechnung der Zeit, die das Licht für die Entfernung $4{,}03 \cdot 10^{15}$ km braucht:
Lösung mit dem Dreisatz:

$$
\begin{aligned}
:(3\cdot 10^5) \quad & 3\cdot 10^5 \text{ km} \mathrel{\hat{=}} 1 \text{ s} & :(3\cdot 10^5)\\
& 1 \text{ km} \mathrel{\hat{=}} \frac{1}{3\cdot 10^5}\text{ s} & \\
\cdot 4{,}03\cdot 10^{15} \quad & 4{,}03\cdot 10^{15}\text{ km} \mathrel{\hat{=}} \frac{4{,}03\cdot 10^{15}}{3\cdot 10^5}\text{ s} & \cdot 4{,}03\cdot 10^{15}\\
& \approx \mathbf{1{,}34\cdot 10^{10}\ s} &
\end{aligned}
$$

oder

Lösung über proportionale Zuordnung:

$$\frac{x}{4{,}03\cdot 10^{15}} = \frac{1}{3\cdot 10^5} \qquad \Big|\cdot 4{,}03\cdot 10^{15}$$

$$x = \frac{4{,}03\cdot 10^{15}}{3\cdot 10^5}$$

$$x \approx \mathbf{1{,}34\cdot 10^{10}}$$

Das Licht braucht ungefähr $1{,}34 \cdot 10^{10}$ Sekunden für den Weg von der Sonne bis zum Stern Proxima Centauri.

• Umrechnung eines Jahres in Sekunden:

$$
\begin{aligned}
1 \text{ Jahr} &= 365 \text{ Tage} && \text{(1 Tag hat 24 Stunden)}\\
&= 365\cdot 24 \text{ Stunden} && \text{(1 Stunde hat 60 Minuten)}\\
&= 365\cdot 24\cdot 60 \text{ Minuten} && \text{(1 Minute hat 60 Sekunden)}\\
&= 365\cdot 24\cdot 60\cdot 60 \text{ Sekunden} &&\\
&= 31\,536\,000 \text{ s} &&
\end{aligned}
$$

Umrechnung der benötigten Zeit von Sekunden in Jahre:
Lösung mit dem Dreisatz:

$$
\begin{aligned}
:31\,536\,000 \quad & 31\,536\,000 \text{ s} \mathrel{\hat{=}} 1 \text{ Jahr} & :31\,536\,000\\
& 1 \text{ s} \mathrel{\hat{=}} \frac{1}{31\,536\,000}\text{ Jahr} & \\
\cdot 1{,}34\cdot 10^{10} \quad & 1{,}34\cdot 10^{10}\text{ s} \mathrel{\hat{=}} \frac{1{,}34\cdot 10^{10}}{31\,536\,000}\text{ Jahre} & \cdot 1{,}34\cdot 10^{10}\\
& \approx 424{,}91 \text{ Jahre} &
\end{aligned}
$$

oder

Lösung über proportionale Zuordnung:

$$\frac{x}{1{,}34\cdot 10^{10}} = \frac{1}{31\,536\,000} \quad \Big| \cdot 1{,}34\cdot 10^{10}$$

$$x = \frac{1{,}34\cdot 10^{10}}{31\,536\,000}$$

$$x \approx 424{,}91$$

Das Licht braucht ca. **425 Jahre** für den Weg von der Sonne bis zum Stern Proxima Centauri.

Aufgabe 4

Zeichnung:

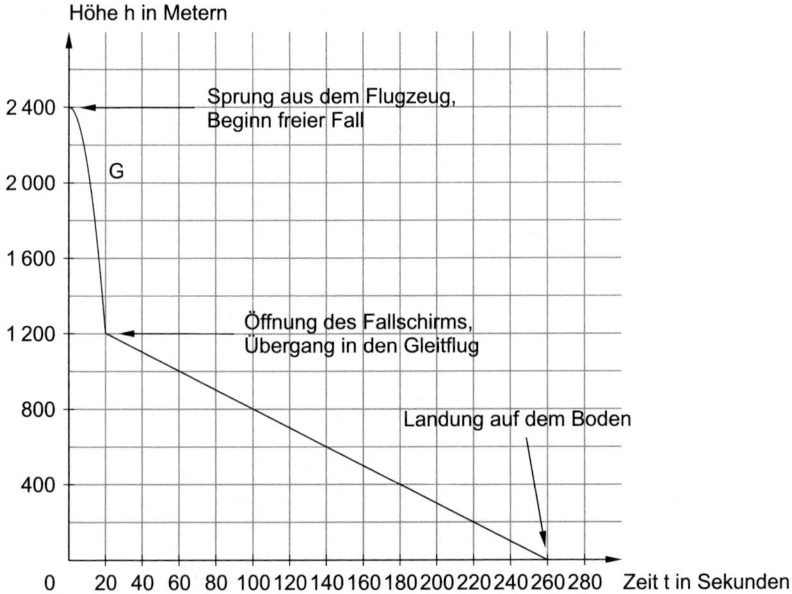

a) Ablesen der Werte aus der Zeichnung:
Tom verlässt in **2 400 m** Höhe das Flugzeug und landet nach **260 Sekunden** auf dem Boden

b) ☐ $h(t) = 3t^2 + 2\,400$ ☐ $h(t) = 3t^2 - 2\,400$

☒ $h(t) = -3t^2 + 2\,400$ ☐ $h(t) = -3t^2 - 2\,400$

Mögliche Begründungen:

- Die Funktionsgleichung der abgebildeten Parabel hat die Form $h(t) = a \cdot t^2 + n$.
  Die abgebildete Parabel ist nach unten geöffnet, d. h., der Streckfaktor a muss negativ sein: $a = -3$
  Der Scheitelpunkt S der abgebildeten Parabel hat die Koordinaten $(0 \mid 2\,400)$, d. h., die mit $a = -3$ gestreckte Parabel wurde um 2 400 Einheiten längs der y-Achse nach oben verschoben. Somit ist $n = 2\,400$.
  Für $a = -3$ und $n = 2\,400$ passt von den angebotenen Funktionsgleichungen nur $h(t) = -3t^2 + 2\,400$.

- Die abgebildete Parabel ist nach unten geöffnet, d. h., der Streckfaktor a vor t^2 muss negativ sein. Damit scheiden die ersten beiden Gleichungen aus. Der Graph schneidet die y-Achse bei $(0 \mid 2\,400)$. Setzt man in der Funktionsgleichung $t = 0$ ein, muss man also $y = 2\,400$ erhalten. Da man bei der letzten Gleichung $y = -2\,400$ erhalten würde, scheidet diese aus und von den gegebenen Funktionsgleichungen passt nur $h(t) = -3t^2 + 2\,400$.

- Der Punkt $(20 \mid 1\,200)$ liegt auf der Parabel. Zur Überprüfung der Funktionsgleichungen werden die Koordinaten jeweils eingesetzt und getestet, ob sich eine wahre oder falsche Aussage ergibt.

  1. Gleichung:

  $$1\,200 \stackrel{?}{=} 3 \cdot 20^2 + 2\,400$$
  $$1\,200 \stackrel{?}{=} 1\,200 + 2\,400$$
  $$1\,200 \neq 3\,600$$

  2. Gleichung:

  $$1\,200 \stackrel{?}{=} 3 \cdot 20^2 - 2\,400$$
  $$1\,200 \stackrel{?}{=} 1\,200 - 2\,400$$
  $$1\,200 \neq -1\,200$$

  3. Gleichung:

  $$1\,200 \stackrel{?}{=} -3 \cdot 20^2 + 2\,400$$
  $$1\,200 \stackrel{?}{=} -1\,200 + 2\,400$$
  $$1\,200 = 1\,200$$

  4. Gleichung:

  $$1\,200 \stackrel{?}{=} -3 \cdot 20^2 - 2\,400$$
  $$1\,200 \stackrel{?}{=} -1\,200 - 2\,400$$
  $$1\,200 = -3\,600$$

c) *1. Möglichkeit:* Berechnung der Geschwindigkeit über den Weg
Gesucht ist Toms Geschwindigkeit in $\frac{km}{h}$, was gleichbedeutend ist mit der Fragestellung: „Wie viele km würde Tom bei gleicher Geschwindigkeit in einer Stunde zurücklegen?“

Zurückgelegter Weg in 100 s:
$1\,200\text{ m} - 700\text{ m} = 500\text{ m} = 0{,}5\text{ km}$

Umrechnung der Zeit:
$1\text{ h} = 60\text{ min} = 60 \cdot 60\text{ s} = 3\,600\text{ s}$

Lösung mit dem Dreisatz:

$$\begin{aligned} :100 \quad & 100\,\text{s} \mathrel{\hat{=}} 0{,}5\,\text{km} \quad :100 \\ \cdot 3\,600 \quad & 1\,\text{s} \mathrel{\hat{=}} 0{,}005\,\text{km} \quad \cdot 3\,600 \\ & 3\,600\,\text{s} \mathrel{\hat{=}} 0{,}005 \cdot 3\,600\,\text{km} \\ & = 18\,\text{km} \end{aligned}$$

oder

Lösung über proportionale Zuordnung:

$$\frac{x}{3\,600} = \frac{0{,}5}{100} \qquad \Big| \cdot 3\,600$$

$$x = \frac{0{,}5 \cdot 3\,600}{100}$$

$$x = 18$$

In einer Stunde (= 3 600 s) würde Tom 18 km zurücklegen, d. h., seine Geschwindigkeit beträgt **18 $\frac{\text{km}}{\text{h}}$**.

oder

2. Möglichkeit: Berechnung der Geschwindigkeit über Größenumrechnung

Umrechnung der Größe $\frac{\text{m}}{\text{s}}$ in $\frac{\text{km}}{\text{h}}$:

$$1\,\frac{\text{m}}{\text{s}} = \frac{\frac{1}{1000}}{\frac{1}{60}}\,\frac{\text{km}}{\text{min}} = \frac{\frac{1}{1000}}{\frac{1}{60} \cdot \frac{1}{60}}\,\frac{\text{km}}{\text{h}}$$

$$= \frac{\frac{1}{1000}}{\frac{1}{3\,600}}\,\frac{\text{km}}{\text{h}}$$

$$= \frac{1}{1\,000} : \frac{1}{3\,600}\,\frac{\text{km}}{\text{h}}$$

$$= \frac{3\,600}{1\,000} \cdot \frac{\text{km}}{\text{h}}$$

$$= 3{,}6\,\frac{\text{km}}{\text{h}}$$

Die Umrechnungszahl von $\frac{\text{m}}{\text{s}}$ in $\frac{\text{km}}{\text{h}}$ ist 3,6.

Berechnung von Toms Geschwindigkeit:

$$\frac{1\,200\,\text{m} - 700\,\text{m}}{100\,\text{s}} = \frac{500\,\text{m}}{100\,\text{s}} = 5\,\frac{\text{m}}{\text{s}} = 5 \cdot 3{,}6\,\frac{\text{km}}{\text{h}} = \mathbf{18\,\frac{km}{h}}$$

d) Da der Graph eine Gerade ist, handelt es sich um eine lineare Funktion mit der allgemeinen Funktionsgleichung:

$y = m \cdot x + n$

Steigung (m) — y-Achsenabschnitt (n) (= Schnittpunkt mit der y-Achse)

1. Möglichkeit: Rechnerische Lösung

Bestimmung der Geradengleichung über die Steigung und einen Punkt P der Geraden:

- Berechnung der Steigung m:
  Da Tom fällt, ist die Steigung der Geraden $m < 0$. Toms Höhe nimmt in 100 s um 500 m ab. Damit gilt:

  $$m = \frac{-500}{100} = -5$$

  Setzt man $m = -5$ in die allgemeine Gleichung ein, erhält man $y = -5x + n$.
- Berechnung des y-Achsenabschnitts n:
  Der Punkt $P(260\,|\,0)$ liegt auf der Geraden und erfüllt somit die Geradengleichung $y = -5x + n$.

  Einsetzen der Koordinaten von P:

  $0 = -5 \cdot 260 + n$

  $0 = -1\,300 + n \qquad |+1\,300$

  $n = 1\,300$

  Die Geradengleichung lautet somit $\mathbf{y = -5x + 1\,300}$ oder $\mathbf{h(t) = -5t + 1\,300}$.

oder

Bestimmung der Geradengleichung über 2 Punkte der Geraden:

Die Punkte $P_1(100\,|\,800)$ und $P_2(260\,|\,0)$ liegen auf der Geraden und erfüllen die Geradengleichung $y = mx + n$. Einsetzen der Koordinaten x und y liefert folgendes lineares Gleichungssystem:

I $\quad 800 = m \cdot 100 + n$

II $\quad 0 = m \cdot 260 + n$

Additionsverfahren:

I $\quad 800 = m \cdot 100 + n$

II $\quad 0 = m \cdot 260 + n \qquad |\cdot(-1)$

I $\quad 800 = 100\,m + n$

II $\quad 0 = -260m - n \qquad \}+$

I + II $\quad 800 = -160\,m \qquad |:(-160)$

$m = -5$

$m = -5$ einsetzen in II:

$0 = (-5) \cdot 260 + n$

$0 = -1\,300 + n \qquad |+1\,300$

$n = 1\,300$

Die Geradengleichung lautet $\mathbf{y = -5x + 1\,300}$ oder $\mathbf{h(t) = -5t + 1\,300}$.

oder

2. Möglichkeit: Zeichnerische Lösung

Bestimmung der Geradengleichung über das Ablesen der Steigung m und des y-Achsenabschnitts n aus der Zeichnung:

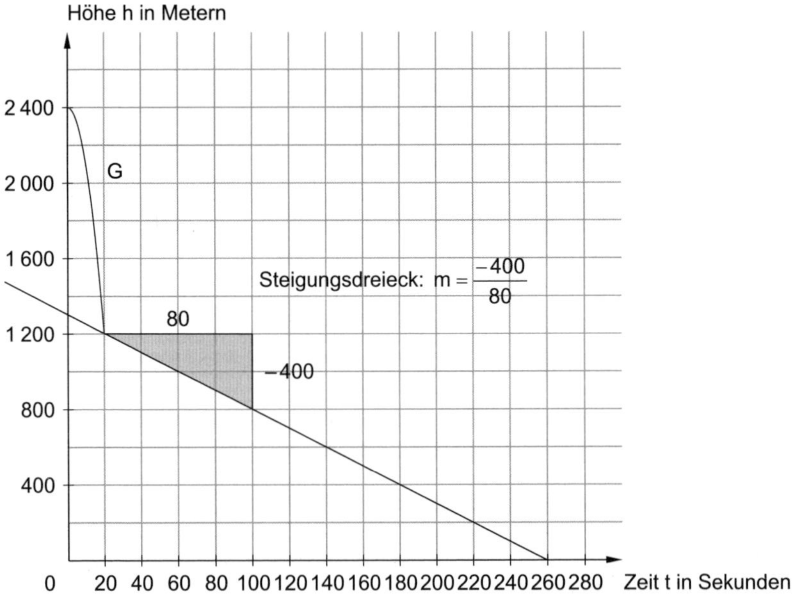

Es gilt:

- Die Gerade wird verlängert, sodass ein Schnittpunkt mit der y-Achse entsteht. Der Schnittpunkt mit der y-Achse liegt genau in der Mitte zwischen 1 200 und 1 400, also ist $n = 1\,300$.
- Ein beliebiges Steigungsdreieck wird eingezeichnet und die Steigung abgelesen. Die Steigung ist:

  $$m = \frac{-400}{80} = -5$$

Die Geradengleichung lautet somit $\mathbf{y = -5x + 1\,300}$ oder $\mathbf{h(t) = -5t + 1\,300}$.

Aufgabe 5

a) Mögliche Dreiecke:
ACD; ABC; DBC; DAB; AED; ABE; DEC; EBC

$\Rightarrow$ Es sind insgesamt 8 Dreiecke.

☐ 6 ☒ 8 ☐ 10 ☐ 12

b) Berechnung von δ mit der Innenwinkelsumme im Dreieck DAB:
Die Winkelsumme im Dreieck beträgt 180°.

$$\delta + 123° + 36° = 180°$$
$$\delta + 159° = 180° \quad \Big| -159°$$
$$\delta = \mathbf{21°}$$

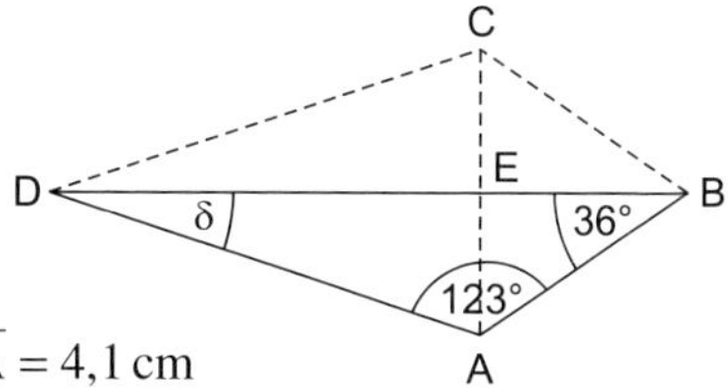

c) Gegeben: $\alpha = 123°$; $\beta = 36°$; $\delta = 21°$; $b = \overline{DA} = 4{,}1$ cm
Gesucht: $a = \overline{BD}$

Berechnung der Länge der Strecke $\overline{BD}$ mithilfe des Sinussatzes im Dreieck DAB:

$$\frac{a}{\sin\alpha} = \frac{b}{\sin\beta}$$
$$\frac{a}{\sin 123°} = \frac{4{,}1}{\sin 36°} \quad \Big| \cdot \sin 123°$$
$$a = \frac{4{,}1 \cdot \sin 123°}{\sin 36°}$$
$$a \approx \mathbf{5{,}85}$$

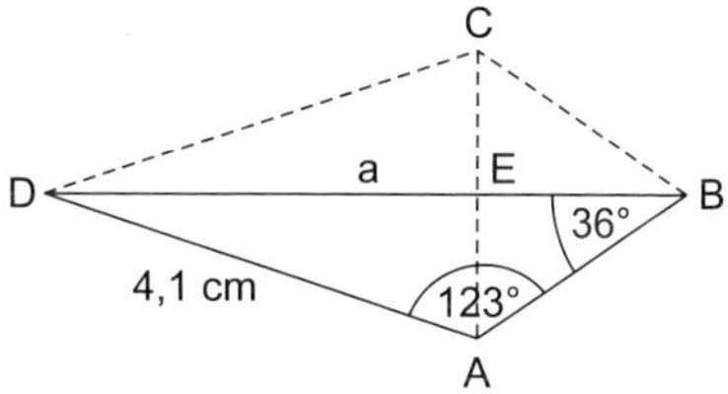

oder

Berechnung der Länge der Strecke $\overline{BD}$ mithilfe von Winkelfunktionen in rechtwinkligen Dreiecken:
Das vorhandene Dreieck DAB wird in die zwei rechtwinkligen Dreiecke DAE und ABE zerlegt.

Berechnung von $x_1 = \overline{ED}$ im rechtwinkligen Dreieck DAE:

$$\cos\delta = \frac{\text{Ankathete}}{\text{Hypotenuse}}$$
$$\cos 21° = \frac{x_1}{4{,}1} \quad \Big| \cdot 4{,}1$$
$$x_1 = 4{,}1 \cdot \cos 21°$$
$$x_1 \approx 3{,}83$$

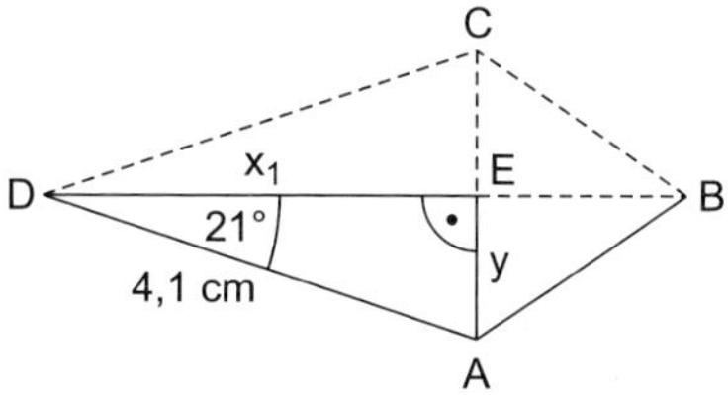

Berechnung von $y = \overline{AE}$ im rechtwinkligen Dreieck DAE:

$$\sin\delta = \frac{\text{Gegenkathete}}{\text{Hypotenuse}}$$

$$\sin 21° = \frac{y}{4{,}1} \quad \left| \cdot 4{,}1\right.$$

$$y = 4{,}1 \cdot \sin 21°$$

$$y \approx 1{,}47$$

Berechnung von $x_2 = \overline{BE}$ im rechtwinkligen Dreieck ABE:

$$\tan\beta = \frac{\text{Gegenkathete}}{\text{Ankathete}}$$

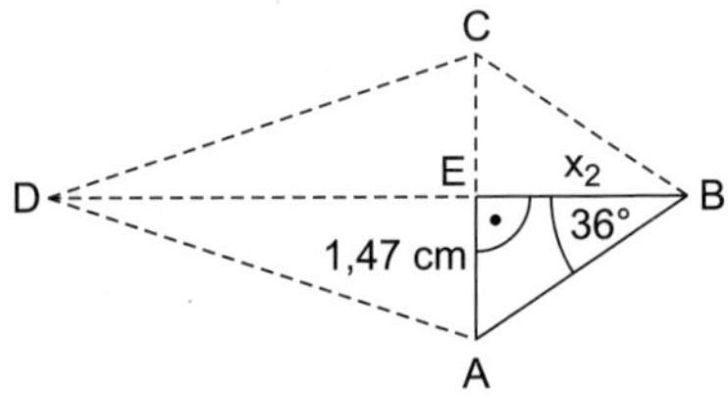

$$\tan 36° = \frac{1{,}47}{x_2} \quad \left| \cdot x_2\right.$$

$$\tan 36° \cdot x_2 = 1{,}47 \quad \left| : \tan 36°\right.$$

$$x_2 = \frac{1{,}47}{\tan 36°}$$

$$x_2 \approx 2{,}02$$

Berechnung der Länge der Strecke $\overline{BD}$:

$\overline{BD} = x_1 + x_2 = 3{,}83 + 2{,}02 = \mathbf{5{,}85}$

Die Strecke $\overline{BD}$ hat eine Länge von etwa 5,85 cm.

d) Der Flächeninhalt des Dreiecks AED kann mit der Formel $A = \frac{\overline{AE} \cdot \overline{ED}}{2}$ berechnet werden.

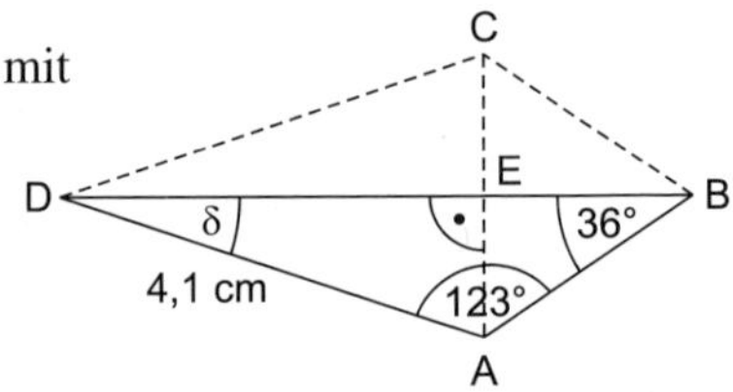

- Benötigte Seiten: $\overline{AE}$, $\overline{ED}$
  Benötigter Winkel: δ (zur Ermittlung von $\overline{ED}$ und $\overline{AE}$)
- Reihenfolge der Schritte zur Ermittlung des Flächeninhaltes:
  1. Ermittlung von δ
     (mit der Innenwinkelsumme im Dreieck DAB, vgl. Teilaufgabe b: $\delta + 123° + 36° = 180°$)
  2. Ermittlung der Länge der Strecke $\overline{AE}$
     (mit dem Sinus im rechtwinkligen Dreieck DAE, vgl. Teilaufgabe c: $\sin\delta = \frac{\overline{AE}}{4{,}1}$)
  3. Ermittlung der Länge der Strecke $\overline{ED}$
     (mit dem Kosinus im rechtwinkligen Dreieck DAE, vgl. Teilaufgabe c: $\cos\delta = \frac{\overline{ED}}{4{,}1}$)
  4. Einsetzen der berechneten Werte in die Formel $A = \frac{\overline{AE} \cdot \overline{ED}}{2}$

Hinweis: In der Aufgabenstellung ist nur nach der Reihenfolge der Schritte gefragt und nicht nach den Formeln zur Berechnung oder den Ergebnissen. Solltest du Berechnungen durchgeführt haben, findest du hier die Ergebnisse: Nach Teilaufgabe b: $\delta = 21°$; nach Teilaufgabe c: $\overline{AE} \approx 1{,}47$ cm; $\overline{ED} \approx 3{,}83$ cm
Einsetzen dieser Werte in die Formel ergibt: $A \approx 2{,}82\ \text{cm}^2$

Aufgabe 6

Hinweis: Der Maßstab 1 : 10 bedeutet: 1 cm im Modell $\hat{=}$ 10 cm in Wirklichkeit

a) Lösung mit dem Umrechnungsfaktor:
Beim Maßstab 1 : 10 ist der Umrechnungsfaktor 10.

Modell		Tatsächliche Größe
Höhe: 0,68 m	$\xrightarrow{\cdot 10}$	**6,8 m**
Kante: 0,8 m	$\xrightarrow{\cdot 10}$	**8,0 m**

oder

Lösung über proportionale Zuordnung:

Höhe in Wirklichkeit:

$$\frac{1}{10} = \frac{0{,}68}{x} \quad |\cdot x \quad |\cdot 10$$
$$x = 0{,}68 \cdot 10$$
$$x = \mathbf{6{,}8}$$

Grundkante in Wirklichkeit:

$$\frac{1}{10} = \frac{0{,}8}{x} \quad |\cdot x \quad |\cdot 10$$
$$x = 0{,}8 \cdot 10$$
$$x = \mathbf{8}$$

Die Karlsruher Pyramide ist in Wirklichkeit 6,8 m hoch und 8 m lang.

b) *Beachte:* Es sollen die Maße der **Modellpyramide** eingetragen werden.

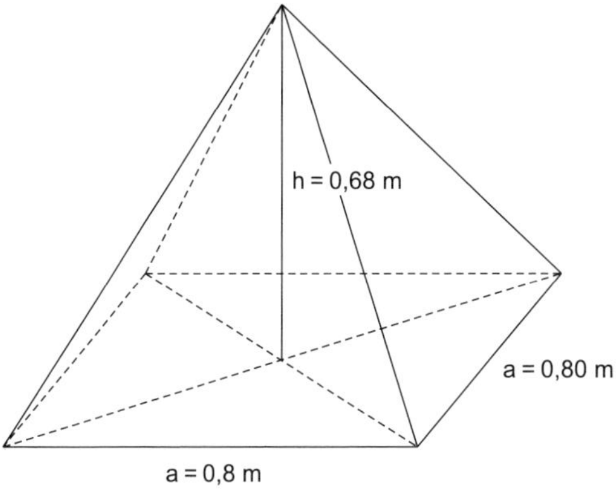

Hinweis: Der Diagonalenschnittpunkt ist der Fußpunkt der Höhe. Wenn du die Diagonalen nicht eingezeichnet hast, erhältst du trotzdem die volle Punktzahl.

c) Gegeben: $a = 0,8$ m; $h = 0,68$ m

Gesucht: A_S

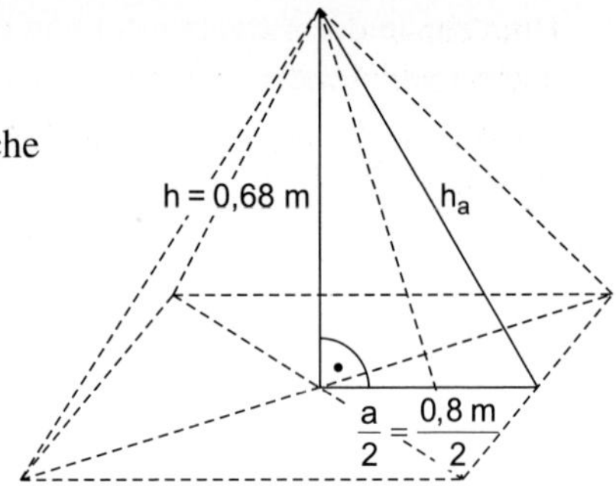

Berechnung der Höhe h_a der Seitenfläche mithilfe des Satzes von Pythagoras:

$$h_a{}^2 = \left(\frac{a}{2}\right)^2 + h^2$$

$$h_a{}^2 = \left(\frac{0,8}{2}\right)^2 + 0,68^2$$

$$h_a{}^2 = 0,16 + 0,4624$$

$$h_a{}^2 = 0,6224 \qquad |\sqrt{\ }$$

$$h_a \approx 0,79$$

Berechnung des Flächeninhaltes einer Seitenfläche:

$$A_S = \frac{1}{2} \cdot a \cdot h_a = \frac{1}{2} \cdot 0,8 \cdot 0,79 = 0,316 \approx \mathbf{0,32}$$

Die Angabe stimmt. Tim braucht für eine Seitenfläche ca. 0,32 m^2 Sperrholz.

d) Berechnung der zu streichenden Gesamtfläche:

Berechnung des Flächeninhaltes aller 4 Seitenflächen:

$A = 4 \cdot A_S = 4 \cdot 0,32\text{ m}^2 = 1,28\text{ m}^2$

Da Tim alle Seitenflächen zweimal streicht, muss er insgesamt $2 \cdot A = 2 \cdot 1,28\text{ m}^2 = 2,56\text{ m}^2$ streichen.

Berechnung des Lackverbrauchs:

Lösung mit dem Dreisatz:

$$\begin{aligned} :10 \quad & 10\text{ m}^2 \mathrel{\hat{=}} 1\ \ell & :10 \\ \cdot 2,56 \quad & 1\text{ m}^2 \mathrel{\hat{=}} 0,1\ \ell & \cdot 2,56 \\ & 2,56\text{ m}^2 \mathrel{\hat{=}} 0,256\ \ell & \end{aligned}$$

oder

Lösung über proportionale Zuordnung:

$$\frac{x}{2,56} = \frac{1}{10} \qquad |\cdot 2,56$$

$$x = \frac{2,56}{10}$$

$$x = 0,256$$

Tim braucht insgesamt 0,256 ℓ Farbe.

Umrechnung in $m\ell$:
$0{,}256\ \ell = 256\ m\ell$

Da Tim insgesamt nur 256 $m\ell$ Farbe benötigt, reicht die Dosengröße **S** aus.
Paul hat recht.

Aufgabe 7

a) Es kamen insgesamt 680 353 Zuschauer zu 17 Heimspielen.

Durchschnittliche Zuschauerzahl pro Heimspiel:
$680\,353 : 17 \approx 40\,021 \approx 40\,000$

Es kamen durchschnittlich ca. **40 000** Zuschauer zu jedem Heimspiel.

Hinweis: Es ist sinnvoll auf 40 000 zu runden, da 21 Zuschauer hier kaum ins Gewicht fallen.

b) Berechnung der relativen Häufigkeit:

$$h = \frac{\text{Anzahl der gewonnenen Spiele}}{\text{Anzahl aller Spiele}} = \frac{\mathbf{22}}{\mathbf{34}} \approx \mathbf{0{,}647 = 64{,}7\ \%}$$

c) Anzahl nicht verwandelter Elfmeter:
$83 - 71 = 12$

Berechnung des prozentualen Anteils der nicht verwandelten Elfmeter:
Lösung mit dem Dreisatz:

$$\begin{aligned} :83 \quad & 83 \text{ Elfmeter} \triangleq 100\ \% \quad :83 \\ & 1 \text{ Elfmeter} \triangleq \frac{100}{83}\ \% \\ \cdot 12 \quad & 12 \text{ Elfmeter} \triangleq \frac{100 \cdot 12}{83}\ \% \quad \cdot 12 \\ & \approx \mathbf{14{,}5\ \%} \end{aligned}$$

oder

Lösung über proportionale Zuordnung:

$$\frac{x}{12} = \frac{100}{83} \quad | \cdot 12$$

$$x = \frac{12 \cdot 100}{83}$$

$$x \approx \mathbf{14{,}5}$$

oder

relative Häufigkeit:

$$h = \frac{\text{Anzahl nicht verwandelter Elfmeter}}{\text{Anzahl aller Elfmeter}} = \frac{12}{83} \approx 0{,}145 = \mathbf{14{,}5\ \%}$$

Es wurden ca. 14,5 % der Elfmeter nicht verwandelt.

Berechnung des zugehörigen Winkels im Kreisdiagramm (1 % ≙ 3,6°):
Lösung mit dem Dreisatz:

$$\begin{aligned} :100 \quad 100\ \% &\triangleq 360° \quad :100 \\ \cdot 14{,}5 \quad 1\ \% &\triangleq 3{,}6° \quad \cdot 14{,}5 \\ 14{,}5\ \% &\triangleq 52{,}2° \\ &\approx \mathbf{52°} \end{aligned}$$

oder

Lösung über proportionale Zuordnung:

$$\frac{x}{14{,}5} = \frac{360°}{100} \qquad | \cdot 14{,}5$$

$$x = \frac{360° \cdot 14{,}5}{100}$$

$$x = 52{,}2°$$

$$x \approx \mathbf{52°}$$

oder

Lösung mithilfe des Umrechnungsfaktors:
Um von Prozent in Grad umzurechnen, muss der Prozentsatz mit 3,6° multipliziert werden:
$14{,}5 \cdot 3{,}6° = 52{,}2° \approx \mathbf{52°}$

Die Winkelgröße beträgt ungefähr 52°.

Einzeichnen des Winkels $\alpha = 52°$ ins Kreisdiagramm:

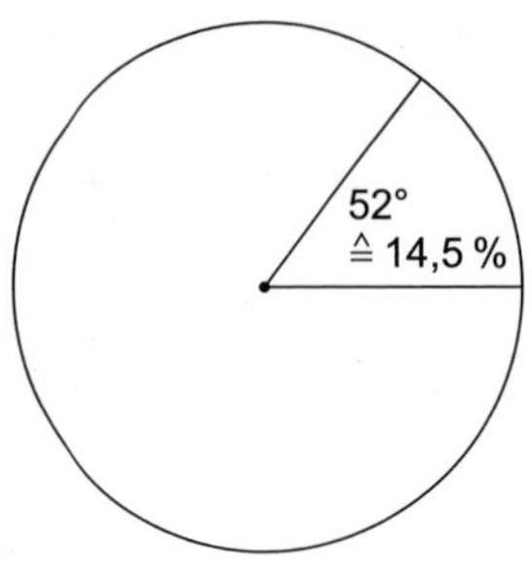

d) Es handelt sich um einen dreistufigen Zufallsversuch „ohne Zurücklegen“:

- Zu Beginn gibt es 11 mögliche Schützen, deshalb beträgt die Wahrscheinlichkeit dafür, dass Ronny ausgewählt wird, $\frac{1}{11}$. Die Wahrscheinlichkeit dafür, dass nicht Ronny, sondern einer der anderen 10 Spieler ausgewählt wird, liegt bei $\frac{10}{11}$.
- Nach dem 1. Schuss stehen nur noch 10 Spieler als Schützen zur Verfügung. Wurde Ronny nicht als 1. Schütze gewählt, ist er einer dieser 10 und somit beträgt die Wahrscheinlichkeit dafür, dass er als 2. Schütze ausgewählt wird, $\frac{1}{10}$.
- Nach dem 2. Schuss stehen nur noch 9 Spieler als Schützen zur Verfügung. Wurde Ronny nicht als 2. Schütze gewählt, ist er einer dieser 9 und somit beträgt die Wahrscheinlichkeit dafür, dass er als 3. Schütze ausgewählt wird, $\frac{1}{9}$. Die Wahrscheinlichkeit dafür, dass nicht Ronny, sondern einer der anderen 8 Spieler ausgewählt wird, liegt bei $\frac{8}{9}$.

Baumdiagramm:

Ronny wird ausgewählt: R

Ronny wird nicht ausgewählt: nR

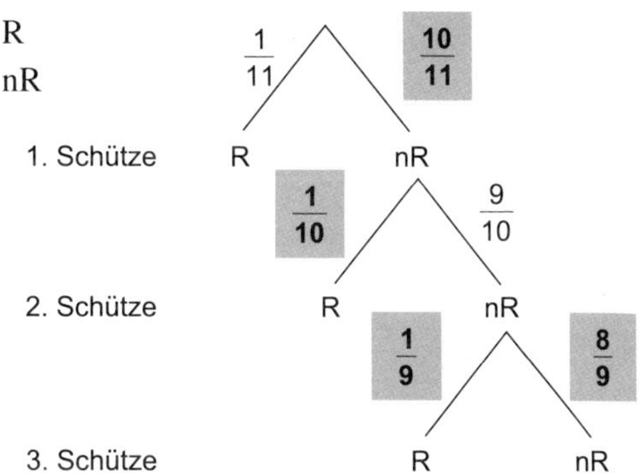

Berechnung der Wahrscheinlichkeit dafür, dass Ronny unter den ersten 3 Schützen ist:

Berechnung der Einzelwahrscheinlichkeiten (1. Pfadregel):

Wahrscheinlichkeit, dass Ronny der 1. Schütze ist: $P(R) = \frac{1}{11}$

Wahrscheinlichkeit, dass Ronny der 2. Schütze ist: $P(nR; R) = \frac{10}{11} \cdot \frac{1}{10}$

Wahrscheinlichkeit, dass Ronny der 3. Schütze ist: $P(nR; nR; R) = \frac{10}{11} \cdot \frac{9}{10} \cdot \frac{1}{9}$

Wahrscheinlichkeit dafür, dass Ronny unter den ersten 3 Schützen ist (2. Pfadregel):

$$
\begin{aligned}
P(\text{Ronny ist unter den ersten 3 Schützen}) &= P(R) + P(nR;\,R) + P(nR;\,nR;\,R) \\
&= \frac{1}{11} + \frac{10}{11} \cdot \frac{1}{10} + \frac{10}{11} \cdot \frac{9}{10} \cdot \frac{1}{9} \\
&= \mathbf{\frac{3}{11}} \\
&\approx \mathbf{0{,}273} \\
&= \mathbf{27{,}3\ \%}
\end{aligned}
$$

Die Wahrscheinlichkeit dafür, dass Ronny bei 11 Spielern unter den ersten drei Schützen ist, beträgt etwa 27,3 %.

Mittlerer Schulabschluss und erweiterte Berufsbildungsreife Berlin/Brandenburg Mathematik 2016

Hinweis: Aufgaben zu anspruchsvolleren Themen sind mit einem * gekennzeichnet.

Punkte

Aufgabe 1 — 10 P.

Basisaufgaben

a) Geben Sie das arithmetische Mittel (Durchschnitt) der drei Werte an: 8; 40; 60 — 1 P.

____

b) Stellen Sie zu folgender Formulierung die passende Gleichung auf: Das Achtfache einer Zahl vermindert um zwölf ist gleich 36. — 1 P.

____

c) Welcher der beiden Graphen verläuft fallend? — 1 P.

Kreuzen Sie an.

☐ f

☐ g

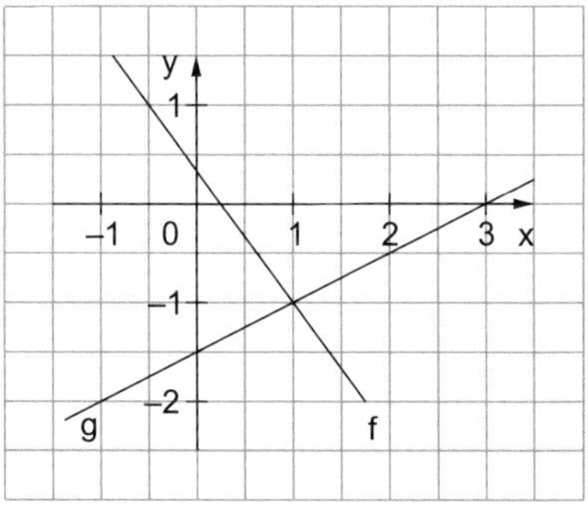

d) 100 g Leberwurst enthalten 30 g Fett. — 1 P.
Geben Sie an, wie viel Gramm Fett in 20 g Leberwurst enthalten sind.

____

e) Kreuzen Sie die richtige Ergänzung an. — 1 P.

In jedem Parallelogramm sind …

☐ benachbarte Winkel gleich groß.

☐ gegenüberliegende Winkel gleich groß.

☐ alle Winkel gleich groß.

f) In einer Kiste sind 100 Energiesparlampen. Davon sind 5 kaputt. Eine Energiesparlampe wird entnommen. 1 P.

Geben Sie an, mit welcher Wahrscheinlichkeit diese Energiesparlampe kaputt ist.

____

g) Eine verschobene Normalparabel hat den Scheitelpunkt S(1 | 3). 1 P.

Kreuzen Sie die passende Gleichung an.

☐ $y=(x+1)^2+3$ ☐ $y=(x-1)^2-3$ ☐ $y=(x-1)^2+3$

h) Geben Sie $8{,}5 \cdot 10^5$ ohne abgetrennte Zehnerpotenz an. 1 P.

____

i) Gegeben ist der Term $\frac{a+b}{c}$. 1 P.

Geben Sie den Wert des Terms für $a=2$, $b=-4$, $c=-2$ an.

____

j) Aus dem abgebildeten Netz wird ein Würfel hergestellt. Die graue Fläche wird die Deckfläche. 1 P.

Markieren Sie die Grundfläche.

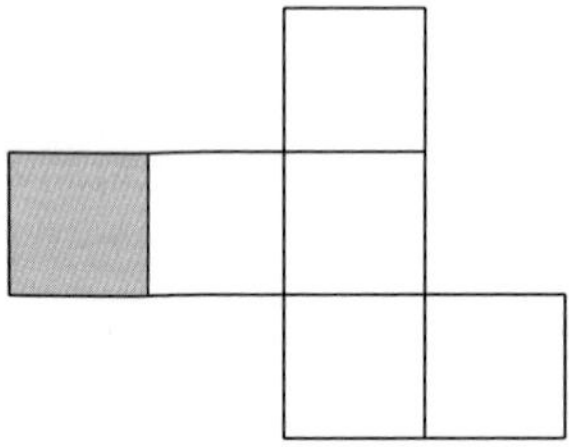

Aufgabe 2 6 P.

Filmpark

Im Filmpark Babelsberg wird in jedem Jahr die Anzahl der Besucher gezählt.

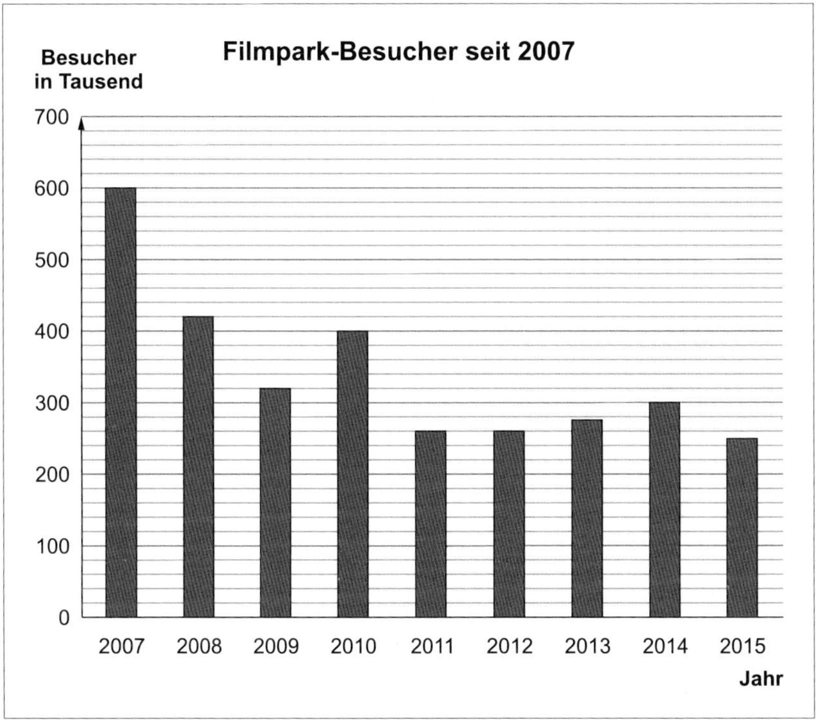

Daten nach: Landeshauptstadt Potsdam (Hrsg.): Statistischer Informationsdienst 3/2015. Potsdam: August 2015, S. 25

a) Geben Sie ein Jahr an, in dem die Besucherzahl niedriger als 300 000 war. 1 P.

b) Wie hoch war die Besucherzahl im Jahr 2015? 1 P.

c) Berechnen Sie, um wie viel Prozent die Besucherzahl von 2009 zu 2010 gestiegen ist. 2 P.

Eintrittspreise 2016	
Kinder (0–3 Jahre)	kostenlos
Kinder (4–16 Jahre)	14,00 Euro pro Person
Erwachsene	21,00 Euro pro Person
Familienkarte Filmpark 2 Erwachsene mit bis zu 3 Kindern (4–16 Jahre)	60,00 Euro
Oma-Opa-Enkel-Ticket (nur gültig Montag und Freitag) für Großeltern und bis zu 2 Enkelkinder (4–16 Jahre)	34,00 Euro

d) Herr und Frau Peters und ihre drei Kinder (3, 6 und 10 Jahre alt) gehen gemeinsam mit Oma und Opa an einem Freitag in den Filmpark. 2 P.

Ermitteln Sie den günstigsten Eintrittspreis.

Aufgabe 3 8 P.

Kugelstoßen

Der Abwurfring beim Kugelstoßen ist ein Kreis mit einem Durchmesser von sieben englischen Fuß.

(1 englischer Fuß $\approx$ 0,305 m)

a) Weisen Sie nach, dass der Abwurfring einen Durchmesser von ca. 2,14 m hat. 1 P.

b) Eine Kugelstoßanlage soll neu gebaut werden. 2 P.

Ermitteln Sie dazu den Flächeninhalt des Kreises, den der Abwurfring einschließt.

c) Der Durchmesser einer Kugel für Männer beträgt 12 cm. 3 P.

Berechnen Sie das Volumen der Kugel für Männer.

d) Die Kugel für Frauen hat eine Masse von 4 000 g. 2P.

Die Kugel besteht aus Stahl (Dichte: $\rho = 7{,}8\ \frac{\text{g}}{\text{cm}^3}$).

Berechnen Sie das Volumen der Kugel für Frauen.

Aufgabe 4 10 P.

Schilddrüsenuntersuchung

Mithilfe radioaktiver Strahlung können Erkrankungen der Schilddrüse erkannt werden. Dazu wird dem Patienten eine Flüssigkeit mit einer kleinen Menge des radioaktiven Elements Technetium gespritzt. Pro Stunde nimmt die Masse des Technetiums um ca. 11 % ab.

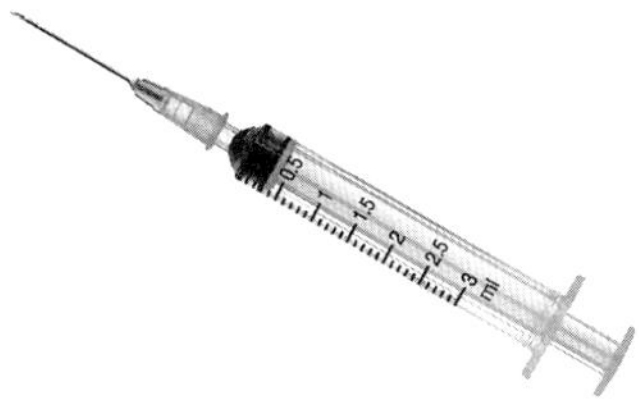

a) Vervollständigen Sie die Tabelle für diese Abnahme. 2 P.

Zeit in h	0	1	2		5	6	8
Masse des Technetiums in mg	5,00		3,96	3,14	2,79	2,48	1,97

*b) Beschriften Sie das Koordinatensystem passend zur Tabelle und zeichnen Sie den Verlauf der Abnahme ein. 4 P.

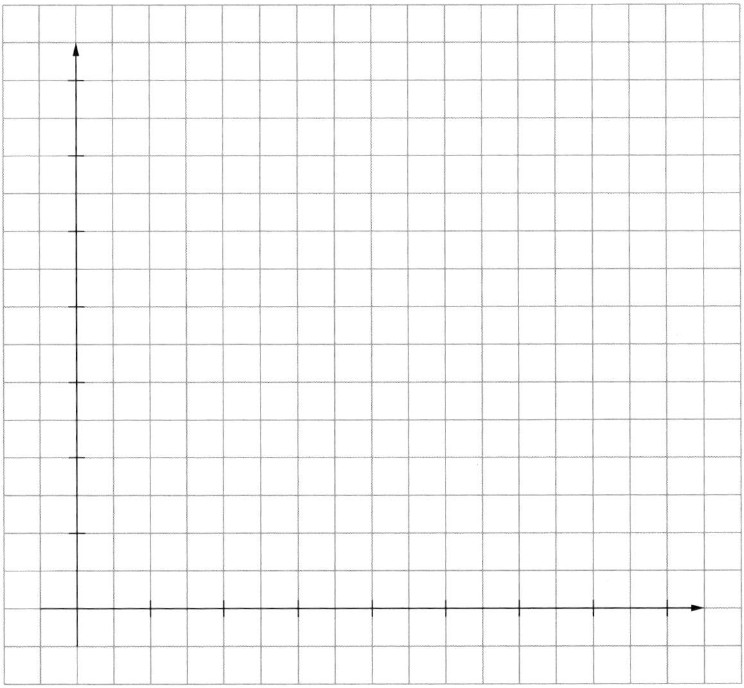

c) Geben Sie an, nach welcher Zeit nur noch die Hälfte der Masse des Technetiums im Körper vorhanden ist. 1 P.

*d) Entscheiden Sie, welche der beiden Aussagen über den Abnahmeprozess richtig ist. 2 P.

I:	Es handelt sich um eine lineare Abnahme.
II:	Es handelt sich um eine exponentielle Abnahme.

Begründen Sie Ihre Entscheidung.

*e) Geben Sie an, wie viele Milligramm Technetium nach einem Tag (24 h) noch vorhanden sind. 1 P.

Aufgabe 5 8 P.

Gewinnspiel

Mia und Lukas bereiten ein Gewinnspiel vor.

Für das Ermitteln einer dreistelligen Gewinnzahl nutzen sie drei Plastikkapseln. In jeder Kapsel befindet sich ein Zettel. Auf einem Zettel steht die Ziffer 2, auf einem anderen Zettel steht die Ziffer 3 und auf dem dritten Zettel steht die Ziffer 6.

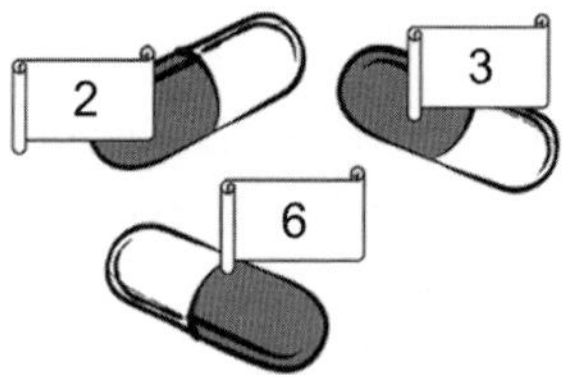

Die Kapseln werden nacheinander gezogen.

Hintereinander gelegt, bilden die darin enthaltenen Ziffern die dreistellige Gewinnzahl.

a) Geben Sie die größte dreistellige Gewinnzahl an, die auf diese Weise gebildet werden kann. 1 P.

b) • Geben Sie alle möglichen dreistelligen Gewinnzahlen an. 2 P.
- Geben Sie an, mit welcher Wahrscheinlichkeit die dreistellige Gewinnzahl eine gerade Zahl ist.

Mia und Lukas haben Lose verkauft, die mit den dreistelligen Zahlen von 101 bis 900 beschriftet sind.

Danach wurde die Gewinnzahl 326 gezogen.

Die Gewinner werden nach dem nebenstehenden Gewinnplan ermittelt.

c) Die Wahrscheinlichkeit, mit nur einem gekauften Los den Hauptpreis zu gewinnen, beträgt $\frac{1}{800}$. 2 P.
Begründen Sie diese Aussage.

* d) Anne hat ein Los gekauft. Sie öffnet es vorsichtig. 3 P.
Sie sieht zuerst die **letzte** Ziffer 6 und sagt:
„Ich habe eine Gewinnchance von $\frac{7}{80}$ auf eine Tafel Schokolade.“
Hat sie recht? Begründen Sie.

Aufgabe 6 11 P.

Ausflug

Die Klasse 10b plant eine Klassenfahrt in eine Jugendherberge.
Die Klassenlehrerin fragt bei zwei Busunternehmen die Fahrpreise an.

Busunternehmen	Grundpreis	Preis pro gefahrenem Kilometer
Sonnenschein	200 Euro	1,50 Euro
Reiselust	---	2,00 Euro

Die Grafik veranschaulicht die entstehenden Fahrtkosten in Abhängigkeit von den gefahrenen Kilometern.

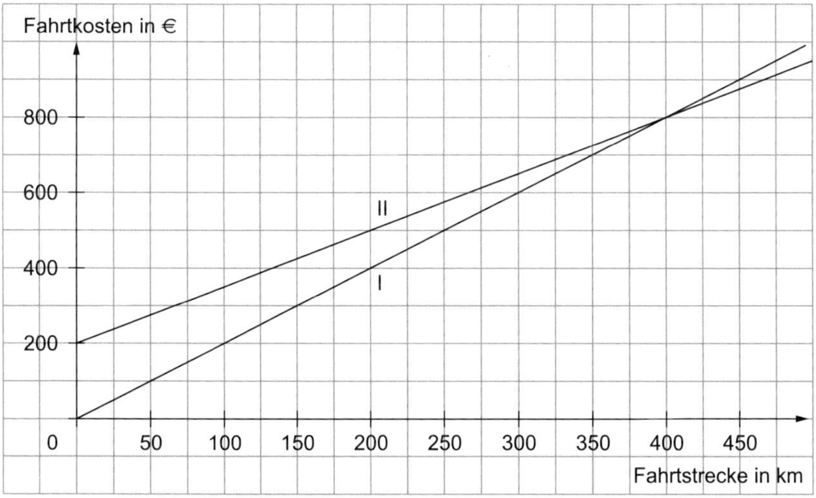

a) • Ordnen Sie jedem Graphen ein Busunternehmen zu. 2 P.
• Begründen Sie Ihre Zuordnung für das Unternehmen „Sonnenschein“.

b) Eines der beiden Busunternehmen soll für die **Hin- und Rückfahrt** 3 P.
gebucht werden. Die Jugendherberge ist 175 km entfernt.
• Geben Sie an, welches Busunternehmen günstiger ist.

- Bleibt dieses Busunternehmen bei einer zusätzlichen Tagesfahrt von 100 km das günstigere?
  Begründen Sie Ihre Entscheidung.

*c) Geben Sie die Funktionsgleichung an, die zu dem Graphen II gehört. 2 P.

*d) In der Jugendherberge gibt es Drei-Bett-Zimmer und Fünf-Bett-Zimmer. Es stehen 16 Zimmer mit insgesamt 66 Betten zur Verfügung. 4 P.
Ermitteln Sie die Anzahl der Drei-Bett-Zimmer und der Fünf-Bett-Zimmer.

Aufgabe 7 7 P.

Spreewaldwiese
Im Spreewald gibt es viele sumpfige Wiesen.
Um vom Ausflugslokal A zur Brücke bei D zu gelangen, musste man bisher am Bioladen C vorbei.

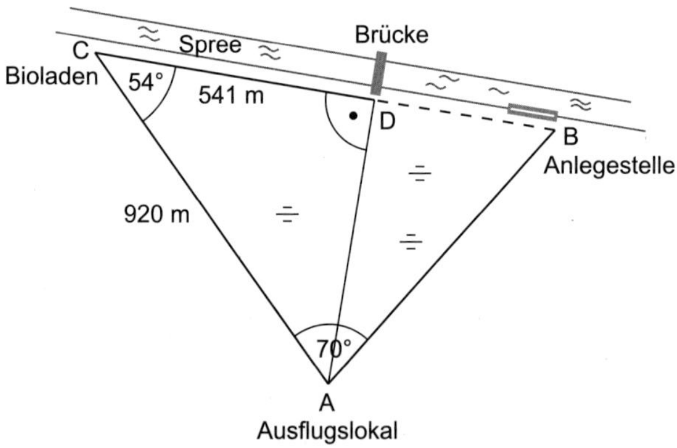

(Abbildung nicht maßstabsgerecht)

a) Berechnen Sie die Länge des Weges, den ein Besucher vom Ausflugslokal A über den Bioladen C zur Brücke bei D bisher zurücklegen musste. 1 P.

b) Über die Wiese wird ein neuer Weg vom Ausflugslokal A direkt zur Brücke bei D gebaut. 2 P.
Ermitteln Sie die Länge des Weges $\overline{AD}$.

*c) Um von der Anlegestelle B direkt zur Brücke bei D gehen zu können, wird auch hier ein neuer Weg $\overline{BD}$ gebaut. 4 P.
Ermitteln Sie die Länge des Weges $\overline{BD}$.

Lösung

Aufgabe 1

a) Das arithmetische Mittel m ist die Summe aller Werte dividiert durch die Anzahl aller Werte: $m = \frac{x_1 + x_2 + \ldots + x_n}{n}$

Es gilt:

$$m = \frac{8+40+60}{3} = \frac{108}{3} = \mathbf{36}$$

b) Die Satzteile werden der Reihe nach in eine Gleichung übersetzt:

$$8x - 12 = 36$$

Das Achtfache einer Zahl → $8x$; **vermindert um 12** → -12; **ist gleich 36.** → $= 36$

c) Bei fallenden Geraden ist die Steigung $m < 0$. Bei steigenden Geraden ist die Steigung $m > 0$. Es werden also die Steigungen der beiden Geraden betrachtet.

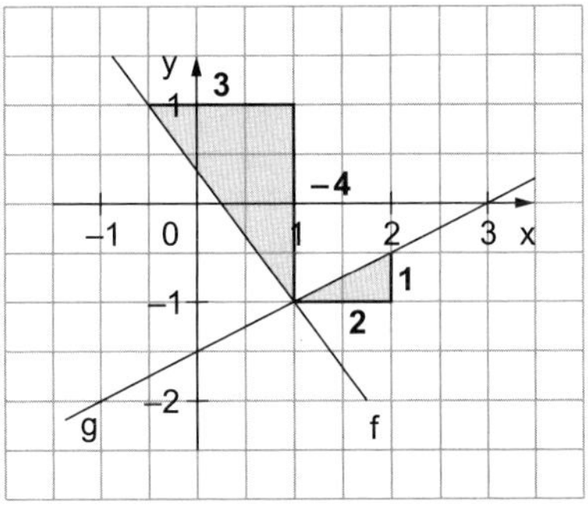

Lösung über das Steigungsdreieck:

- Für f:
  „Gehe 3 LE nach rechts und 4 LE nach unten", also:
  $$m_f = \frac{-4}{3} = -\frac{4}{3}$$
- Für g:
  „Gehe 2 LE nach rechts und 1 LE nach oben", also:
  $$m_g = \frac{1}{2}$$

Da $m_f = -\frac{4}{3} < 0$, ist f die richtige Lösung.

oder

Bei einer fallenden Gerade ist die Steigung negativ. Der Funktionswert wird also immer kleiner, je größer der x-Wert wird. Im Koordinatensystem verläuft somit die zugehörige Gerade von links oben nach rechts unten. Da dies auf Graph f, aber nicht auf Graph g zutrifft, verläuft nur Graph f fallend.

Lösung:

☒ f

☐ g

d) Lösung mit dem Dreisatz:

$$\begin{array}{rrcll} :100 & 100\text{ g Leberwurst} & \hat{=} & 30\text{ g Fett} & :100 \\ \cdot 20 & 1\text{ g Leberwurst} & \hat{=} & 0{,}3\text{ g Fett} & \cdot 20 \\ & 20\text{ g Leberwurst} & \hat{=} & \mathbf{6\text{ g Fett}} & \end{array}$$

oder

Lösung über proportionale Zuordnung:

$$\frac{x}{20} = \frac{30}{100} \quad |\cdot 20$$

$$x = \frac{30 \cdot 20}{100}$$

$$x = 6$$

Lösung: **6 g Fett**

e) Beim Parallelogramm sind gegenüberliegende Seiten parallel und gleich lang. Also sind gegenüberliegende Winkel gleich groß ($\alpha = \gamma$ und $\beta = \delta$).

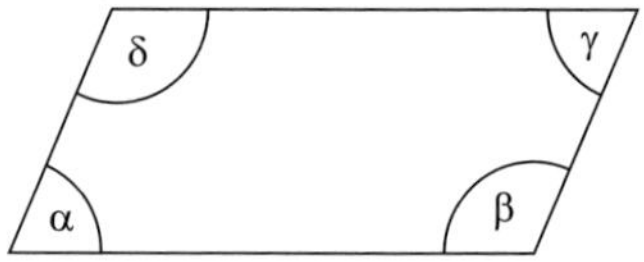

Parallelogramme, die gleich große benachbarte Winkel oder vier gleich große Winkel haben, sind zugleich Rechtecke und deshalb Sonderfälle.

In jedem Parallelogramm sind …

☐ benachbarte Winkel gleich groß.

☒ gegenüberliegende Winkel gleich groß.

☐ alle Winkel gleich groß.

f) Ereignis E: „Energiesparlampe ist kaputt"

Anzahl der kaputten Energiesparlampen: 5
Anzahl aller Energiesparlampen: 100

Wahrscheinlichkeit für das Ereignis E:

$$P(E) = \frac{\text{Anzahl der kaputten Energiesparlampen}}{\text{Anzahl aller Energiesparlampen}} = \frac{5}{100}$$

Es gilt also: $\mathbf{P = \frac{5}{100}}$ **oder** $\mathbf{P = 0{,}05}$ **oder** $\mathbf{P = 5\ \%}$

g) Die Scheitelpunktform der verschobenen Normalparabel ist $y = (x + \mathbf{d})^2 + \mathbf{e}$. Dabei ist $S(\mathbf{-d} \,|\, \mathbf{e})$ der zugehörige Scheitelpunkt. Wenn der Scheitelpunkt $(d \,|\, e) = (-(-d) \,|\, e)$ ist, ändert sich in der Scheitelpunktform das Rechenzeichen:

$y = [x + (-d)]^2 + e = (x - d)^2 + e$

Einsetzen der Koordinaten des Scheitelpunktes $S(1 \,|\, 3)$ in diese Scheitelpunktform liefert: $y = (x - 1)^2 + 3$

oder

Einsetzen der Koordinaten des Scheitelpunktes $S(1 \,|\, 3)$ in die drei Gleichungen, um zu prüfen, auf welchem der zugehörigen Graphen S liegt:

1. Lösungsvorschlag:	2. Lösungsvorschlag:	3. Lösungsvorschlag:
$\mathbf{3} \stackrel{?}{=} (\mathbf{1}+1)^2 + 3$	$\mathbf{3} \stackrel{?}{=} (\mathbf{1}-1)^2 - 3$	$\mathbf{3} \stackrel{?}{=} (\mathbf{1}-1)^2 + 3$
$3 \stackrel{?}{=} 4 + 3$	$3 \stackrel{?}{=} 0 - 3$	$3 \stackrel{?}{=} 0 + 3$
$3 \neq 7$	$3 \neq -3$	$3 = 3$

oder

Bestimmung der Scheitelpunkte für die drei Lösungsvorschläge:

Der Scheitelpunkt von $y = (x + 1)^2 + 3$ ist: $(-1 \,|\, 3)$

Der Scheitelpunkt von $y = (x - 1)^2 - 3 = [x + (-1)]^2 + (-3)$ ist: $(1 \,|\, -3)$

Der Scheitelpunkt von $y = (x - 1)^2 + 3 = [x + (-1)]^2 + 3$ ist: $(\mathbf{1} \,|\, \mathbf{3})$

Lösung:

☐ $y = (x + 1)^2 + 3$ ☐ $y = (x - 1)^2 - 3$ ☒ $y = (x - 1)^2 + 3$

h) Lösung über den Taschenrechner:

$8{,}5 \cdot 10^5 =$ **850 000**

oder

Bei der Multiplikation einer Zahl mit einer Zehnerpotenz 10^n mit positivem n wird das Komma um n Stellen nach rechts verschoben. Hier ist der Exponent 5, daher muss das Komma um 5 Stellen nach rechts verschoben werden:

$8{,}5 \cdot 10^5 = 8\underset{\rightarrow}{5}\underset{\rightarrow}{0}\underset{\rightarrow}{0}\underset{\rightarrow}{0}\underset{\rightarrow}{0}{,}0 =$ **850 000**

i) Die Werte $a = 2$, $b = -4$ und $c = -2$ werden in den gegebenen Term eingesetzt:

$$\frac{a+b}{c} = \frac{2+(-4)}{-2} = \frac{2-4}{-2} = \frac{-2}{-2} = 1$$

Termwert: **1**

j) In einem Würfel liegen Grund- und Deckfläche einander gegenüber. Im Würfelnetz muss also genau eine Fläche zwischen der Grund- und der Deckfläche liegen:

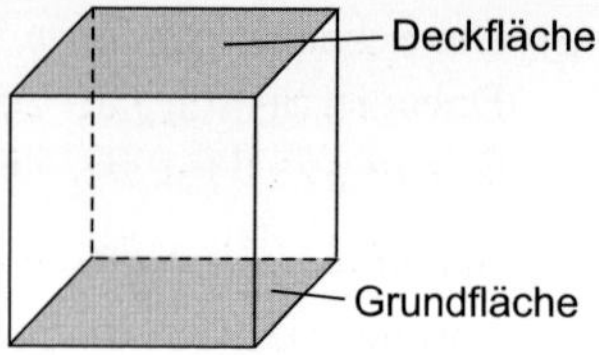

Netz:

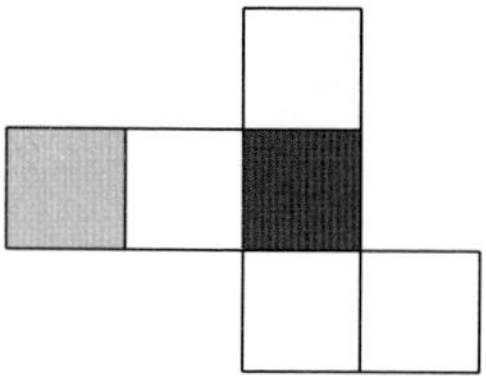

Aufgabe 2

Vorüberlegungen zum Diagramm:

- Die Besucherzahlen der verschiedenen Jahre sind durch die Säulenhöhen dargestellt und werden an der y-Achse abgelesen.
- Die Einheit der Werte auf der y-Achse ist „Besucher in Tausend". Deshalb müssen die angegebenen Zahlen mit 1 000 multipliziert werden, um die tatsächlichen Besucherzahlen zu erhalten.
- Auf der y-Achse liegen zwischen 0 und 100, 100 und 200 usw. jeweils 5 Teileinheiten. Somit ist der Wert bei jeder (Teil-) Einheit immer um $100:5=20$ höher als der Wert bei der (Teil-)Einheit darunter.

a) Die Besucherzahl 300 000 findet man auf der y-Achse an der Stelle 300. Alle Säulen, deren Höhe unterhalb der Höhe 300 liegt, stehen für eine Besucherzahl niedriger als 300 000:

Jahre mit einer Besucherzahl niedriger als 300 000:
2011, 2012, 2013 und 2015

Hinweis: Eine Jahresangabe reicht.

b) Liest man die Höhe der Säule für das Jahr 2015 ab, liegt der Wert genau zwischen den Teileinheiten 240 und 260 und beträgt deshalb 250 (Besucher in Tausend).
$250 \cdot 1\,000 = \mathbf{250\,000}$

Die Besucherzahl im Jahr 2015 lag bei 250 000.

c) Die Besucherzahlen für 2009 und 2010 werden aus dem Diagramm abgelesen:
Besucherzahl im Jahr 2009: 320 000
Besucherzahl im Jahr 2010: 400 000

Berechnung des prozentualen Anteils:
Lösung mit dem Dreisatz:

$$
\begin{array}{rrcl}
:320\,000 & 320\,000 \text{ Besucher} & \hat{=} & 100\ \% \quad :320\,000 \\
& 1 \text{ Besucher} & \hat{=} & \frac{100}{320\,000}\ \% \\
\cdot 400\,000 & 400\,000 \text{ Besucher} & \hat{=} & \frac{100 \cdot 400\,000}{320\,000}\ \% \quad \cdot 400\,000 \\
& & & = 125\ \%
\end{array}
$$

oder

Lösung über proportionale Zuordnung:

$$\frac{320\,000}{100} = \frac{400\,000}{x} \qquad |\cdot 100 \quad |\cdot x$$

$$320\,000 \cdot x = 400\,000 \cdot 100 \qquad |:320\,000$$

$$x = \frac{400\,000 \cdot 100}{320\,000}$$

$$x = 125$$

Berechnung des prozentualen Anstiegs:
$125\ \% - 100\ \% = \mathbf{25\ \%}$

oder

Berechnung des tatsächlichen Anstiegs:
$400\,000 - 320\,000 = 80\,000$

Berechnung des prozentualen Anstiegs:
Lösung mit dem Dreisatz:

$$
\begin{array}{rrcl}
:320\,000 & 320\,000 \text{ Besucher} & \hat{=} & 100\ \% \quad :320\,000 \\
& 1 \text{ Besucher} & \hat{=} & \frac{100}{320\,000}\ \% \\
\cdot 80\,000 & 80\,000 \text{ Besucher} & \hat{=} & \frac{100 \cdot 80\,000}{320\,000}\ \% \quad \cdot 80\,000 \\
& & & = 25\ \%
\end{array}
$$

oder

Lösung über proportionale Zuordnung:

$$\frac{320\,000}{100} = \frac{80\,000}{x} \qquad |\cdot 100 \quad |\cdot x$$

$$320\,000 \cdot x = 80\,000 \cdot 100 \qquad |:320\,000$$

$$x = \frac{80\,000 \cdot 100}{320\,000}$$

$$x = 25$$

Die Besucherzahl stieg um **25 %**.

d) Der Eintritt für das 3-jährige Kind ist kostenlos. Es müssen also nur Eintrittskarten für Vater, Mutter, ein 6-jähriges Kind, ein 10-jähriges Kind, Oma und Opa gekauft werden. Dafür gibt es vier infrage kommende Möglichkeiten:

<table>
<tr><th></th><th>Möglichkeit 1:
Für jeden
1 Einzelkarte</th><th>Möglichkeit 2:
1 Familienkarte,
2 Einzelkarten</th><th>Möglichkeit 3:
1 Oma-Opa-Enkel-Ticket,
2 Einzelkarten</th><th>Möglichkeit 4:
1 Familienkarte,
1 Oma-Opa-Enkel-Ticket</th></tr>
<tr><td>Vater</td><td>21 €</td><td rowspan="4">60 €</td><td>21 €</td><td rowspan="4">60 €</td></tr>
<tr><td>Mutter</td><td>21 €</td><td>21 €</td></tr>
<tr><td>6-jähriges Kind</td><td>14 €</td><td rowspan="4">34 €</td></tr>
<tr><td>10-jähriges Kind</td><td>14 €</td></tr>
<tr><td>Oma</td><td>21 €</td><td>21 €</td><td rowspan="2">34 €</td></tr>
<tr><td>Opa</td><td>21 €</td><td>21 €</td></tr>
<tr><td>Gesamtpreis</td><td>112 €</td><td>102 €</td><td>76 €</td><td>94 €</td></tr>
</table>

Der günstigste Eintrittspreis beträgt **76 €**.

Aufgabe 3

a) *Hinweis:* Ein englischer Fuß ≈ 0,305 m

Berechnung des Durchmessers in m:
$d = 7$ englische Fuß $= 7 \cdot 0{,}305\ \text{m} = 2{,}135\ \text{m} \approx$ **2,14 m**

Damit ist nachgewiesen, dass der Durchmesser etwa 2,14 m beträgt.

b) Gegeben: d = 2,14 m
Gesucht: A

Berechnung des Radius:

$r = \frac{d}{2} = \frac{2,14}{2} = 1,07$

Berechnung des Flächeninhalts des Kreises:

$A = \pi \cdot r^2 = \pi \cdot 1,07^2 \approx \mathbf{3,60}$

Der Abwurfring hat einen Flächeninhalt von etwa 3,60 m^2.

c) Gegeben: d = 12 cm
Gesucht: V

Berechnung des Radius:

$r = \frac{d}{2} = \frac{12}{2} = 6$

Berechnung des Volumens der Kugel für Männer:

$V = \frac{4}{3} \cdot \pi \cdot r^3 = \frac{4}{3} \cdot \pi \cdot 6^3 \approx \mathbf{904,78}$

Die Kugel für Männer hat ein Volumen von etwa 904,78 cm^3.

d) Gegeben: m = 4 000 g (Masse); $\rho = 7,8 \frac{g}{cm^3}$ (Dichte)

Gesucht: V

Berechnung des Volumens der Kugel für Frauen:

$$\rho = \frac{m}{V}$$

$$7,8 = \frac{4\,000}{V} \quad | \cdot V$$

$$7,8 \cdot V = 4\,000 \quad | : 7,8$$

$$V \approx \mathbf{512,82}$$

Die Kugel für Frauen hat ein Volumen von etwa 512,82 cm^3.

Aufgabe 4

a) Berechnung der fehlenden Werte in der Tabelle:
Zu Beginn werden 5 mg Technetium verabreicht. Die Masse des Technetiums nimmt pro Stunde um 11 % ab, d. h., nach jeder verstrichenen Stunde sind noch 100 % – 11 % = 89 % des vorherigen Wertes vorhanden.

- Berechnung des ersten fehlenden Werts:
  Dreisatz: **oder** proportionale Zuordnung:

$$:100 \left(\begin{array}{rcl} 100\,\% & \hat{=} & 5\text{ mg} \\ 1\,\% & \hat{=} & 0{,}05\text{ mg} \end{array} \right) :100$$
$$\cdot 89 \left(\begin{array}{rcl} 1\,\% & \hat{=} & 0{,}05\text{ mg} \\ 89\,\% & \hat{=} & \mathbf{4{,}45\text{ mg}} \end{array} \right) \cdot 89$$

$$\frac{5}{100} = \frac{x}{89} \quad |\cdot 89$$
$$x = \frac{5 \cdot 89}{100}$$
$$x = \mathbf{4{,}45}$$

- Berechnung des zweiten fehlenden Werts:
  Da die 2. Lücke zwischen 2 Stunden und 5 Stunden liegt, muss man überprüfen, ob die Masse des Technetiums nach 3 **oder** nach 4 Stunden 3,14 mg beträgt. Der Grundwert ist nun die Masse nach 2 Stunden, 3,96 mg.

  Masse nach 3 Stunden:
  Dreisatz: **oder** proportionale Zuordnung:

$$:100 \left(\begin{array}{rcl} 100\,\% & \hat{=} & 3{,}96\text{ mg} \\ 1\,\% & \hat{=} & 0{,}0396\text{ mg} \end{array} \right) :100$$
$$\cdot 89 \left(\begin{array}{rcl} 1\,\% & \hat{=} & 0{,}0396\text{ mg} \\ 89\,\% & \hat{=} & 3{,}5244\text{ mg} \end{array} \right) \cdot 89$$
$$\approx 3{,}52\text{ mg}$$

$$\frac{3{,}96}{100} = \frac{x}{89} \quad |\cdot 89$$
$$x = \frac{3{,}96 \cdot 89}{100}$$
$$x \approx 3{,}52$$

  Masse nach 4 Stunden:
  Dreisatz: **oder** proportionale Zuordnung:

$$:100 \left(\begin{array}{rcl} 100\,\% & \hat{=} & 3{,}52\text{ mg} \\ 1\,\% & \hat{=} & 0{,}0352\text{ mg} \end{array} \right) :100$$
$$\cdot 89 \left(\begin{array}{rcl} 1\,\% & \hat{=} & 0{,}0352\text{ mg} \\ 89\,\% & \hat{=} & 3{,}1328\text{ mg} \end{array} \right) \cdot 89$$
$$\approx 3{,}13\text{ mg}$$

$$\frac{3{,}52}{100} = \frac{x}{89} \quad |\cdot 89$$
$$x = \frac{3{,}52 \cdot 89}{100}$$
$$x \approx 3{,}13$$

  Zur Masse 3,14 g gehört die Stundenzahl **4**.

  Hinweis: Wegen Rundungsungenauigkeiten erhält man 3,13 und nicht 3,14.

oder

Nach jeder verstrichenen Stunde beträgt die Masse des Technetiums nur noch $100\,\% - 11\,\% = 89\,\%$ des vorherigen Wertes, d. h., jeder Wert verringert sich mit dem Faktor $\frac{89}{100} = 0{,}89$.

Anfangswert:	$y = 5{,}00$	$\Rightarrow$	$y = 5$
Nach 1 Stunde:	$y = 5 \cdot 0{,}89$	$\Rightarrow$	$y = \mathbf{4{,}45}$
Nach 2 Stunden:	$y = 5 \cdot 0{,}89 \cdot 0{,}89$	$\Rightarrow$	$y \approx 3{,}96$
Nach 3 Stunden:	$y = 5 \cdot 0{,}89 \cdot 0{,}89 \cdot 0{,}89$	$\Rightarrow$	$y \approx 3{,}52$
Nach **4** Stunden:	$y = 5 \cdot 0{,}89 \cdot 0{,}89 \cdot 0{,}89 \cdot 0{,}89$	$\Rightarrow$	$y \approx 3{,}14$

Tabelle:

Zeit in h	0	1	2	4	5	6	8
Masse des Technetiums in mg	5,00	**4,45**	3,96	3,14	2,79	2,48	1,97

b) Vorüberlegungen:

- *Wahl der Achsen:* Üblicherweise wird auf der x-Achse die unabhängige und auf der y-Achse die abhängige Variable dargestellt. Die Masse des noch vorhandenen Technetiums ist von der Zeit abhängig, in der sie abgebaut wird. Deshalb wird die x-Achse mit „Zeit in h" und die y-Achse mit „Masse des Technetiums in mg" beschriftet.
- *Einteilung der x-Achse:* Es müssen Werte für 0 bis 8 Stunden eingetragen werden. Die Vormarkierungen passen genau und müssen nur noch mit den Zahlen 1–8 beschriftet werden.
- *Einteilung der y-Achse:* Es müssen Werte bis 5 mg eingetragen werden. Dazu werden die Vormarkierungen mit den Zahlen 1–7 beschriftet.
- Beim Einzeichnen muss beachtet werden, dass für x = 3 und x = 7 Lücken entstehen, weil keine y-Werte vorhanden sind.

Zeichnung:

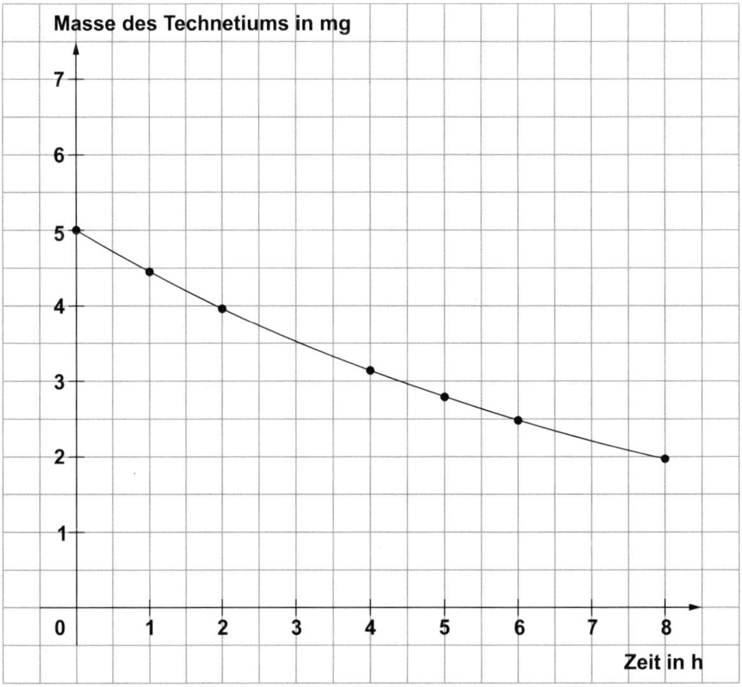

c) Zu Beginn werden 5 mg verabreicht. Da die Hälfte davon 2,5 mg sind, ist die Zeit gesucht, nach der noch 2,5 mg Technetium vorhanden sind.

1. Möglichkeit: Lösung mit der Tabelle
Der Tabelle kann man entnehmen, dass nach 6 Stunden noch 2,48 mg ≈ 2,5 mg vorhanden sind.

Nach ca. **6 Stunden** ist noch die Hälfte der Technetium-Masse vorhanden.

oder

2. Möglichkeit: Zeichnerische Lösung
Bei 2,5 auf der y-Achse legt man die Horizontale bis zum Graphen, von dort die Vertikale bis zur x-Achse und liest den Wert **6** ab.

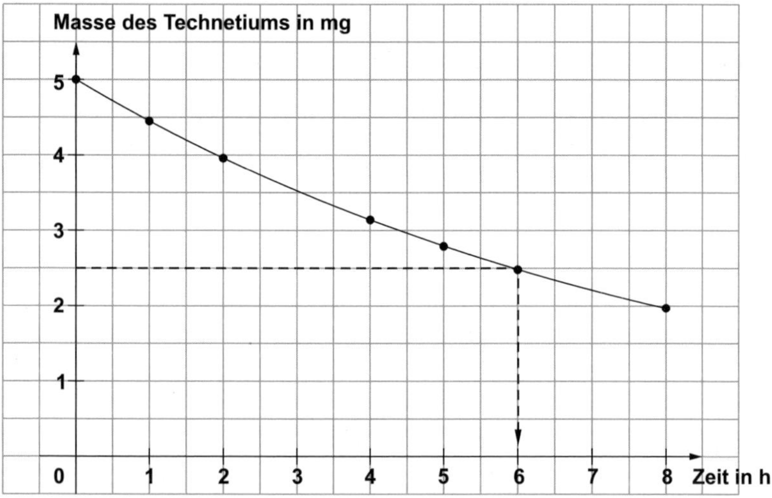

Nach ca. **6 Stunden** ist noch die Hälfte der Technetium-Masse vorhanden.

d) **Aussage II** ist richtig.

Mögliche Begründungen:
Es handelt sich hier nicht um eine lineare Abnahme, weil …
- der Graph keine Gerade ist.
- die Masse des Technetiums nicht um immer den gleichen Wert abnimmt.

Es handelt sich um eine exponentielle Abnahme, weil …
- die Masse des Technetiums pro Stunde um 11 % abnimmt und der neue Wert sich somit auf den vorherigen Wert bezieht.
- nach jeder Stunde nur noch 89 % der vorherigen Technetium-Masse vorhanden sind.
- die Technetium-Masse pro Stunde mit demselben Faktor 0,89 abnimmt.

e) Es handelt sich um eine Exponentialfunktion mit der allgemeinen Funktionsgleichung $y = a \cdot q^x$.

Anfangswert: $a = 5$ (Masse des Technetiums zu Beginn)
Abnahmerate: $p\,\% = 11\,\%$

Abnahmefaktor: $q = 1 - \frac{p}{100} = 1 - \frac{11}{100} = 1 - 0{,}11 = 0{,}89$

Damit ergibt sich als Funktionsgleichung: $y = 5 \cdot 0{,}89^x$

Masse y des Technetiums nach einem Tag, also für $x = 24$:

$y = 5 \cdot 0{,}89^{24} \approx \mathbf{0{,}31}$

Nach 24 Stunden sind noch etwa 0,31 mg des Technetiums vorhanden.

Aufgabe 5

a) Um aus den drei Ziffern 2, 3 und 6 die größte dreistellige Zahl zu bilden, wählt man für die Hunderterstelle die größte Ziffer, für die Zehnerstelle die zweitgrößte Ziffer und für die Einerstelle die kleinste Ziffer.

Größte dreistellige Gewinnzahl:
632

b) • Mögliche dreistellige Gewinnzahlen (aus den Ziffern 2, 3 und 6):
236; 263; 326; 362; 623; 632

• Gerade dreistellige Gewinnzahlen (aus den Ziffern 2, 3 und 6):
236; 326; 362; 632

Anzahl der geraden dreistelligen Gewinnzahlen: 4
Anzahl aller dreistelligen Gewinnzahlen: 6

Wahrscheinlichkeit, dass die dreistellige Gewinnzahl gerade ist:

$$P(E) = \frac{\text{Anzahl der geraden dreistelligen Gewinnzahlen}}{\text{Anzahl aller dreistelligen Gewinnzahlen}}$$

$$P(E) = \frac{4}{6} = \mathbf{\frac{2}{3} \approx 0{,}67 = 67\,\%}$$

Mit der Wahrscheinlichkeit von $\frac{2}{3}$ ist die dreistellige Gewinnzahl eine gerade Zahl.

Hinweis: Auch $\frac{4}{6}$, 0,67 oder 67 % werden als Lösung akzeptiert.

c) Mia und Lukas haben Lose mit den Zahlen von 101 bis 900 verkauft, also insgesamt $900 - 101 + 1 = 800$ Lose. Eins davon bringt den Hauptgewinn.

Anzahl der Lose mit dem Hauptgewinn: 1
Anzahl aller Lose: 800

Wahrscheinlichkeit, den Hauptpreis zu ziehen:

$$P(E) = \frac{\text{Anzahl der Lose mit dem Hauptgewinn}}{\text{Anzahl aller Lose}} = \frac{1}{800}$$

oder

Mia und Lukas stellen Lose mit den Zahlen von 101 bis 900 her, also insgesamt 800 Lose. Eins davon bringt den Hauptgewinn. Somit beträgt dessen Anteil an den Losen und damit die Wahrscheinlichkeit, mit der es gezogen wird, $\frac{1}{800}$.

d) *Bemerkung:*
Im Lostopf sind 800 Lose mit den Zahlen von 101 bis 900. Jedes Los mit den beiden Endziffern 26 gewinnt einen Trostpreis, nicht aber die Zahl 326, denn für diese Zahl bekommt man ja den Hauptgewinn. Annes Los zeigt als letzte Ziffer eine 6. Wie groß ist nun die Wahrscheinlichkeit, dass dieses Los als vorletzte Ziffer eine 2, aber als erste Ziffer keine 3 hat? Zu klären ist also, wie viele Lose die Endziffer 6 tragen (mögliche Ergebnisse) und wie viele von diesen Losen die Endziffern 26 besitzen und nicht 326 sind (günstige Ergebnisse).

Betrachtet wird das Ereignis E: „Ein Los mit der Endziffer 6 gewinnt einen Trostpreis".

Mögliche Ergebnisse:
Alle Lose mit der Endziffer 6.

Günstige Ergebnisse:
Alle Lose mit den Endziffern 26 außer dem Los mit der Zahl 326 (= Hauptgewinn), also:
126; 226; 426; 526; 626; 726; 826

Bestimmung der Anzahl der möglichen Ergebnisse:
Mögliche Ergebnisse, also alle Lose mit der Endziffer 6:

10 Spalten

8 Zeilen

106;	116;	126;	136;	146;	156;	166;	176;	186;	196
206;	216;	…							296
⋮									
806;	816;	…							896

Anzahl der möglichen Ergebnisse: $8 \cdot 10 = 80$
Anzahl der günstigen Ergebnisse: 7

Wahrscheinlichkeit, dass ein Los mit der Endziffer 6 einen Trostpreis gewinnt:

$$P(E) = \frac{\text{Anzahl der für E günstigen Ergebnisse}}{\text{Anzahl aller möglichen Ergebnisse}} = \frac{7}{80}$$

Anne hat mit ihrer Aussage recht. Die Wahrscheinlichkeit, dass sie eine Schokolade als Trostpreis gewinnt, liegt bei $\frac{7}{80}$.

Aufgabe 6

a) • **Graph I: Busunternehmen „Reiselust"**
Graph II: Busunternehmen „Sonnenschein"

• *Mögliche Begründungen:*

– Beim Unternehmen „Sonnenschein" fallen schon 200 € als Grundpreis an, bevor auch nur 1 km zurückgelegt wurde. Deshalb muss der zugehörige Graph auf der y-Achse bei 200 € beginnen. Dies trifft nur auf Graph II zu.

– Der Preis pro gefahrenem km ist beim Busunternehmen „Sonnenschein" niedriger als beim Busunternehmen „Reiselust". Deshalb steigt der zu „Sonnenschein" gehörende Graph nicht so stark an wie der zu „Reiselust" gehörende. Da Graph II eine geringere Steigung als Graph I hat, muss er zum Unternehmen „Sonnenschein" gehören.

b) • *Hinweis:* Die Strecken für die Hin- und Rückfahrt betragen jeweils 175 km, also rechnet man mit insgesamt 350 km.

1. Möglichkeit: Rechnerische Lösung

Berechnung der Preise:

Gesamtpreis des Busunternehmens „Sonnenschein":

Grundpreis:		200 €
Preis für 1 km:	1,50 €	
Preis für 350 km:	$350 \cdot 1{,}50$ € =	525 €
Gesamt:		725 €

Gesamtpreis des Busunternehmens „Reiselust":

Grundpreis:		–
Preis für 1 km:	2,00 €	
Preis für 350 km:	$350 \cdot 2$ € =	700 €
Gesamt:		700 €

Das **Busunternehmen „Reiselust"** ist günstiger.

oder

2. Möglichkeit: Zeichnerische Lösung

Die Fahrtkosten für die gefahrenen x = 350 km werden für beide Graphen aus dem Diagramm abgelesen:

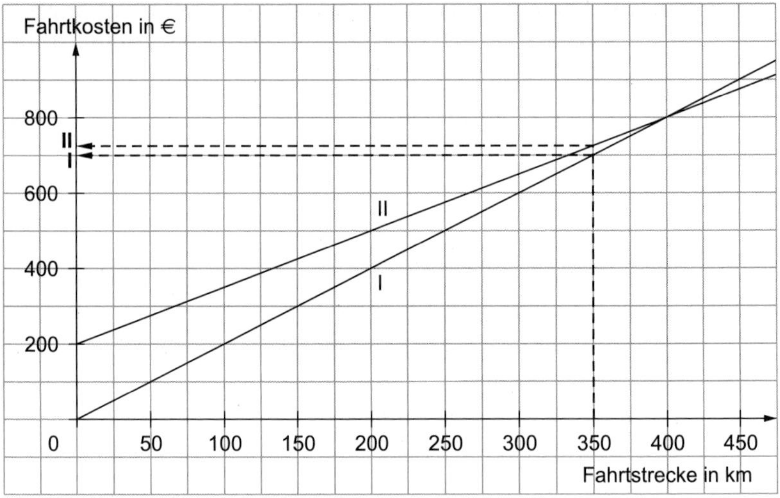

Graph I („Reiselust") liegt für x = 350 km unter Graph II („Sonnenschein"). Also ist die Höhe für die Fahrkosten bei Graph I niedriger als bei Graph II. Das **Busunternehmen „Reiselust"** ist somit günstiger.

- *Hinweis:* Es kommen nun noch weitere 100 km für eine Tagesfahrt hinzu, also rechnet man mit insgesamt 450 km.

  1. Möglichkeit: Rechnerische Lösung

  Berechnung der Preise:

  Gesamtpreis des Busunternehmens „Sonnenschein":

Grundpreis:		200 €
Preis für 1 km:	1,50 €	
Preis für 450 km:	$450 \cdot 1{,}50$ € =	675 €
Gesamt:		875 €

  Gesamtpreis des Busunternehmens „Reiselust":

Grundpreis:		–
Preis für 1 km:	2,00 €	
Preis für 450 km:	$450 \cdot 2$ € =	900 €
Gesamt:		900 €

  Kommen 100 km hinzu, ist das **Unternehmen „Sonnenschein"** günstiger.

oder

2. Möglichkeit: Zeichnerische Lösung

Betrachtet man das Diagramm, liegt für $x = 450$ km der Graph II (Unternehmen „Sonnenschein“) unter dem Graphen I (Unternehmen „Reiselust“). Also ist die Höhe für die Fahrtkosten bei Graph II niedriger als bei Graph I. Kommen noch 100 km hinzu, ist somit das **Busunternehmen „Sonnenschein“** günstiger.

c) Da Graph II eine Gerade ist, handelt es sich um eine lineare Funktion mit der allgemeinen Funktionsgleichung:

$y = m \cdot x + n$

m: Steigung n: y-Achsenabschnitt

1. Möglichkeit: Rechnerische Lösung

Aufstellen der Funktionsgleichung aus den Vorgaben:
Der Aufgabenstellung entnimmt man:

- x entspricht der Zahl der gefahrenen km und y entspricht den Fahrtkosten.
- Jeder gefahrene Kilometer kostet 1,50 €. Somit ist die Steigung $m = 1{,}50\,\frac{€}{km}$.
- Der Grundpreis beträgt 200 €. Somit ist der y-Achsenabschnitt $n = 200$ €.

Die Fahrtkosten berechnen sich somit aus $1{,}50\,\frac{€}{km}$ -mal der gefahrenen km-Zahl plus 200 € Grundpreis:

$$y = 1{,}50\,\frac{€}{km} \cdot x + 200\,€$$

Die Funktionsgleichung lautet also: $\mathbf{y = 1{,}5x + 200}$

oder

Aufstellen der Funktionsgleichung über 2 Punkte:
Die Punkte $P_1(0\,|\,200)$ und $P_2(400\,|\,800)$ liegen auf dem Graphen II. Einsetzen der Koordinaten x und y liefert folgendes lineares Gleichungssystem:

$$\begin{array}{ll} \text{I} & 200 = m \cdot 0 + n \\ \text{II} & 800 = m \cdot 400 + n \end{array}$$

Aus I folgt $n = 200$. Einsetzen in II liefert:

$$\begin{aligned} 800 &= m \cdot 400 + 200 \quad && |-200 \\ 600 &= 400m && |:400 \\ m &= 1{,}5 \end{aligned}$$

Die Funktionsgleichung lautet: $\mathbf{y = 1{,}5x + 200}$

oder

2. Möglichkeit: Zeichnerische Lösung

Bestimmung der Funktionsgleichung über das Ablesen der Steigung m und des y-Achsenabschnitts n aus der Zeichnung:

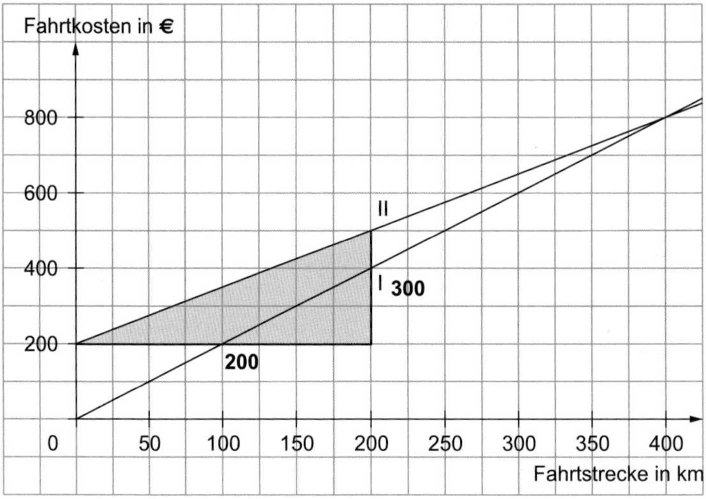

- Der Schnittpunkt mit der y-Achse liegt bei 200, also ist $n = 200$.
- Durch Einzeichnen eines Steigungsdreiecks „200 LE nach rechts und 300 LE nach oben“ ergibt sich für die Steigung:

  $m = \frac{300}{200} = \frac{3}{2}$

Die Funktionsgleichung lautet also:

$$\mathbf{y = \frac{3}{2}x + 200 \quad \text{oder} \quad y = 1{,}5x + 200}$$

d) Gesucht werden die Anzahl der Drei-Bett-Zimmer und die Anzahl der Fünf-Bett-Zimmer. Es handelt sich bei dieser Aufgabe um ein lineares Gleichungssystem mit zwei Unbekannten x und y.

Rechnerisches Lösungsverfahren:

1. Schritt: Festlegen der Variablen x und y
Anzahl der Drei-Bett-Zimmer: x
Anzahl der Fünf-Bett-Zimmer: y

2. Schritt: Gleichungen I und II aufstellen

Anzahl der Zimmer: I $x + y = 16$

Anzahl der Betten: II $3x + 5y = 66$

3. Schritt: Gleichungssystem nach einem geeigneten Verfahren lösen

Additionsverfahren: **oder** Einsetzungsverfahren:

Additionsverfahren:

$$\begin{array}{lrl} \text{I} & x + y = 16 & |\cdot(-3) \\ \text{II} & 3x + 5y = 66 & \end{array}$$

$$\left.\begin{array}{lr} \text{I} & -3x - 3y = -48 \\ \text{II} & 3x + 5y = 66 \end{array}\right\} +$$

$$\begin{array}{lrl} \text{I+II} & 2y = 18 & |:2 \\ & y = 9 & \end{array}$$

y = 9 einsetzen in I:

$$\begin{array}{rl} x + 9 = 16 & |-9 \\ x = 7 & \end{array}$$

$\Rightarrow$ **7 Drei-Bett-Zimmer und 9 Fünf-Bett-Zimmer**

Einsetzungsverfahren:

$$\begin{array}{lrl} \text{I} & x + y = 16 & |-y \\ \text{II} & 3x + 5y = 66 & \end{array}$$

$$\begin{array}{lr} \text{I} & x = 16 - y \\ \text{II} & 3x + 5y = 66 \end{array}$$

Term I in II einsetzen:

$$\begin{array}{rl} 3\cdot(16 - y) + 5y = 66 & \\ 48 - 3y + 5y = 66 & |-48 \\ 2y = 18 & |:2 \\ y = 9 & \end{array}$$

y = 9 einsetzen in I:

$$\begin{array}{rl} x + 9 = 16 & |-9 \\ x = 7 & \end{array}$$

$\Rightarrow$ **7 Drei-Bett-Zimmer und 9 Fünf-Bett-Zimmer**

4. Schritt: Probe am Text

7 Drei-Bett-Zimmer und 9 Fünf-Bett-Zimmer ergeben insgesamt 16 Zimmer. Diese haben insgesamt $7 \cdot 3 + 9 \cdot 5 = 66$ Betten.

5. Schritt: Antwortsatz

Es stehen 7 Drei-Bett-Zimmer und 9 Fünf-Bett-Zimmer zur Verfügung.

Aufgabe 7

a) Aus der Zeichnung sind die Längen der Strecken $\overline{AC}$ und $\overline{CD}$ zu entnehmen und anschließend zu addieren.

$\overline{AC}$:	920 m
$\overline{CD}$:	+ 541 m
Gesamt:	**1 461 m**

Ein Besucher musste 1 461 m zurücklegen, um vom Ausflugslokal über den Bioladen zur Brücke zu kommen.

b) Berechnung der Länge der Strecke $\overline{AD}$ im rechtwinkligen Dreieck CAD:

Mithilfe des Satzes von Pythagoras:

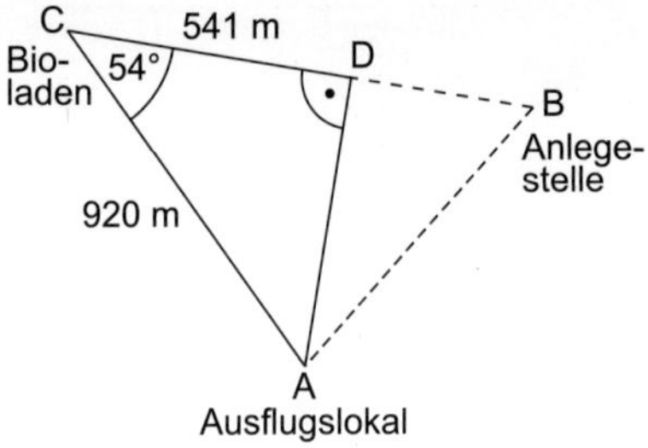

$$\overline{DC}^2 + \overline{AD}^2 = \overline{CA}^2$$

$$541^2 + \overline{AD}^2 = 920^2 \qquad |-541^2$$

$$\overline{AD}^2 = 920^2 - 541^2$$

$$\overline{AD}^2 = 846\,400 - 292\,681$$

$$\overline{AD}^2 = 553\,719 \qquad |\sqrt{\ }$$

$$\overline{AD} \approx \mathbf{744{,}12}$$

Die Länge des Weges $\overline{AD}$ beträgt etwa 744,12 m.

oder

Mithilfe des Sinus:

$$\sin 54° = \frac{\text{Gegenkathete}}{\text{Hypotenuse}}$$

$$\sin 54° = \frac{\overline{AD}}{920} \qquad |\cdot 920$$

$$\overline{AD} = 920 \cdot \sin 54°$$

$$\overline{AD} \approx \mathbf{744{,}30}$$

Die Länge des Weges $\overline{AD}$ beträgt etwa 744,30 m.

oder

Mithilfe des Tangens:

$$\tan 54° = \frac{\text{Gegenkathete}}{\text{Ankathete}}$$

$$\tan 54° = \frac{\overline{AD}}{541} \qquad |\cdot 541$$

$$\overline{AD} = 541 \cdot \tan 54°$$

$$\overline{AD} \approx \mathbf{744{,}62}$$

Die Länge des Weges $\overline{AD}$ beträgt etwa 744,62 m.

Hinweis: Die unterschiedlichen Nachkommastellen von $\overline{AD}$ sind Folge des Rechnens mit gerundeten Werten.

oder

Mithilfe einer maßstäblichen Zeichnung (Maßstab 1 : 10 000)

Maßstab 1 : 10 000 bedeutet:
1 cm im Bild $\triangleq$ 10 000 cm = 100 m in Wirklichkeit

Also gilt für die Längen in der Zeichnung:

$\overline{CA} = 9{,}2$ cm

$\overline{DC} = 5{,}41$ cm $\approx 5{,}4$ cm

Zeichnung im Maßstab 1 : 10 000:

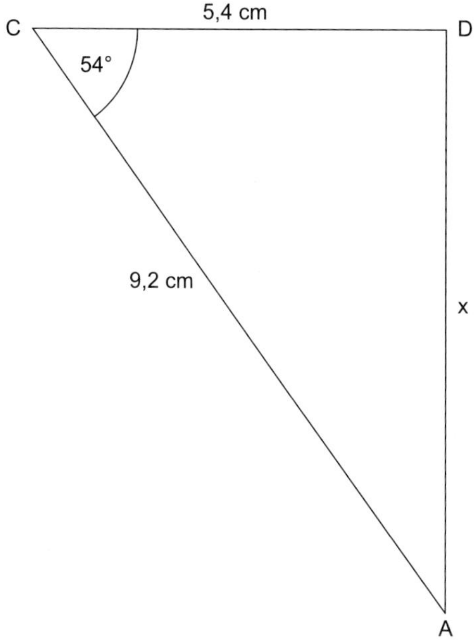

Abgelesene Länge für $\overline{AD}$: $7{,}4\text{ cm} \mathrel{\hat{=}} \mathbf{740\text{ m}}$

Die Länge des Weges $\overline{AD}$ beträgt etwa 740 m.

c) Bestimmung des Winkels β im Dreieck ABC:
Die Winkelsumme im Dreieck beträgt 180°.
Damit gilt:

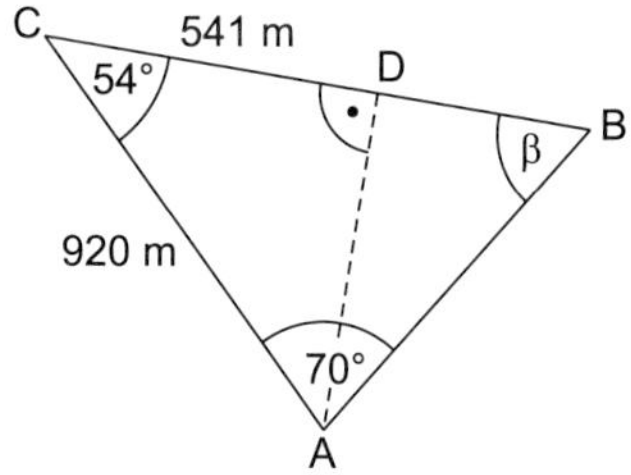

$$70° + \beta + 54° = 180°$$
$$\beta + 124° = 180° \qquad \vert -124°$$
$$\beta = 56°$$

Zunächst Berechnung der Länge $\overline{BC}$ mithilfe des Sinussatzes:

$$\frac{\overline{BC}}{\sin 70°} = \frac{\overline{CA}}{\sin \beta}$$

$$\frac{\overline{BC}}{\sin 70°} = \frac{920}{\sin 56°} \qquad \vert \cdot \sin 70°$$

$$\overline{BC} = \frac{920 \cdot \sin 70°}{\sin 56°}$$

$$\overline{BC} \approx 1\,042{,}8$$

Berechnung der Länge $\overline{BD}$:

$\overline{BD} = \overline{BC} - \overline{DC} = 1\,042{,}8\text{ m} - 541\text{ m} = \mathbf{501{,}8}$

Die Länge des Weges $\overline{BD}$ beträgt etwa 501,8 m.

oder

Berechnung der Länge $\overline{BD}$ mithilfe des Tangens im Dreieck ABD:

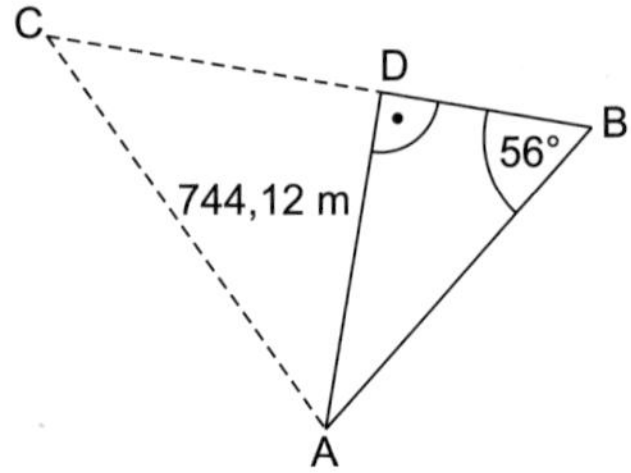

$$\tan 56° = \frac{\text{Gegenkathete}}{\text{Ankathete}}$$

$$\tan 56° = \frac{744{,}12}{\overline{BD}} \qquad | \cdot \overline{BD}$$

$$\overline{BD} \cdot \tan 56° = 744{,}12 \qquad |: \tan 56°$$

$$\overline{BD} = \frac{744{,}12}{\tan 56°}$$

$$\overline{BD} \approx \mathbf{501{,}9}$$

Die Länge des Weges $\overline{BD}$ beträgt 501,9 m.

oder

Mithilfe einer maßstäblichen Zeichnung (Maßstab 1 : 10 000):

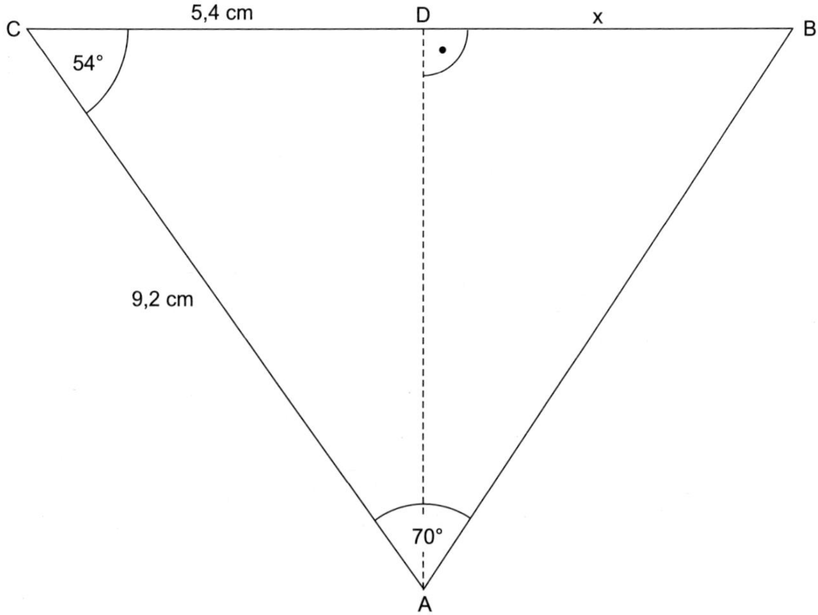

Abgelesene Länge für $\overline{BD}$: 5 cm ≙ **500 m**

Die Länge des Weges $\overline{BD}$ beträgt ca. 500 m.

Mittlerer Schulabschluss und erweiterte Berufsbildungsreife Berlin/Brandenburg Mathematik 2017

Hinweis: Aufgaben zu anspruchsvolleren Themen sind mit einem * gekennzeichnet.

Punkte

Aufgabe 1 — 10 P.

Basisaufgaben

a) Schraffieren Sie $\frac{6}{7}$ des Rechtecks. — 1 P.

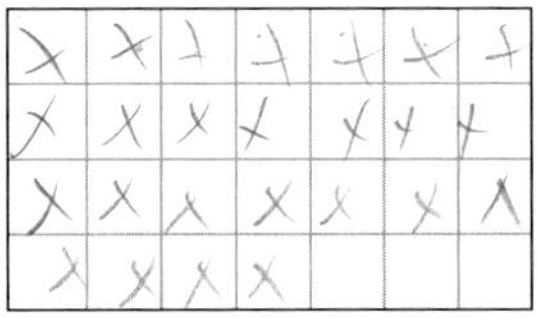

b) Eine Bohrmaschine kostet 120,00 €. An der Kasse erhält man 20 % Rabatt.
Geben Sie den Rabatt in Euro an. — 1 P.

c) Die Abbildung zeigt ein Schrägbild eines Körpers. — 1 P.

Kreuzen Sie an, welcher Körper abgebildet ist.

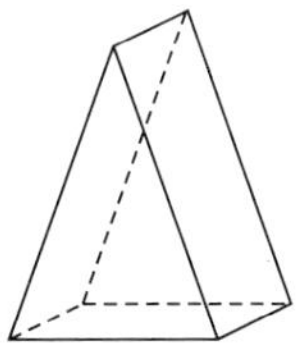

☐ Pyramide

☐ Prisma

☐ Quader

d) Kreuzen Sie an, welche der folgenden Gleichungen für dieses Dreieck gilt. — 1 P.

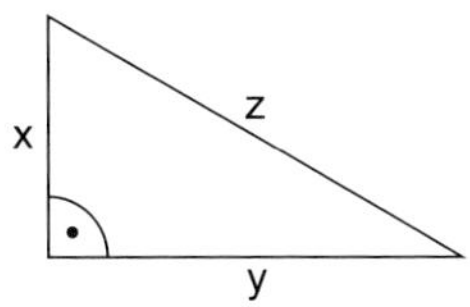

☐ $x^2 = y^2 + z^2$ ☐ $z^2 = x^2 - y^2$

☐ $z^2 \cdot y^2 = x^2$ ☐ $z^2 = x^2 + y^2$

e) Kreuzen Sie die kleinste Zahl an. — 1 P.

☐ $-0{,}01$ ☐ -10^3 ☐ -10^2 ☐ $-0{,}1$

f) Zwei gleiche Münzen werden gleichzeitig geworfen.
Es wird unterschieden, ob Zahl (Z) oder Wappen (W) oben liegt.
Geben Sie die Anzahl der möglichen Ergebnisse an. 1 P.

g) Schreiben Sie die Zahl 100 000 als Zehnerpotenz. 1 P.

h) Geben Sie den Durchschnitt (das arithmetische Mittel) der vorgegebenen Längen an. 1 P.

1,8 m 1,7 m 1,6 m 1,7 m

i) Das Dreifache einer Zahl wird um fünf vermindert. 1 P.

Kreuzen Sie den dazu passenden Term an.

☐ $3(x-5)$ ☐ $5-3x$ ☐ $3x-5$ ☐ $3x-5x$

j) Geben Sie für das abgebildete Dreieck die Gleichung für $\sin\beta$ an. 1 P.

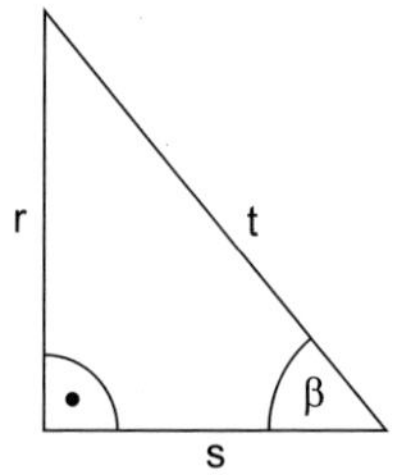

Aufgabe 2 6 P.

Neugeborene

Im Jahr 2013 wurden in Deutschland 682 069 Kinder geboren. Das waren 8 512 Kinder mehr als im Jahr davor.

a) Geben Sie an, wie viele Kinder im Jahr 2012 in Deutschland geboren wurden. 1 P.

Im Jahr 2013 geboren als	Anteil in Prozent (%)
erstes Kind der Mutter	49,4
zweites Kind der Mutter	34,4
drittes Kind der Mutter	11,2
viertes Kind oder weiteres Kind der Mutter	5,0

*b) Professor Zeisel sagt: „Die Angaben in der Tabelle zeigen, dass mehr als die Hälfte der im Jahr 2013 geborenen Kinder mindestens ein Geschwisterkind haben.“ 2 P.

Geben Sie eine Begründung für die Aussage des Professors an.

c) Im Kreisdiagramm ist ein Anteil aus der Tabelle farbig dargestellt. 3 P.

Beschriften Sie diesen farbigen Anteil.

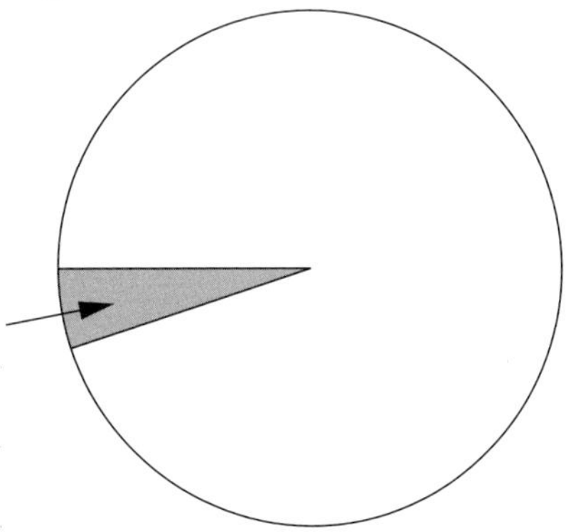

Berechnen Sie die Winkelgröße, die der Anteil für „drittes Kind der Mutter“ haben muss.

Zeichnen Sie den Anteil für „drittes Kind der Mutter“ in das Kreisdiagramm ein und beschriften Sie diesen Anteil.

Bildnachweis: © Jules Selmes. Pearson Education Ltd

Aufgabe 3 10 P.

Swimmingpool

Familie Sommer hat einen Swimmingpool gebaut.
Er hat eine Tiefe von h = 2 m und folgende Grundfläche:

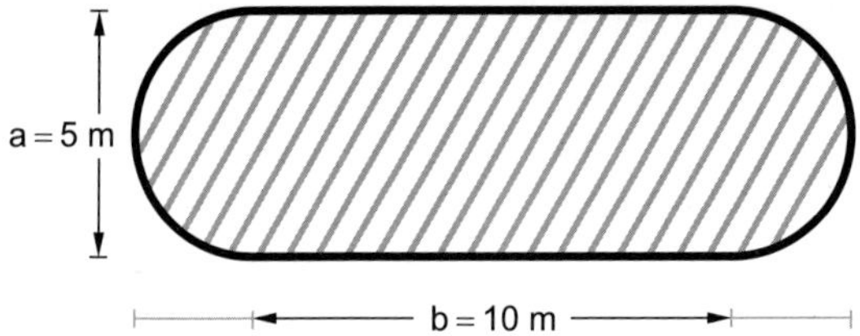

(Skizze nicht maßstabsgerecht)

a) Geben Sie an, aus welchen Teilflächen sich die Grundfläche des Swimmingpools zusammensetzt. 2 P.

b) Berechnen Sie die Größe der Grundfläche des Swimmingpools. 3 P.

*c) Entscheiden Sie, ob die folgenden Formeln dazu geeignet sind, das Volumen des Swimmingpools zu ermitteln. Kreuzen Sie an. 3 P.

Formel	geeignet	nicht geeignet
$V = \left(a + b + \pi + \left(\frac{a}{2}\right)^2\right) \cdot h$	☐	☐
$V = \left(a \cdot b + \pi \cdot \left(\frac{a}{2}\right)^2\right) \cdot h$	☐	☐
$V = \pi \cdot \left(\frac{a}{2}\right)^2 \cdot h + a \cdot b \cdot h$	☐	☐

d) Eine Filterpumpe reinigt 17 500 Liter Wasser in einer Stunde. In den Swimmingpool von Familie Sommer passen ca. 140 m^3 Wasser. 2 P.

Ermitteln Sie, wie viele Stunden die Filterpumpe benötigt, um die 140 m^3 Wasser des Swimmingpools zu reinigen.

Aufgabe 4 7 P.

Dachausbau

Der Dachboden eines Hauses soll ausgebaut werden.
Die Skizze zeigt den Querschnitt des Dachbodens.

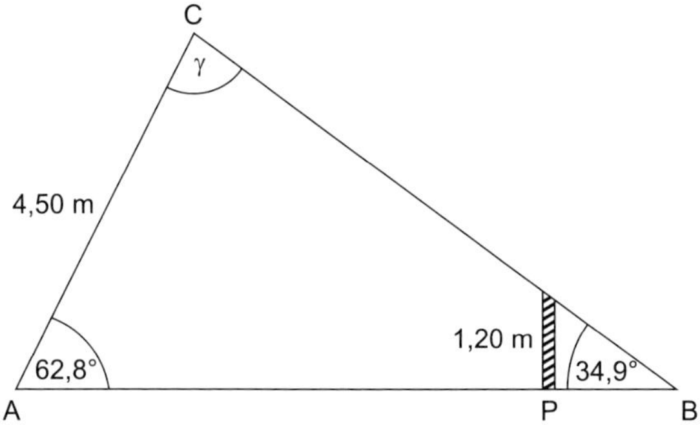

(Skizze nicht maßstabsgerecht)

a) Geben Sie die Größe des Winkels γ an. 1 P.

b) Im Dachboden soll eine senkrechte Wand gebaut werden. Sie reicht bis zur Dachschräge $\overline{BC}$ und ist 1,20 m hoch. 2 P.

Berechnen Sie, wie viel Meter der Fußpunkt P der Wand vom Punkt B entfernt sein muss.

*c) Zur Wärmedämmung sollen die beiden gefärbten Dachflächen isoliert werden. 4 P.

Berechnen Sie die Länge der Dachschräge $\overline{BC}$.

Der Dachboden hat eine Länge von 8,00 m.

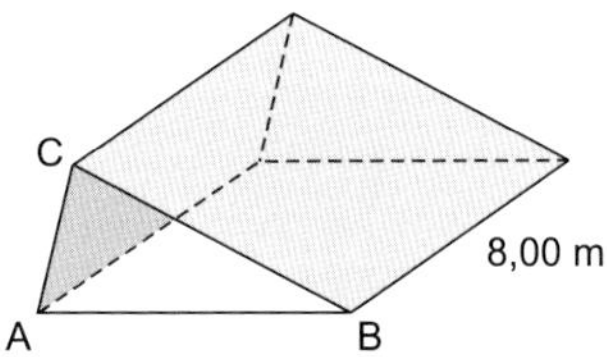

Berechnen Sie, wie viele m^2 Dachfläche isoliert werden müssen.

Aufgabe 5 12 P.

Funktionen

a) Die Gerade g ist der Graph einer linearen Funktion. 3 P.
Sie verläuft durch die Punkte $K(-4|-1)$ und $L(2|2)$.

Zeichnen Sie die Gerade g in ein Koordinatensystem.

Weisen Sie nach, dass $y = \frac{1}{2}x + 1$ eine Gleichung für die Gerade g ist.

b) Der Punkt A(–10 | y) liegt auf der Geraden g mit der Gleichung $y = \frac{1}{2}x + 1$. 2 P.

Berechnen Sie die y-Koordinate des Punktes A.

Die Abbildung zeigt die Parabel p mit der Gleichung: $y = (x+3)^2 - 2$

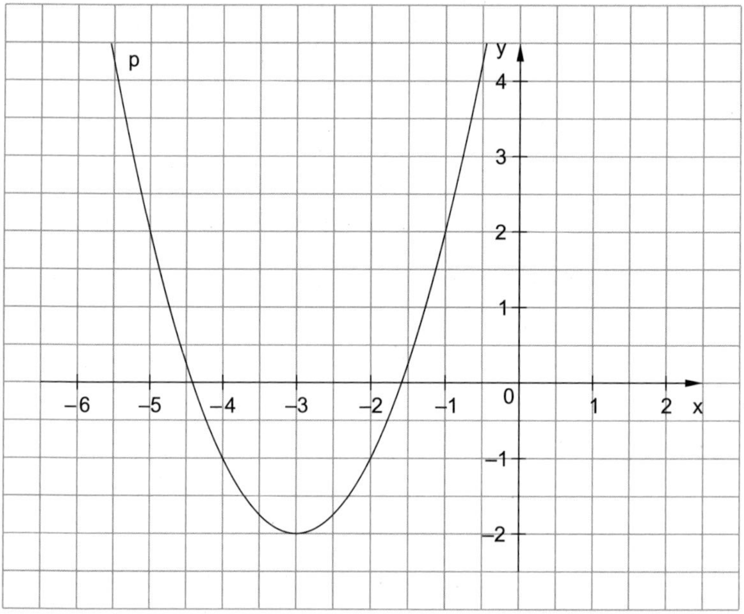

c) Geben Sie die Koordinaten des Scheitelpunktes der Parabel p an. 1 P.

S(|)

*d) Weisen Sie nach, dass die Gleichung für die Parabel p in der Form $y = x^2 + 6x + 7$ geschrieben werden kann. 4 P.

Berechnen Sie die Nullstellen dieser Funktion.

*e) Die Parabel q entsteht, wenn man die Parabel p um zwei Einheiten nach oben verschiebt und anschließend an der x-Achse spiegelt. 2 P.

Geben Sie eine Gleichung der Parabel q an.

Aufgabe 6 6 P.

Zahlenschloss

Die Abbildung zeigt ein Zahlenschloss.
Auf jedem Zahlenring können die Ziffern 0; 1; 2; …; 9 eingestellt werden.
Hier ist die Ziffernfolge 1 – 2 – 3 eingestellt.

a) Jan möchte sein Schloss öffnen. 2 P.
Auf den ersten beiden Ringen stellt er die richtigen Ziffern 2 – 2 ein.
Die Ziffer auf dem dritten Ring hat er vergessen.

Wie groß ist die Wahrscheinlichkeit, dass er die dritte Ziffer beim ersten Versuch richtig einstellt?
Geben Sie das Ergebnis als Bruch und in Prozent an.

*b) Ida hat ihre Geheimnummer vergessen. Sie weiß noch, dass sie die Ziffern 5, 7 und 9 verwendet hat und jede Ziffer nur einmal vorkommt. 4 P.

Geben Sie die Anzahl aller möglichen dreistelligen Geheimnummern an.

Geben Sie die Wahrscheinlichkeit dafür an, dass Ida die richtige Geheimnummer beim ersten Versuch einstellt.

Ermitteln Sie die Wahrscheinlichkeit dafür, dass Ida die richtige Geheimnummer spätestens beim zweiten Versuch einstellt.

Aufgabe 7 9 P.

Luftdruck

In Höhe des Meeresspiegels (0 km Höhe) beträgt der Luftdruck ungefähr 1 000 hPa (Hektopascal).

Je höher man in der Erdatmosphäre steigt, desto geringer wird der Luftdruck.
Er nimmt pro Kilometer um 13 % ab.

a) Ergänzen Sie die fehlenden Werte in der Tabelle. 2 P.

Höhe in km	0	1	2	3	5	8	10
Luftdruck in hPa	1 000	870		659	498		248

b) Vervollständigen Sie das Koordinatensystem und stellen Sie den Luftdruck in Abhängigkeit von der Höhe dar. 4 P.

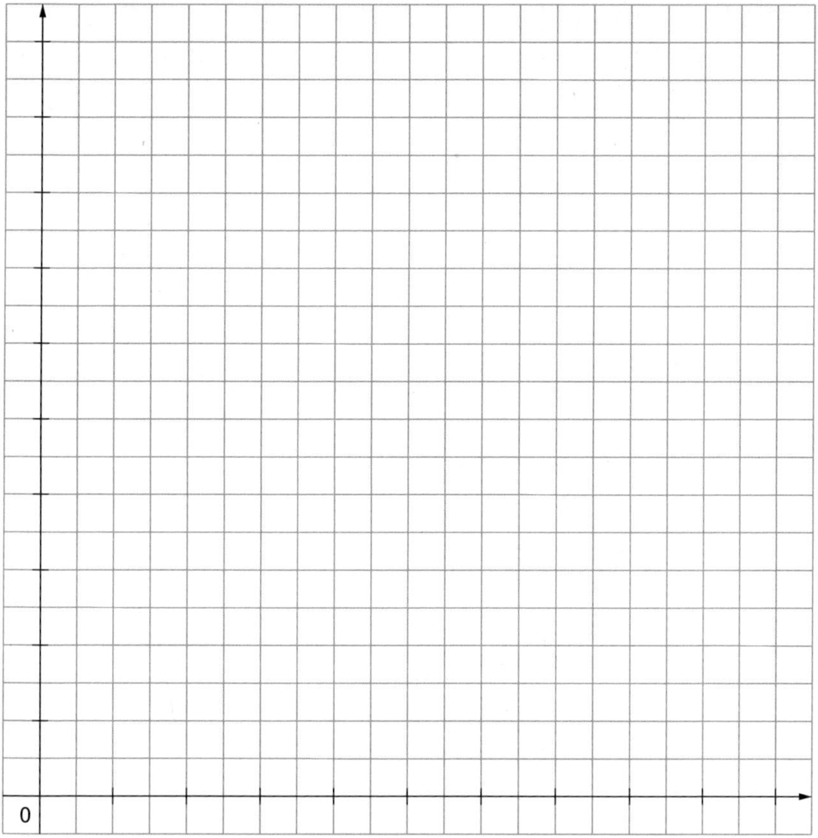

*c) Die Abnahme des Luftdrucks kann mit einer Funktionsgleichung beschrieben werden. 1 P.
Kreuzen Sie die richtige Gleichung an.

☐ $y = 0{,}87 \cdot x$ ☐ $y = 1\,000 \cdot 0{,}87^{x}$

☐ $y = x^{1{,}13}$ ☐ $y = 1\,000 \cdot 1{,}13^{x}$

d) Ein Bergsteiger misst einen Luftdruck von 573 hPa. 2 P.
Entscheiden Sie, ob er sich in ca. 4 km Höhe befinden kann.
Begründen Sie.

Lösung

Aufgabe 1

a) Lösung über die Spaltenzahl:
Das gesamte Rechteck weist 7 senkrechte Spalten auf.

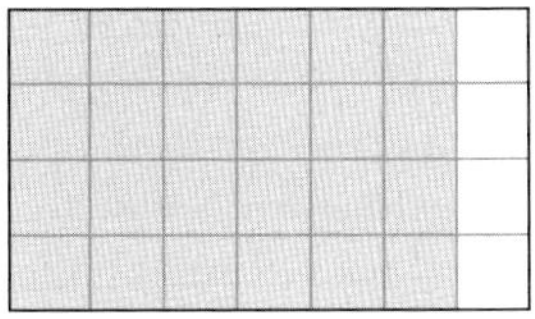

$\frac{6}{7}$ bedeutet „6 von 7". Es müssen also 6 von 7 Spalten schraffiert werden.

oder

Lösung mit dem Dreisatz:
Das ganze Rechteck besteht aus $4 \cdot 7 = 28$ Kästchen.

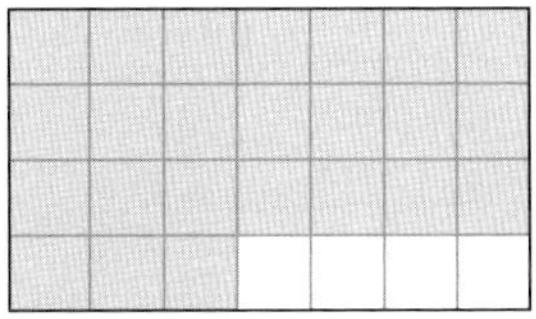

$$\begin{aligned} &1 \text{ Ganzes} \triangleq 28 \text{ Kästchen} && (:7) \\ &\frac{1}{7} \triangleq 4 \text{ Kästchen} && (\cdot 6) \\ &\frac{6}{7} \triangleq 24 \text{ Kästchen} \end{aligned}$$

Es müssen insgesamt 24 Kästchen schraffiert werden.

b) Lösung durch Kopfrechnen:
10 % von 120 € sind 12 €.
20 % von 120 €, das Doppelte dieser 10 %, sind demzufolge auch das Doppelte von 12 €, also **24 €**.

oder

Lösung mit dem Dreisatz:

$$\begin{aligned} &100\,\% \triangleq 120\,€ && (:100) \\ &1\,\% \triangleq 1{,}20\,€ && (\cdot 20) \\ &20\,\% \triangleq \mathbf{24\,€} \end{aligned}$$

oder

Lösung über proportionale Zuordnung:

$$\frac{120}{100} = \frac{x}{20} \quad \Big| \cdot 20$$

$$x = \frac{120 \cdot 20}{100}$$

$$x = 24$$

Lösung: **24 €**

c) *Überlegungen:*

- Eine *Pyramide* besteht aus einer Grundfläche und dreieckigen Seitenflächen, die sich in der Spitze der Pyramide treffen. Der abgebildete Körper hat keine Spitze und auch die Seitenflächen sind nicht alle dreieckig, deshalb ist Pyramide als Lösung falsch.
- Ein *Prisma* besteht aus einer Grundfläche, einer dazu kongruenten Deckfläche und gleich langen, zueinander parallelen Seitenkanten. Im abgebildeten Körper bilden die kongruenten Dreiecke vorne und hinten die Grund- und Deckfläche, die drei Seitenkanten verlaufen parallel und sind gleich lang. Deshalb ist Prisma als Lösung richtig.
- Ein *Quader* besteht aus sechs rechteckigen Seitenflächen. Der abgebildete Körper weist auch dreieckige Seitenflächen auf, deshalb ist Quader als Lösung falsch.

Es gilt:

☐ Pyramide
☒ Prisma
☐ Quader

d) Dieses Dreieck ist rechtwinklig mit der Hypotenuse z und den beiden Katheten x und y. Im rechtwinkligen Dreieck gilt der Satz des Pythagoras:

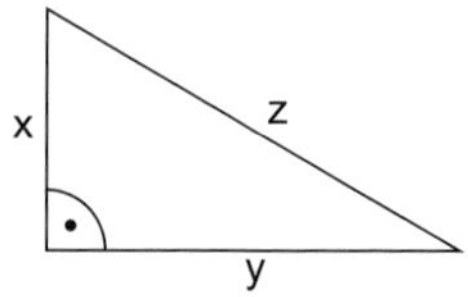

Hypotenusenquadrat = Summe der Kathetenquadrate

$$z^2 = x^2 + y^2$$

Damit gilt:

☐ $x^2 = y^2 + z^2$ ☐ $z^2 = x^2 - y^2$ ☐ $z^2 \cdot y^2 = x^2$ ☒ $z^2 = x^2 + y^2$

e) Die Zahlen lassen sich besser vergleichen, wenn sie als Dezimalzahlen vorliegen:

$-0{,}01$	$-10^3 = -10 \cdot 10 \cdot 10$	$-10^2 = -10 \cdot 10$	$-0{,}1$
$= -0{,}01$	$= -1\,000$	$= -100$	$= -0{,}1$

Weil $-1\,000 = -10^3$ die kleinste Zahl ist, gilt:

☐ $-0{,}01$ ☒ -10^3 ☐ -10^2 ☐ $-0{,}1$

f) *Hinweis:* Die Aufgabe stammt nicht aus der Wahrscheinlichkeitsrechnung und es handelt sich auch nicht um ein Zufallsexperiment. Die Fragestellung zielt nur darauf ab, wie viele verschiedene Kombinationen entstehen können, wenn zwei gleiche, nicht unterscheidbare Münzen gleichzeitig geworfen werden.

Anzahl der möglichen Ergebnisse:
Die oben liegenden Münzseiten können gleich aussehen (2-mal Wappen oder 2-mal Zahl) oder ungleich aussehen (Wappen und Zahl). Es gibt also **3 mögliche Ergebnisse**.

g) Eine Zehnerpotenz ist eine Potenz mit der Basis 10 und einem ganzzahligen Exponenten. Bei dieser Aufgabe ist der Exponent gesucht. Es gilt also herauszufinden, wie oft 10 mit sich selber multipliziert werden muss, damit das Ergebnis 100 000 ist.

Umwandlung in eine Zehnerpotenz:

$$\underbrace{1\,00\,000}_{\text{5 Nullen}} = \underbrace{10 \cdot 10 \cdot 10 \cdot 10 \cdot 10}_{\text{5-mal}} = \mathbf{10^5}$$

h) Der Durchschnitt oder das arithmetische Mittel ist die Summe aller Werte dividiert durch die Anzahl aller Werte:

$$m = \frac{x_1 + x_2 + \ldots + x_n}{n}$$

Es gilt:

$$m = \frac{1,8 + 1,7 + 1,6 + 1,7}{4} = 1,7$$

Der Durchschnitt der vorgegebenen Längen beträgt **1,7 m**.

i) Die Satzteile werden der Reihe nach in einen Term übersetzt:

$$\underbrace{\text{das Dreifache}}^{\mathbf{3x}}\text{ einer Zahl } \underbrace{\text{vermindert}}^{\mathbf{-}}\text{ um } \underbrace{\text{fünf}}^{\mathbf{5}}$$

Es gilt:

☐ 3(x − 5) ☐ 5 − 3x ☒ 3x − 5 ☐ 3x − 5x

j) Der Sinus eines Winkels wird im rechtwinkligen Dreieck durch das Seitenverhältnis von Gegenkathete zur Hypotenuse bestimmt:

$$\sin\beta = \frac{\text{Gegenkathete}}{\text{Hypotenuse}}$$

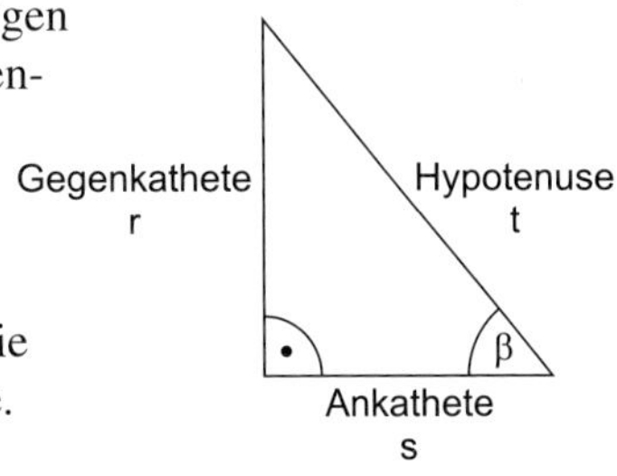

Vom Winkel β aus betrachtet ist die Seite r die Gegenkathete und die Seite t die Hypotenuse. Damit gilt für das abgebildete Dreieck:

$$\mathbf{\sin\beta = \frac{r}{t}}$$

Aufgabe 2

a) Im Jahr 2013 wurden 8 512 Kinder mehr geboren als 2012, d. h. umgekehrt: Im Jahr 2012 wurden 8 512 Kinder weniger geboren als im Jahr 2013.

Anzahl der Kinder, die im Jahr 2012 geboren wurden:
$682\,069 - 8\,512 = \mathbf{673\,557}$

Im Jahr 2012 wurden in Deutschland 673 557 Kinder geboren.

b) Alle Kinder, die als zweites, drittes, viertes oder weiteres Kind der Mutter geboren wurden, haben mindestens ein Geschwisterkind.

Prozentsatz für Kinder mit mindestens einem Geschwisterkind:

zweites Kind	34,4 %
drittes Kind	11,2 %
viertes oder weiteres Kind	5,0 %
Summe:	50,6 %

Der Professor hat recht. Insgesamt 50,6 % der 2013 geborenen Kinder hatten mindestens ein Geschwisterkind und 50,6 % ist etwas mehr als die Hälfte.

oder
49,4 % aller Kinder wurden 2013 als erstes Kind der Mutter geboren und hatten somit kein Geschwisterkind. Alle anderen im Jahr 2013 geborenen Kinder müssen also mindestens ein Geschwisterkind haben.

Prozentsatz für Kinder mit mindestens einem Geschwisterkind:
$100\,\% - 49,4\,\% = 50,6\,\%$

50,6 % ist etwas mehr als die Hälfte. Der Professor hat also recht.

c) • Lösung durch Ausschlussverfahren:
Es ist zu prüfen, welcher Prozentsatz aus der Tabelle (49,4 %, 34,4 %, 11,2 % oder 5,0 %) dem markierten Winkel entspricht.
- Für 49,4 % wäre fast die Hälfte des Kreises markiert.
  $\Rightarrow$ Kommt *nicht* als richtige Lösung infrage.
- Für 34,4 % wäre mehr als ein Drittel des Kreises markiert.
  $\Rightarrow$ Kommt *nicht* als richtige Lösung infrage.
- Für 11,2 % wäre mehr als ein Zehntel des Kreises (ca. 40°) markiert.
  $\Rightarrow$ Kommt *nicht* als richtige Lösung infrage.
  Hinweis: Dass dieser Prozentsatz Gegenstand der nächsten Aufgabe ist, weist auch darauf hin, dass er wahrscheinlich nicht dargestellt ist. Diese Aussage zählt natürlich nicht als Begründung, sofern eine gefordert ist.

Die Beschriftung muss also „viertes oder weiteres Kind der Mutter“ lauten.

oder
Messen ergibt, dass der Winkel etwa 18° beträgt.
Berechnung des zugehörigen Prozentsatzes:

Dreisatz:

$$:360 \left(\begin{array}{c} 360° \mathrel{\hat{=}} 100\,\% \\ 1° \mathrel{\hat{=}} \frac{100}{360}\,\% \\ 18° \mathrel{\hat{=}} 5\,\% \end{array} \right) :360,\ \cdot 18$$

oder

proportionale Zuordnung:

$$\frac{100}{360} = \frac{x}{18} \quad |\cdot 18$$

$$x = \frac{18 \cdot 100}{360}$$

$$x = 5$$

Der farbige Anteil stellt also „viertes oder weiteres Kind der Mutter" dar und wird entsprechend beschriftet.

Beschriftetes Kreisdiagramm:

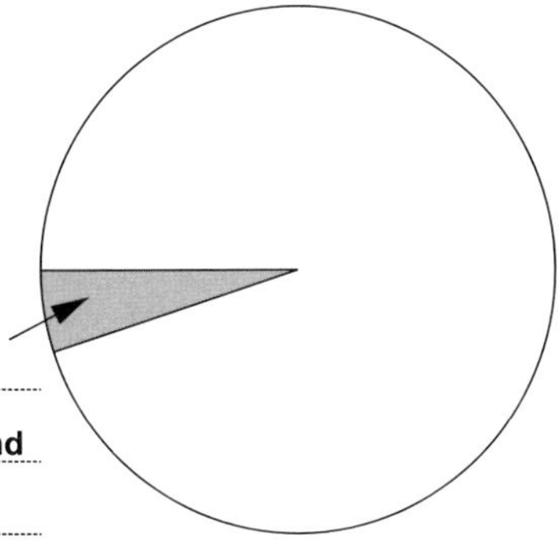

- Berechnung der Winkelgröße für 11,2 % als Anteil am Vollkreis:
  100 % entsprechen dem gesamten Kreis mit 360°.

  Dreisatz:

  $$:100 \left(\begin{array}{c} 100\,\% \mathrel{\hat{=}} 360° \\ 1\% \mathrel{\hat{=}} 3{,}6° \\ 11{,}2\,\% \mathrel{\hat{=}} \mathbf{40{,}32°} \end{array} \right) :100,\ \cdot 11{,}2$$

  oder

  proportionale Zuordnung:

  $$\frac{360}{100} = \frac{x}{11{,}2} \quad |\cdot 11{,}2$$

  $$x = \frac{360 \cdot 11{,}2}{100}$$

  $$x = \mathbf{40{,}32°}$$

  oder
  Berechnung der Winkelgröße für 11,2 % mit dem Umrechnungsfaktor 3,6:
  1 % im Kreisdiagramm entspricht einem Winkel von 3,6°, deshalb wird zur Ermittlung der Winkelgröße der Prozentsatz (11,2) mit 3,6 multipliziert:

  $$11{,}2 \cdot 3{,}6 = 40{,}32 \quad \Rightarrow \quad \alpha = \mathbf{40{,}32°}$$

- Einzeichnen des Winkels und Beschriften des Anteils im vorhandenen Kreisdiagramm:

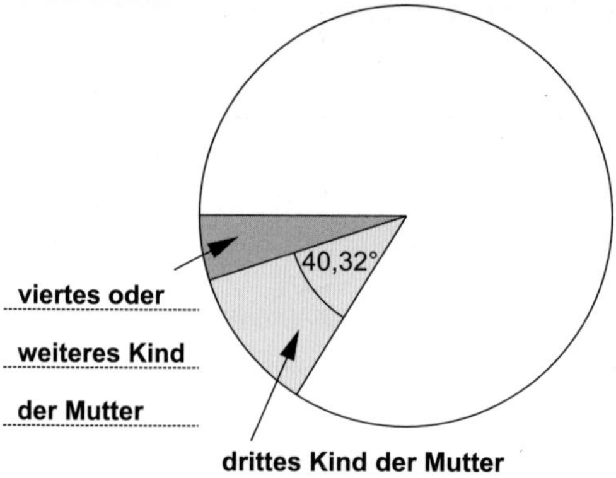

Aufgabe 3

a) Die Grundfläche des Swimmingpools setzt sich aus **2 Halbkreisen** und **einem Rechteck** zusammen.

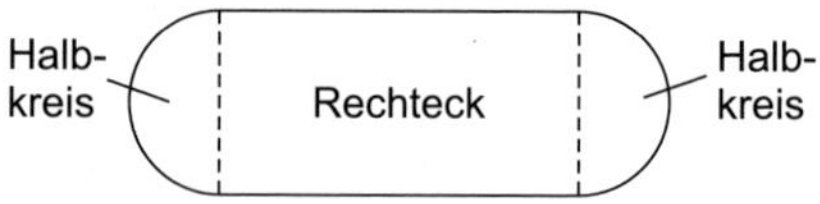

b) Gegeben: a = 5 m; b = 10 m; d = a = 5 m
Gesucht: A

Berechnung der Rechteckfläche:

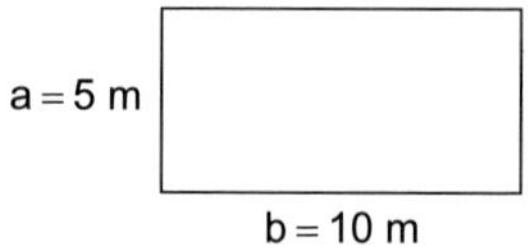

$A_R = a \cdot b$

$A_R = 5 \cdot 10$

$A_R = 50$

Die Rechteckfläche beträgt 50 m^2.

Berechnung der Kreisfläche:
Da die beiden Halbkreise kongruent sind und zusammen einen Vollkreis ergeben, wird der Flächeninhalt eines ganzen Kreises berechnet.

Radius:

$r = \frac{d}{2} = \frac{5\text{ m}}{2} = 2{,}5\text{ m}$

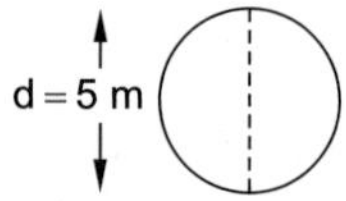

Kreisfläche:

$A_K = \pi \cdot r^2$

$A_K = \pi \cdot 2{,}5^2$

$A_K \approx 19{,}63$

Die Fläche der beiden Halbkreise beträgt etwa 19,63 m^2.

Berechnung der gesamten Grundfläche des Swimmingpools:

$A = A_R + A_K$

$A = 50 + 19{,}63$

$A = 69{,}63$

Der Swimmingpool hat eine Grundfläche von **69,63 m²**.

c) Der Swimmingpool hat die Form eines Prismas mit kongruenter Grund- und Deckfläche, die sich jeweils aus zwei Halbkreisen und einem Rechteck zusammensetzen. Für das Volumen eines Prismas gilt:

$$V = A_G \cdot h$$

Grundfläche (A_G) Körperhöhe (h)

Allgemeine Herleitung der Formel für die Grundfläche:
Die Grundfläche A_G setzt sich aus der Rechteckfläche A_R und der Kreisfläche A_K zusammen:

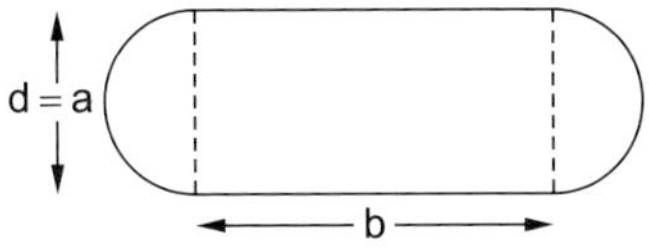

- Für die Rechteckfläche gilt:
  $A_R = a \cdot b$
- Für die Kreisfläche gilt:
  Da der Durchmesser des Kreises $d = a$ ist, beträgt der Radius $r = \frac{a}{2}$ und es gilt:
  $A_K = \pi \cdot r^2 = \pi \cdot \left(\frac{a}{2}\right)^2$

Als Formel zur Berechnung der Grundfläche ergibt sich:

$$A_G = A_R + A_K = a \cdot b + \pi \cdot \left(\frac{a}{2}\right)^2$$ entspricht Ankreuzmöglichkeit 2

Für das Volumen des Prismas gilt:

$$V = A_G \cdot h = \left(a \cdot b + \pi \cdot \left(\frac{a}{2}\right)^2\right) \cdot h$$

Durch Ausmultiplizieren folgt:

$$V = a \cdot b \cdot h + \pi \cdot \left(\frac{a}{2}\right)^2 \cdot h$$

Vertauschen der Summanden liefert:

$$V = \pi \cdot \left(\frac{a}{2}\right)^2 \cdot h + a \cdot b \cdot h$$ entspricht Ankreuzmöglichkeit 3

Zusammen ergibt sich:

Formel	geeignet	nicht geeignet
$V = \left(a + b + \pi + \left(\frac{a}{2}\right)^2\right) \cdot h$	☐	☒
$V = \left(a \cdot b + \pi \cdot \left(\frac{a}{2}\right)^2\right) \cdot h$	☒	☐
$V = \pi \cdot \left(\frac{a}{2}\right)^2 \cdot h + a \cdot b \cdot h$	☒	☐

d) Umrechnung der Wassermenge des Swimmingpools von der Einheit m^3 in ℓ:
$140\ m^3 = 140\,000\ dm^3 = 140\,000\ \ell$

Dreisatz: **oder** proportionale Zuordnung:

$$17\,500\ \ell \triangleq 1\ h \quad (:17\,500)$$
$$1\ \ell \triangleq \frac{1}{17\,500}\ h \quad (\cdot 140\,000)$$
$$140\,000\ \ell \triangleq 8\ h$$

$$\frac{1}{17\,500} = \frac{x}{140\,000} \quad |\cdot 140\,000$$
$$x = \frac{1 \cdot 140\,000}{17\,500}$$
$$x = 8$$

Die Filterpumpe benötigt **8 Stunden**, um die $140\ m^3$ Wasser des Swimmingpools zu reinigen.

oder

Umrechnung der durch den Filter pro Stunde gereinigten Wassermenge von der Einheit ℓ in m^3:
$17\,500\ \ell = 17\,500\ dm^3 = 17{,}5\ m^3$

Dreisatz: **oder** proportionale Zuordnung:

$$17{,}5\ m^3 \triangleq 1\ h \quad (:17{,}5)$$
$$1\ m^3 \triangleq \frac{1}{17{,}5}\ h \quad (\cdot 140)$$
$$140\ m^3 \triangleq 8\ h$$

$$\frac{1}{17{,}5} = \frac{x}{140} \quad |\cdot 140$$
$$x = \frac{1 \cdot 140}{17{,}5}$$
$$x = 8$$

Die Filterpumpe benötigt **8 Stunden**, um die $140\ m^3$ Wasser des Swimmingpools zu reinigen.

Aufgabe 4

a) Berechnung von γ mit der Innenwinkelsumme im Dreieck ABC:
Die Winkelsumme im Dreieck beträgt 180°.

$$62,8° + 34,9° + \gamma = 180°$$
$$97,7° + \gamma = 180° \quad \mid -97,7°$$
$$\gamma = \mathbf{82,3°}$$

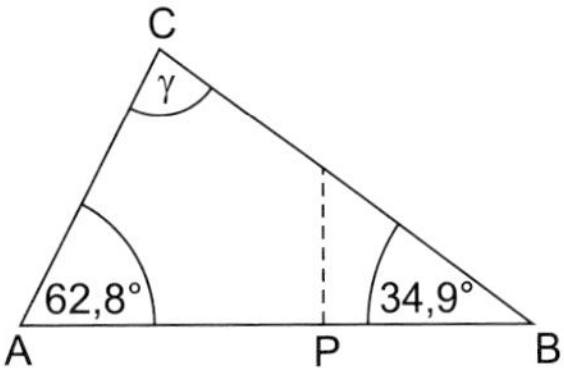

b) Berechnung der Länge der Strecke $\overline{PB}$ im rechtwinkligen Dreieck mithilfe des Tangens:

$$\tan\beta = \frac{\text{Gegenkathete}}{\text{Ankathete}}$$
$$\tan 34,9° = \frac{1,20}{\overline{PB}} \quad \mid \cdot \overline{PB}$$
$$\overline{PB} \cdot \tan 34,9° = 1,20 \quad \mid : \tan 34,9°$$
$$\overline{PB} = \frac{1,20}{\tan 34,9°}$$
$$\overline{PB} \approx 1,72$$

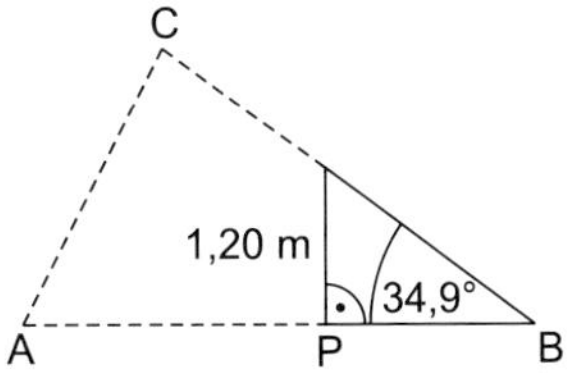

Der Fußpunkt P muss etwa **1,72 m** vom Punkt B entfernt sein.

c) • Berechnung der Länge der Strecke $\overline{BC}$ im allgemeinen Dreieck ABC mithilfe des Sinussatzes:

$$\frac{\overline{BC}}{\sin\alpha} = \frac{\overline{CA}}{\sin\beta}$$
$$\frac{\overline{BC}}{\sin 62,8°} = \frac{4,50}{\sin 34,9°} \quad \mid \cdot \sin 62,8°$$
$$\overline{BC} = \frac{4,50 \cdot \sin 62,8°}{\sin 34,9°}$$
$$\overline{BC} \approx 7,0$$

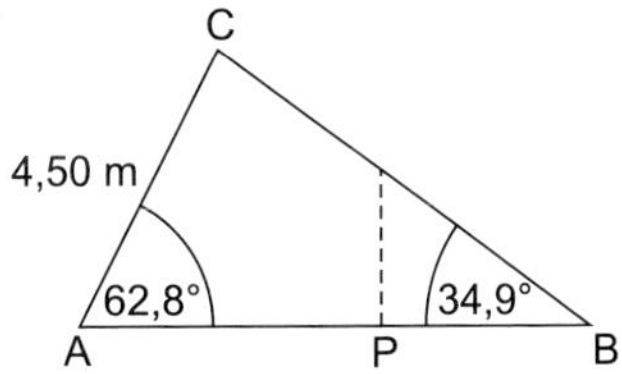

Die Länge der Dachschräge $\overline{BC}$ beträgt etwa **7,0 m**.

oder

Berechnung der Länge der Strecke $\overline{BC}$ mithilfe der Höhe h im Dreieck ABC mithilfe des Sinus:
Das vorhandene Dreieck ABC wird durch die Höhe h in die zwei rechtwinkligen Teildreiecke AHC und HBC zerlegt.

Berechnung der Höhe h im rechtwinkligen Dreieck AHC:

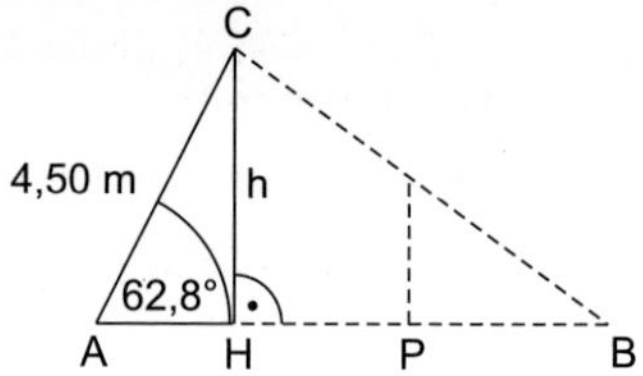

$$\sin\alpha = \frac{\text{Gegenkathete}}{\text{Hypotenuse}}$$

$$\sin 62{,}8° = \frac{h}{4{,}50} \qquad |\cdot 4{,}50$$

$$h = 4{,}50 \cdot \sin 62{,}8°$$

$$h \approx 4{,}0$$

Berechnung von $\overline{BC}$ im rechtwinkligen Dreieck HBC:

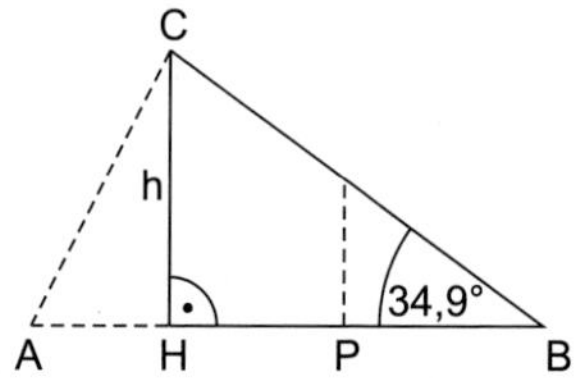

$$\sin\beta = \frac{\text{Gegenkathete}}{\text{Hypotenuse}}$$

$$\sin 34{,}9° = \frac{h}{\overline{BC}}$$

$$\sin 34{,}9° = \frac{4{,}0}{\overline{BC}} \qquad |\cdot \overline{BC}$$

$$\overline{BC} \cdot \sin 34{,}9° = 4{,}0 \qquad |: \sin 34{,}9°$$

$$\overline{BC} = \frac{4{,}0}{\sin 34{,}9°}$$

$$\overline{BC} \approx 7{,}0$$

Die Länge der Dachschräge $\overline{BC}$ beträgt etwa **7,0 m**.

- Die gesamte Dachfläche besteht aus zwei Rechtecken:
  - Rechteck 1 mit den Seitenlängen $\ell = 8{,}00$ m und $a = 7{,}0$ m (= Länge von $\overline{BC}$)
  - Rechteck 2 mit den Seitenlängen $\ell = 8{,}00$ m und $b = 4{,}50$ m (= Länge von $\overline{CA}$)

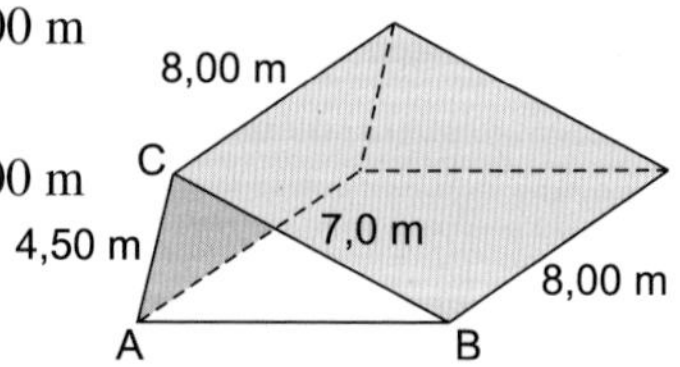

Flächeninhalt von Rechteck 1:

$A_1 = a \cdot \ell$

$A_1 = 7{,}0 \cdot 8{,}00$

$A_1 = 56{,}0$

Flächeninhalt von Rechteck 2:

$A_2 = b \cdot \ell$

$A_2 = 4{,}50 \cdot 8{,}00$

$A_2 = 36{,}0$

Berechnung des gesamten Flächeninhalts A:

$A = A_1 + A_2$

$A = 56,0 + 36,0$

$A = 92,0$

Es müssen **92,0 m²** Dachfläche isoliert werden.

Aufgabe 5

a) • *Vorüberlegung:*
Da die Punkte $K(-4\,|\,-1)$ und $L(2\,|\,2)$ im 3. und im 1. Quadranten liegen, wird der Ursprung eher mittig in die vorbereitete karierte Fläche gelegt. Die Punkte $K(-4\,|\,-1)$ und $L(2\,|\,2)$ werden eingezeichnet und zur Geraden g verbunden.

Zeichnung:

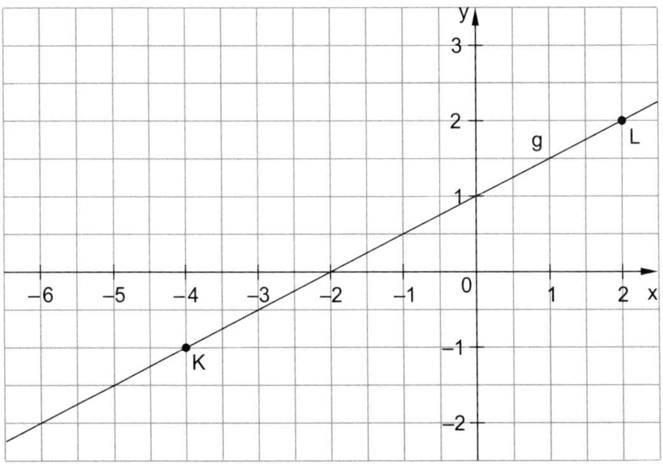

• *1. Möglichkeit:* Aufstellen der Geradengleichung von g
Allgemeine Funktionsgleichung einer Geraden:

$y = m \cdot x + n$

Steigung (m) y-Achsenabschnitt (= Schnittpunkt mit der y-Achse) (n)

Vermutete Geradengleichung für g:

$$y = \frac{1}{2}x + 1$$

Nachzuweisen sind also für die eingezeichnete Gerade g die Steigung $m = \frac{1}{2}$ und der Achsenabschnitt $n = 1$.

Zeichnerische Lösung:
Bestimmen der Funktionsgleichung über das Ablesen der Steigung m und des y-Achsenabschnitts n aus der Zeichnung:

- Ablesen des Achsenabschnitts:
  n = 1
- Einzeichnen des Steigungsdreiecks: „2 LE nach rechts und 1 LE nach oben" bedeutet:
  $\mathbf{m = \frac{1}{2}}$

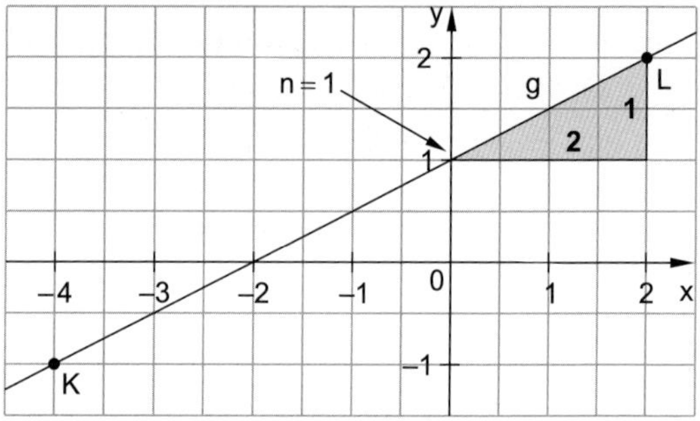

Die Gleichung für g lautet also wie vermutet $\mathbf{y = \frac{1}{2}x + 1}$.

oder

Rechnerische Lösung:
Bestimmen der Funktionsgleichung aus 2 Punkten:
Die Gerade g verläuft durch die Punkte $K(-4\,|\,-1)$ und $L(2\,|\,2)$. Einsetzen der Koordinaten von $K(-4\,|\,-1)$ und $L(2\,|\,2)$ in die allgemeine Funktionsgleichung $y = m \cdot x + n$ liefert ein lineares Gleichungssystem mit den Variablen n und m:

$$\text{I} \quad -1 = m \cdot (-4) + n$$
$$\text{II} \quad 2 = m \cdot 2 + n$$

Additionsverfahren:

$$\text{I} \quad -1 = -4m + n \quad |\cdot(-1)$$
$$\text{II} \quad 2 = 2m + n$$

$$\left.\begin{array}{ll} \text{I} & 1 = 4m - n \\ \text{II} & 2 = 2m + n \end{array}\right\} +$$

$$\text{I} + \text{II} \quad 3 = 6m \quad |:6$$
$$m = \frac{1}{2}$$

Einsetzen in II:

$$2 = 2 \cdot \frac{1}{2} + n$$

$$2 = 1 + n \quad |-1$$

$$n = 1$$

Die Gleichung für g lautet also wie vermutet $\mathbf{y = \frac{1}{2}x + 1}$.

oder

2. Möglichkeit: Überprüfung, ob die Punkte K und L auf der Geraden mit der Gleichung $y = \frac{1}{2}x + 1$ liegen

Da eine Gerade durch zwei Punkte eindeutig festgelegt wird, ist zu zeigen, dass K und L auf der Geraden mit der Gleichung $y = \frac{1}{2}x + 1$ liegen. Ist dies der Fall, gehört die Gleichung zu g, da K und L die Gerade g eindeutig festlegen. Es werden also die Koordinaten von K und L in die Gleichung eingesetzt und überprüft, ob sich eine wahre oder falsche Aussage ergibt.

Überprüfung für K(–4 | –1):

$$-1 \stackrel{?}{=} \frac{1}{2} \cdot (-4) + 1$$

$$-1 \stackrel{?}{=} -2 + 1$$

$$-1 = -1 \qquad \text{(w)}$$

$\Rightarrow$ K liegt auf der zu $y = \frac{1}{2}x+1$ gehörenden Geraden.

Überprüfung für L(2 | 2):

$$2 \stackrel{?}{=} \frac{1}{2} \cdot 2 + 1$$

$$2 \stackrel{?}{=} 1 + 1$$

$$2 = 2 \qquad \text{(w)}$$

$\Rightarrow$ L liegt auf der zu $y = \frac{1}{2}x+1$ gehörenden Geraden.

Die Gleichung $\mathbf{y = \frac{1}{2}x + 1}$ ist eine Geradengleichung für g.

b) Einsetzen der x-Koordinate des Punktes A(–10 | y) in $y = \frac{1}{2}x + 1$:

$$y = \frac{1}{2} \cdot (-10) + 1 = -5 + 1 = \mathbf{-4}$$

c) Lösung durch Ablesen aus der Zeichnung:
Der Scheitelpunkt S einer nach oben geöffneten Parabel ist der tiefste Punkt der Parabel, also hier S(**–3** | **–2**).

oder

Lösung über die Funktionsgleichung von p:
Die Funktionsgleichung der Parabel ist hier in der Scheitelpunktform angegeben, aus der die Koordinaten des Scheitelpunktes S direkt entnommen werden können.

Scheitelpunktform der verschobenen Normalparabel:

$$y = (x + d)^2 + e \;\Rightarrow\; S(-d \,|\, e)$$

Funktionsgleichung von p:

$$y = (x + 3)^2 - 2 \;\Rightarrow\; S(\mathbf{-3} \,|\, \mathbf{-2})$$

$d = 3 \qquad e = -2$

d) • Nachweis durch Umwandlung in die allgemeine Form:

$y = (x+3)^2 - 2$ (1. binomische Formel)

$y = x^2 + 6x + 9 - 2$

$y = x^2 + 6x + 7$

• Nullstellen sind die x-Koordinaten der Schnittpunkte der Parabel mit der x-Achse. Da für jeden Schnittpunkt mit der x-Achse die y-Koordinate 0 wird, setzt man $y=0$: p: $y = x^2 + 6x + 7 \Rightarrow 0 = x^2 + 6x + 7$

Berechnung der Nullstellen mithilfe der p-q-Formel:

$0 = x^2 + 6x + 7$ (Normalform; $p = 6$; $q = 7$)

$$x_{1/2} = -\frac{p}{2} \pm \sqrt{\left(\frac{p}{2}\right)^2 - q}$$

$$x_{1/2} = -\frac{6}{2} \pm \sqrt{\left(\frac{6}{2}\right)^2 - 7}$$

$x_{1/2} = -3 \pm \sqrt{2}$

$x_1 = -3 + \sqrt{2} \approx \mathbf{-1{,}59}$ und $x_2 = -3 - \sqrt{2} \approx \mathbf{-4{,}41}$

Die Nullstellen dieser Funktion sind –4,41 und –1,59.

e) *1. Möglichkeit:* Schrittweise Verschiebung und Spiegelung der Parabel p

• Ausgangsparabel p:

Scheitelpunktform von p:

$y = (x+3)^2 - 2$

allgemeine Form von p:

$y = x^2 + 6x + 7$

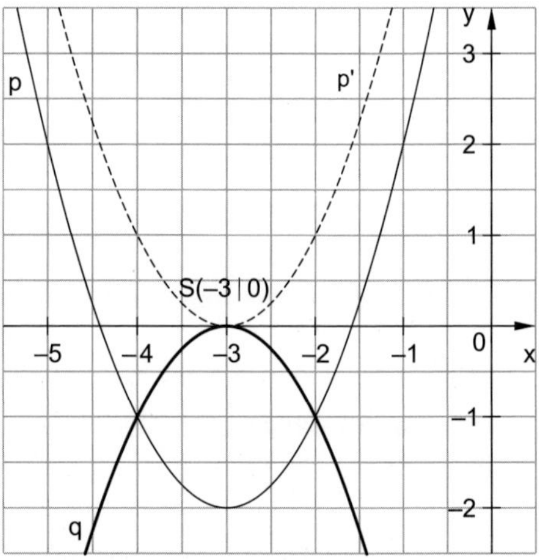

• *1. Schritt:* Zwischenparabel p'

Die Verschiebung von p um 2 Einheiten nach oben bewirkt, dass alle y-Werte um +2 erhöht werden.

Scheitelpunktform von p':

$y = (x+3)^2 - 2 \mathbf{+ 2}$

$y = (x+3)^2$

allgemeine Form von p':

$y = x^2 + 6x + 7 \mathbf{+ 2}$

$y = x^2 + 6x + 9$

- *2. Schritt:* Parabel q
  Die Spiegelung der Parabel p' an der x-Achse bewirkt, dass die Vorzeichen aller y-Werte verändert werden.
  Scheitelpunktform von q:
  $y = -(x+3)^2$
  allgemeine Form von q:
  $y = -(x^2 + 6x + 9)$
  $y = -x^2 - 6x - 9$

Die Parabel q hat die Gleichung $\mathbf{y = -(x+3)^2}$ oder $\mathbf{y = -x^2 - 6x - 9}$.

oder
2. Möglichkeit: Lösung über die Scheitelpunktform
Die allgemeine Scheitelpunktform einer Parabel lautet:

$$y = a \cdot (x+d)^2 + e$$

Streckfaktor Scheitelpunkt $(-d \mid e)$

- Wenn p um 2 Einheiten nach oben verschoben wird, wird auch der Scheitelpunkt $S(-3 \mid -2)$ um 2 Einheiten nach oben verschoben und hat nun die Koordinaten $(-3 \mid -2+2) = (-3 \mid 0)$.
  Einsetzen von $(-3 \mid 0)$ in die allgemeine Scheitelpunktform liefert:
  $y = a \cdot (x+3)^2$
- Der Streckfaktor der ursprünglichen Parabel ist 1. Durch die Spiegelung an der x-Achse ändert sich nur das Vorzeichen des Streckfaktors, nicht aber sein Betrag. Somit wird der Streckfaktor bei einer Spiegelung an der x-Achse $a = -1$:
  $y = -1 \cdot (x+3)^2$
  $y = -(x+3)^2$

Die Parabel q hat die Gleichung $\mathbf{y = -(x+3)^2}$.

Aufgabe 6

a) Es gibt nur eine von 10 Ziffern (0; 1; 2; …; 9), die richtig ist.
Anzahl der richtigen Ziffern: 1
Anzahl aller möglichen Ziffern: 10
Wahrscheinlichkeit, dass Jan die richtige Ziffer einstellt:

$$P(E) = \frac{\text{Anzahl der richtigen Ziffern}}{\text{Anzahl aller möglichen Ziffern}} = \mathbf{\frac{1}{10}} = 0{,}1 = \mathbf{10\ \%}$$

Mit der Wahrscheinlichkeit von $\frac{1}{10}$ bzw. 10 % stellt Jan beim 1. Versuch die richtige Ziffer ein.

b) • Mögliche dreistellige Zahlen aus den Ziffern 5, 7 und 9, bei denen jede Ziffer nur einmal vorkommt:
579; 597; 759; 795; 957; 975

Es gibt **6** mögliche dreistellige Geheimnummern.

• Anzahl der richtigen Geheimnummern: 1
Anzahl aller möglichen Geheimnummern: 6

Wahrscheinlichkeit, dass Ida beim 1. Versuch die richtige Geheimnummer einstellt:

$$P(E) = \frac{\text{Anzahl der richtigen Geheimnummern}}{\text{Anzahl aller möglichen Geheimnummern}} = \mathbf{\frac{1}{6} \approx 0{,}167 = 16{,}7\ \%}$$

Die Wahrscheinlichkeit, dass Ida im 1. Versuch die richtige Geheimnummer einstellt, beträgt $\frac{1}{6}$ oder 16,7 %.

• Spätestens beim zweiten Versuch bedeutet, dass Ida höchstens zwei Versuche hat, um die richtige Geheimnummer zu treffen. Ida kann die Geheimnummer also im 1. oder im 2. Versuch richtig einstellen. Es handelt sich um einen zweistufigen Zufallsversuch „ohne Zurücklegen“, der in einem Baumdiagramm dargestellt werden kann.

Hinweis:
Für die Wahrscheinlichkeiten im Baumdiagramm gilt:
- Beim 1. Versuch trifft Ida mit der Wahrscheinlichkeit von $\frac{1}{6}$ die richtige Geheimnummer und mit einer Wahrscheinlichkeit von $\frac{5}{6}$ eine falsche Geheimnummer.
- Beim 2. Versuch stehen nur noch 5 mögliche Geheimnummern zur Verfügung, weil Ida nicht noch einmal die falsche Zahl eingeben würde. Ida trifft also mit der Wahrscheinlichkeit $\frac{1}{5}$ die richtige Geheimnummer.

Baumdiagramm:
Ida trifft die richtige Zahl: R
Ida trifft nicht die richtige Zahl: nR

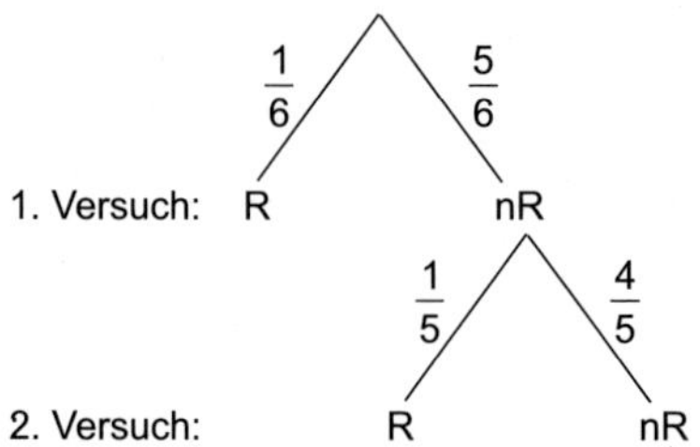

Berechnung der Wahrscheinlichkeit dafür, dass Ida spätestens beim 2. Versuch die richtige Zahl einstellt:

Berechnung der Einzelwahrscheinlichkeiten (1. Pfadregel):

Wahrscheinlichkeit, dass Ida im 1. Versuch die richtige Zahl einstellt:

$$P(R) = \frac{1}{6}$$

Wahrscheinlichkeit, dass Ida im 2. Versuch die richtige Zahl einstellt:

$$P(nR;\, R) = \frac{5}{6} \cdot \frac{1}{5}$$

Wahrscheinlichkeit dafür, dass Ida beim 1. oder beim 2. Versuch die richtige Zahl einstellt (2. Pfadregel):

$$\begin{aligned} P(\text{Ida trifft spätestens im 2. Versuch}) &= P(R) + P(nR;\, R) \\ &= \frac{1}{6} + \frac{5}{6} \cdot \frac{1}{5} \\ &= \mathbf{\frac{1}{3} = 0{,}\overline{3} \approx 33{,}3\ \%} \end{aligned}$$

Ida stellt mit einer Wahrscheinlichkeit von 33,3 % spätestens im 2. Versuch die richtige Geheimnummer ein.

Aufgabe 7

a) Berechnung der fehlenden Werte in der Tabelle:
In 0 km Höhe beträgt der Luftdruck etwa 1 000 hPa, danach nimmt der Luftdruck pro km Höhe um 13 % ab, d. h., mit jedem km, den man an Höhe gewinnt, sind nur noch $100\ \% - 13\ \% = 87\ \%$ des vorherigen Luftdrucks vorhanden.

Anmerkung: Diese Werte können besonders für Bergsteiger lebenswichtig werden!

Hinweis: Da in der vorgegebenen Tabelle nur ganzzahlige Werte für den Luftdruck angegeben sind, werden im Folgenden die Lösungen auch auf ganze Zahlen gerundet.

- Berechnung des ersten fehlenden Luftdruck-Wertes in 2 km Höhe:

Dreisatz: **oder** proportionale Zuordnung:

$$\begin{aligned} :100 \quad 100\ \% &\mathrel{\hat{=}} 870\ \text{hPa} \quad :100 \\ \cdot 87 \quad 1\ \% &\mathrel{\hat{=}} 8{,}7\ \text{hPa} \quad \cdot 87 \\ 87\ \% &\mathrel{\hat{=}} 756{,}9\ \text{hPa} \\ &\approx \mathbf{757\ hPa} \end{aligned}$$

$$\frac{870}{100} = \frac{x}{87} \quad | \cdot 87$$

$$x = \frac{870 \cdot 87}{100}$$

$$x = \mathbf{757}$$

- Berechnung des zweiten fehlenden Luftdruck-Wertes für 8 km Höhe:
  Achtung: In der Tabelle fehlt der Luftdruck-Wert für 8 km, aber der vorherige angegebene Wert ist nicht für 7 km, sondern für 5 km Höhe. Es müssen also auch die Zwischenwerte für 6 km und für 7 km berechnet werden.

  Luftdruck-Wert für 6 km Höhe:

  Dreisatz: **oder** proportionale Zuordnung:

  $$\begin{array}{rrcll} :100 & 100\,\% & \triangleq & 498\text{ hPa} & :100 \\ & 1\,\% & \triangleq & 4{,}98\text{ hPa} & \\ \cdot 87 & 87\,\% & \triangleq & 433{,}26\text{ hPa} & \cdot 87 \\ & & & \approx 433\text{ hPa} & \end{array}$$

  $$\frac{498}{100} = \frac{x}{87} \quad \Big| \cdot 87$$
  $$x = \frac{498 \cdot 87}{100}$$
  $$x \approx 433$$

  Luftdruck-Wert für 7 km Höhe:

  Dreisatz: **oder** proportionale Zuordnung:

  $$\begin{array}{rrcll} :100 & 100\,\% & \triangleq & 433\text{ hPa} & :100 \\ & 1\,\% & \triangleq & 4{,}33\text{ hPa} & \\ \cdot 87 & 87\,\% & \triangleq & 376{,}71\text{ hPa} & \cdot 87 \\ & & & \approx 377\text{ hPa} & \end{array}$$

  $$\frac{433}{100} = \frac{x}{87} \quad \Big| \cdot 87$$
  $$x = \frac{433 \cdot 87}{100}$$
  $$x \approx 377$$

  Luftdruck-Wert für 8 km Höhe:

  Dreisatz: **oder** proportionale Zuordnung:

  $$\begin{array}{rrcll} :100 & 100\,\% & \triangleq & 377\text{ hPa} & :100 \\ & 1\,\% & \triangleq & 3{,}77\text{ hPa} & \\ \cdot 87 & 87\,\% & \triangleq & 327{,}99\text{ hPa} & \cdot 87 \\ & & & \boldsymbol{\approx 328\text{ hPa}} & \end{array}$$

  $$\frac{377}{100} = \frac{x}{87} \quad \Big| \cdot 87$$
  $$x = \frac{377 \cdot 87}{100}$$
  $$x \approx \mathbf{328}$$

oder

Nach jeder Höhenzunahme um 1 km ist der Luftdruck $100\,\% - 13\,\% = 87\,\%$ des vorherigen Wertes, d. h., jeder Wert verringert sich mit dem Faktor $\frac{87}{100} = 0{,}87$.

Anfangswert: $y = 1\,000$

In 1 km Höhe: $y = 1\,000 \cdot 0{,}87 \quad \Rightarrow \quad y = 870$

In 2 km Höhe: $y = 1\,000 \cdot 0{,}87 \cdot 0{,}87 \quad \Rightarrow \quad y \approx \mathbf{757}$

…

In 5 km Höhe: $y = 498$

In 6 km Höhe: $y = 498 \cdot 0{,}87 \quad \Rightarrow \quad y \approx 433$

In 7 km Höhe: $y = 498 \cdot 0{,}87 \cdot 0{,}87 \quad \Rightarrow \quad y \approx 377$

In 8 km Höhe: $y = 498 \cdot 0{,}87 \cdot 0{,}87 \cdot 0{,}87 \quad \Rightarrow \quad y \approx \mathbf{328}$

Tabelle:

Höhe in km	0	1	2	3	5	8	10
Luftdruck in hPa	1 000	870	**757**	659	498	**328**	248

b) *Vorüberlegungen:*

- *Wahl der Achsen:* Die abhängige Variable (Luftdruck) wird auf der y-Achse und die unabhängige Variable (Höhe) auf der x-Achse eingetragen.
- *Einteilung der x-Achse:* Es müssen Werte bis 10 km Höhe eingetragen werden. Die Vormarkierungen passen genau und müssen nur noch mit den Zahlen von 1 bis 10 beschriftet werden.
- *Einteilung der y-Achse:* Es müssen Werte bis 1 000 hPa eingetragen werden. Bei 10 Vormarkierungen beträgt deshalb die Schrittweite 100 hPa.
- *Achtung:* Für die Höhen x = 4, x = 6, x = 7 und x = 9 km sind keine Luftdruck-Werte in der Tabelle vorhanden. Es entstehen also Lücken in der Zeichnung.

Zeichnung:

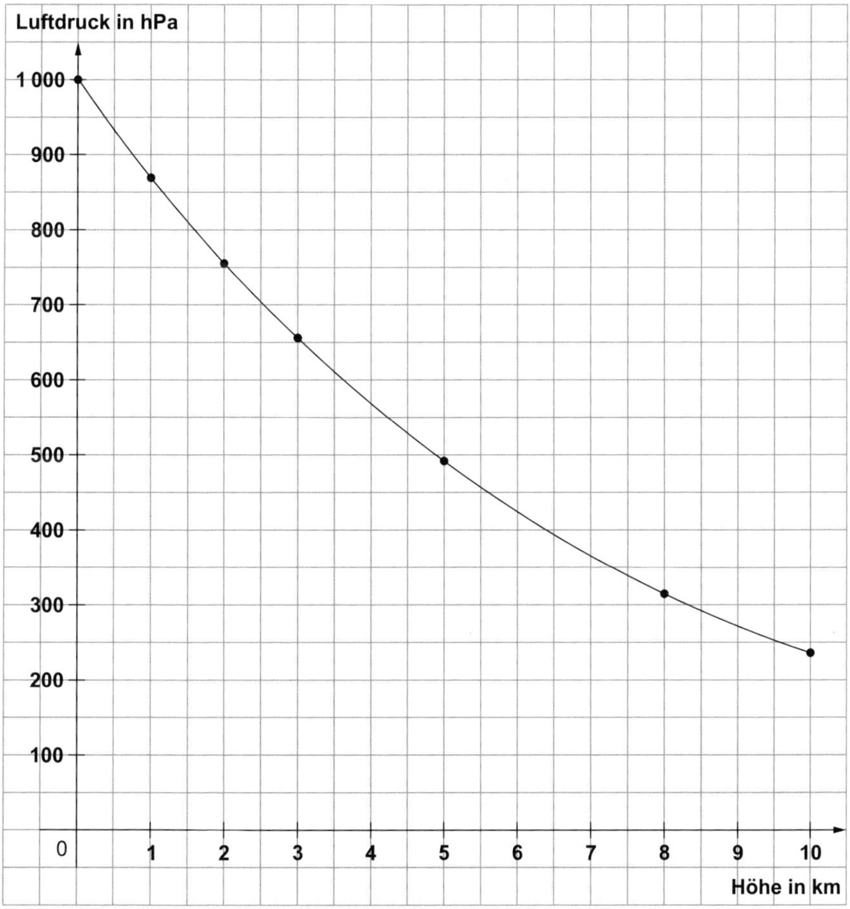

c) Da der Luftdruck pro km Höhe mit demselben Faktor 0,87 abnimmt, handelt es sich um eine Exponentialfunktion mit der allgemeinen Funktionsgleichung $y = a \cdot q^x$.

Anfangswert: $a = 1\,000$ (Luftdruck in 0 km Höhe)

Abnahmerate: $p\,\% = 13\,\%$

Abnahmefaktor: $q = 1 - \frac{p}{100} = 1 - \frac{13}{100} = 1 - 0{,}13 = 0{,}87$

Funktionsgleichung:

$\mathbf{y = 1\,000 \cdot 0{,}87^x}$

Somit gilt:

☐ $y = 0{,}87 \cdot x$ ☒ $y = 1\,000 \cdot 0{,}87^x$ ☐ $y = x^{1{,}13}$ ☐ $y = 1\,000 \cdot 1{,}13^x$

d) Abschätzung mithilfe der Tabelle:
Der Luftdruck-Wert 573 hPa liegt zwischen den Luftdruck-Werten in 3 km (659 hPa) und in 5 km (498 hPa) Höhe. Er liegt nicht genau in der Mitte, sondern ist vom Luftdruck-Wert in 3 km Höhe etwas weiter entfernt als vom Luftdruck-Wert in 5 km Höhe, was zu einer exponentiellen Abnahme passt. Deshalb kann sich der Bergsteiger in 4 km Höhe befinden.

oder

Abschätzung mithilfe des Graphen:
Aus der Zeichnung wird für $x = 4$ ein y-Wert von ungefähr 575 abgelesen, d. h., in 4 km Höhe beträgt der Luftdruck ca. 575 hPa. Der Bergsteiger kann sich somit tatsächlich in 4 km Höhe befinden.

oder

Berechnung des Luftdruck-Wertes mithilfe des vorherigen Wertes:
In 3 km Höhe beträgt der Luftdruck 659 hPa und verringert sich pro km Höhe mit dem Faktor 0,87. Damit gilt für den Luftdruck in 4 km Höhe:
$y = 659 \cdot 0{,}87 \approx 573$

In 4 km Höhe beträgt der Luftdruck etwa 573 hPa. Der Bergsteiger befindet sich also genau in 4 km Höhe.

oder

Berechnung des Luftdruck-Wertes mithilfe der Formel:
Einsetzen von $x = 4$ in die Formel $y = 1\,000 \cdot 0{,}87^x$ aus Teilaufgabe c liefert:
$y = 1\,000 \cdot 0{,}87^4 \approx 573$

In 4 km Höhe beträgt der Luftdruck 573 hPa. Der Bergsteiger befindet sich also genau in 4 km Höhe.

Mittlerer Schulabschluss und erweiterte Berufsbildungsreife
Berlin/Brandenburg Mathematik 2018

Hinweis: Aufgaben zu anspruchsvolleren Themen sind mit einem * gekennzeichnet.

Punkte

Aufgabe 1 — 10 P.

Basisaufgaben

a) Bestimmen Sie $\frac{3}{4}$ von 1,2 kg. — 1 P.

b) Von einem 5 m langen Stab werden fünf Teile von je 30 cm abgesägt. Geben Sie an, wie lang das restliche Stück des Stabes ist. — 1 P.

c) Kreuzen Sie an, für welche Gleichung gilt: $x = -2$ — 1 P.

☐ $4x - 8 = 0$ ☐ $2x + 10 = 2$ ☐ $5x + 12 = 2$ ☐ $-2x + 4 = 0$

d) Setzen Sie das richtige Zeichen (<, > oder =) ein. — 1 P.

5 % ☐ 0,5

e) Geben Sie 3,5 Stunden (h) in Minuten (min) an. — 1 P.

3,5 h = ________________ min

f) Das Rechteck hat einen Umfang $u = 26$ cm.
Geben Sie die Länge der Seite b an. — 1 P.

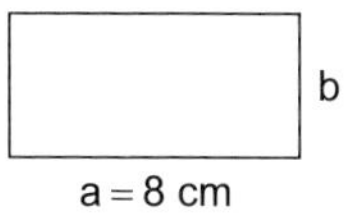

(Skizze nicht maßstabsgerecht)

g) Kreuzen Sie an, welche Gleichung für die Berechnung des Winkels β geeignet ist. — 1 P.

☐ $\sin\beta = \frac{a}{b}$

☐ $\cos\beta = \frac{a}{b}$

☐ $\sin\beta = \frac{b}{a}$

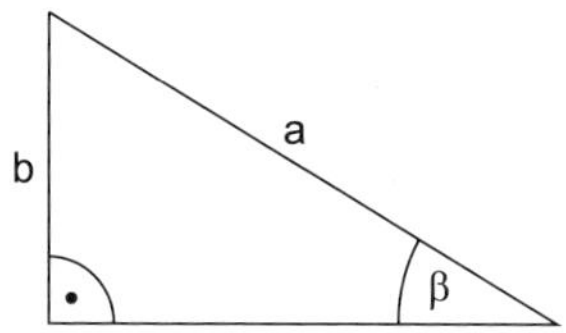

h) Das Dreieck wird an der Geraden g gespiegelt. Dann bildet das ursprüngliche Dreieck zusammen mit dem gespiegelten Dreieck ein Viereck. 1 P.

Wie heißt dieses Viereck?

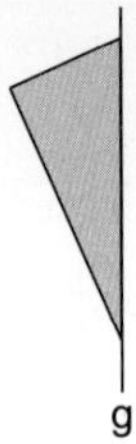

i) Kreuzen Sie an, welcher Körper zu diesem Netz gehört. 1 P.

☐ Prisma

☒ Pyramide

☐ Quader

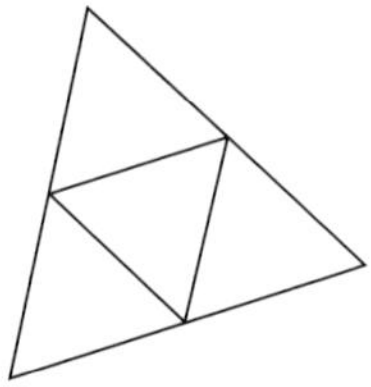

j) Ein Glücksrad hat 5 gleich große Felder: rote, grüne und weiße. 1 P.
Die Wahrscheinlichkeit, beim einmaligen Drehen auf ein rotes Feld zu treffen, liegt bei 40 %.

Geben Sie an, wie viele Felder rot sind.

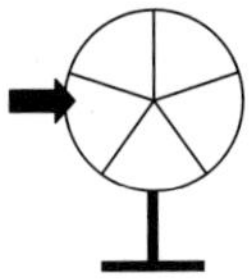

Aufgabe 2 6 P.

Start-up

In der Tabelle stellt ein Berliner Start-up-Unternehmen die Entwicklung seiner Umsätze dar.

Jahr	2013	2014	2015	2016	2017
Umsatz in €	600 000	648 000	699 840	755 827	816 293

Das Unternehmen gibt an, dass es immer ein jährliches Wachstum von 8 % erreicht.

a) Zeigen Sie, dass diese Aussage für das Jahr 2014 richtig ist. 2 P.

*b) Eine Überprüfung ergab, dass die Umsätze tatsächlich jährlich um 8 % steigen. 2 P.

Entscheiden und begründen Sie, ob lineares oder exponentielles Wachstum vorliegt.

c) Geben Sie an, in welchem Jahr der Umsatz erstmals höher als 1 000 000 € sein wird (gleiches Wachstum vorausgesetzt). 2 P.

Wie hoch wird in dem ermittelten Jahr der Umsatz sein?

Aufgabe 3 10 P.

Lieblingsessen

1 000 Jugendliche wurden nach ihren Lieblingsessen befragt.

Lieblingsessen	Anzahl
Schnitzel	80
Pizza	90
Kartoffelgerichte	160
Gemüsegerichte	160
Fischgerichte	110
Pasta	?
Salat	?

a) Die in der Tabelle aufgeführten Angaben wurden in einem Balkendiagramm dargestellt. 2 P.

Beschriften Sie die Einteilung an der Achse „Anzahl“ passend.

Ordnen Sie den Balken die Lieblingsessen zu.

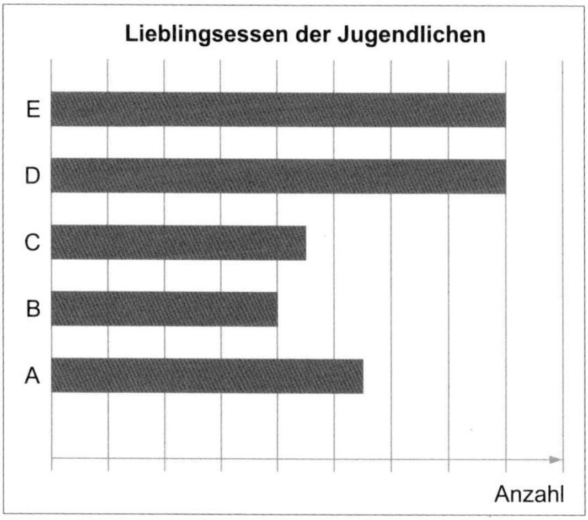

E: __________

D: __________

C: __________

B: __________

A: __________

b) In der Tabelle fehlen zwei Angaben. 2 P.
Bekannt ist: Die Anzahl der Jugendlichen, die Pasta als Lieblingsessen angegeben haben, ist dreimal höher als die Anzahl der Jugendlichen, die Salat als Lieblingsessen bevorzugen.

Ermitteln Sie die fehlenden Angaben.

Frauen wurden nach ihrem Essverhalten befragt.

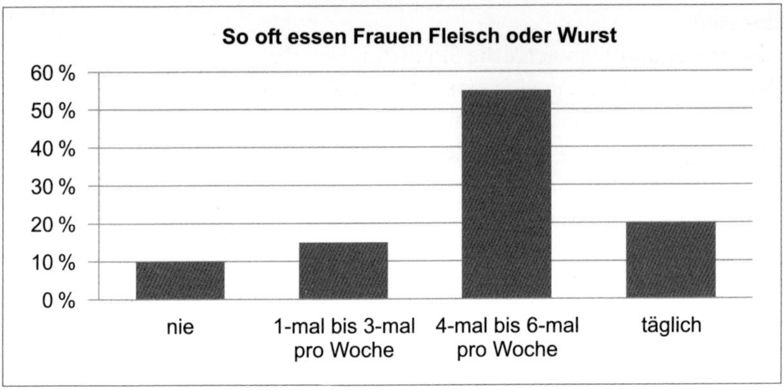

c) Zeichnen Sie zu dem oben dargestellten Essverhalten der Frauen ein Streifendiagramm. 2 P.

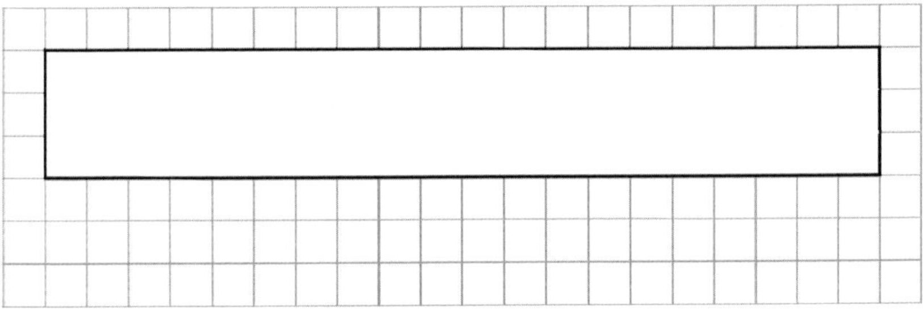

*d) Untersuchen Sie die beiden Aussagen. Kreuzen Sie an. Geben Sie jeweils eine Begründung an. 4 P.

Aussage	**richtig**	**falsch**	**nicht entscheidbar**
Weniger als die Hälfte der Frauen essen 4-mal bis 6-mal in der Woche Fleisch oder Wurst.	☐	☐	☐
Begründung:			
Jede 15. Frau isst 1-mal bis 3-mal in der Woche Fleisch oder Wurst.	☐	☐	☐
Begründung:			

Aufgabe 4 8 P.

Berghöhe

Tim möchte mit einem Messgerät die Höhe des Hasenberges bestimmen. Auf der Bergspitze C befindet sich eine 12,0 m hohe Aussichtsplattform D. Vom Punkt A misst er die zwei Winkelgrößen 30° und 35°. Der Punkt A liegt 1,5 m über dem Boden.

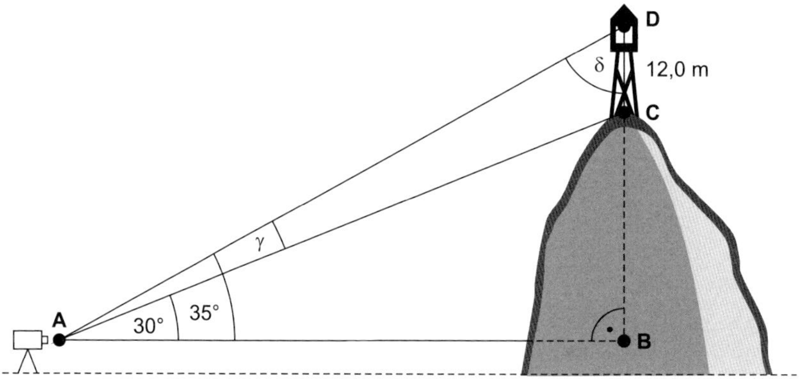

(Skizze nicht maßstabsgerecht)

a) Geben Sie die Größe des Winkels γ an. 1 P.

b) Tim gibt die Größe des Winkels δ mit 55° an. 1 P.

Begründen Sie die Richtigkeit von Tims Angabe.

Tim hat für $\overline{AC}$ eine Länge von 112,8 m bestimmt.

*c) Bestätigen Sie diese Angabe durch eine geeignete Rechnung. 2 P.

d) Ermitteln Sie die Höhe des Hasenberges. 4 P.

Geben Sie an, auf welcher Höhe über dem Boden sich die Aussichtsplattform D befindet.

Aufgabe 5 10 P.

Parabeln

Im Koordinatensystem ist der Graph p der quadratischen Funktion $p(x) = x^2 - 4x + 2$ dargestellt.

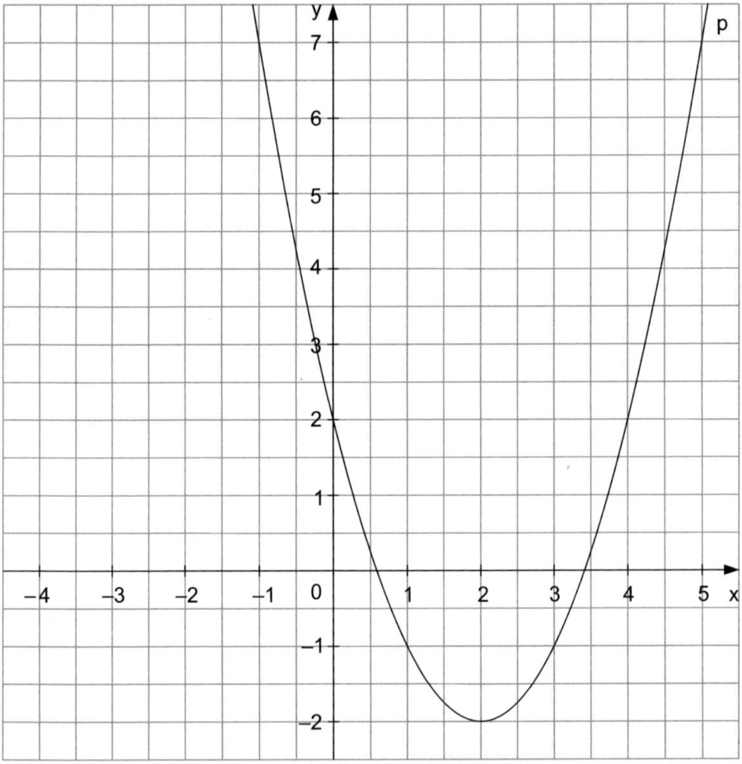

a) Entscheiden Sie, ob die folgenden Aussagen wahr (w) oder falsch (f) sind. 3 P.

Kreuzen Sie an.

Aussagen	w	f
Der Punkt (–1 | 7) liegt auf der Parabel p.	☐	☐
Die Parabel p ist eine um 2 Einheiten nach rechts und 2 Einheiten nach unten verschobene Normalparabel.	☐	☐
Der Schnittpunkt der Parabel p mit der y-Achse hat die Koordinaten (2 | 0).	☐	☐

b) Geben Sie die Koordinaten des Scheitelpunktes an. S(|) 1 P.

*c) Geben Sie die Gleichung von $p(x)$ in der Scheitelpunktform an. 2 P.

*d) Der Scheitelpunkt einer Normalparabel q liegt auf der y-Achse. 4 P.
Die Parabel q hat keine Nullstellen.

Skizzieren Sie eine mögliche Parabel q in das Koordinatensystem.

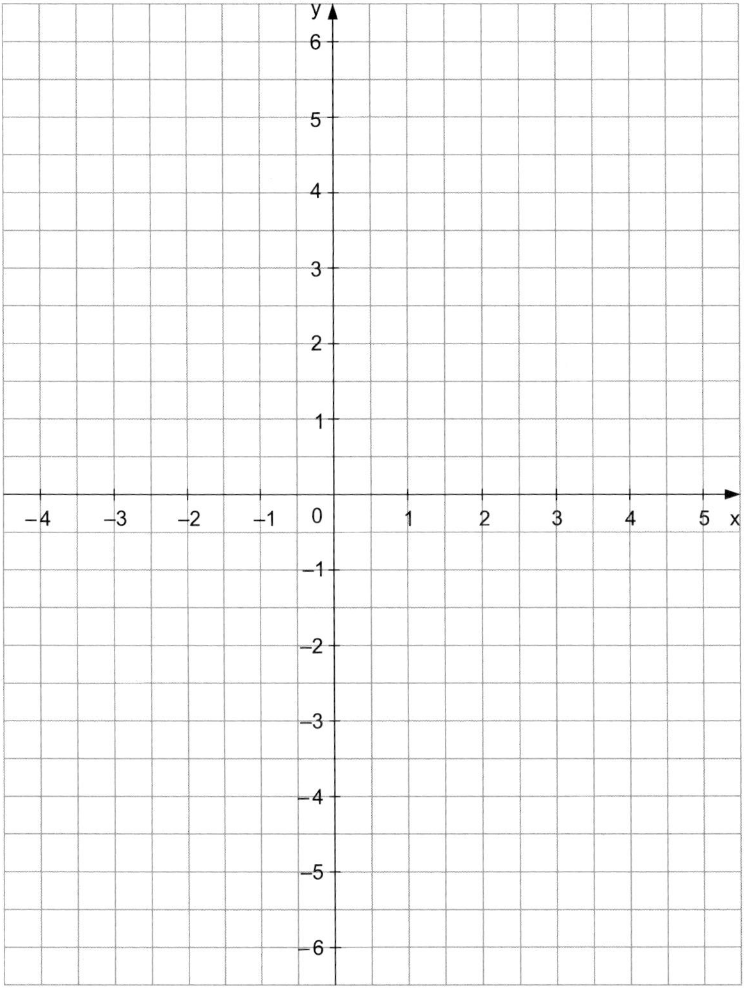

Geben Sie eine Gleichung für Ihre Parabel q an.

Die Parabel q wird an der x-Achse gespiegelt.
Geben Sie eine Gleichung für die gespiegelte Parabel q' an.

Aufgabe 6 9 P.

Fuchsturm

Der Fuchsturm ist ein beliebtes Ausflugsziel in der Stadt Jena.

Der Turm hat einen Durchmesser d von 6,4 m und eine Gesamthöhe h von 30,0 m.

a) Die Rasenfläche um den Turm soll erneuert werden. Sie ist 20,0 m lang und 12,0 m breit. 3 P.

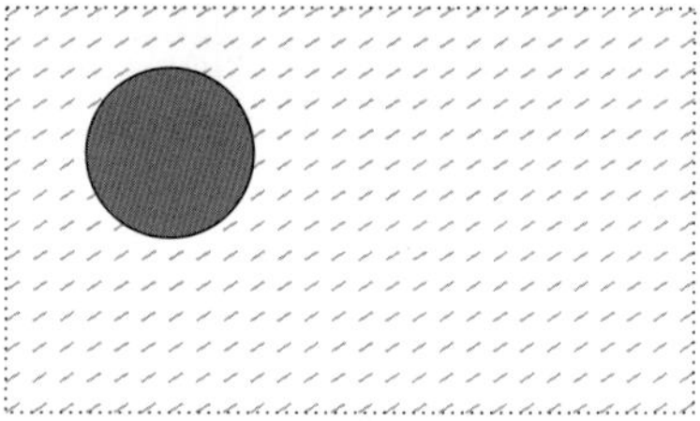

(Skizze nicht maßstabsgerecht)

Berechnen Sie die zu erneuernde Rasenfläche.

b) Die 21,7 m hohe Außenmauer des zylinderförmigen Turmes wurde im Jahr 2007 renoviert. 2 P.

Berechnen Sie die Fläche der Außenmauer.

c) Ein Modell des Fuchsturmes soll im Maßstab 1 : 50 gebaut werden. 2 P.

Geben Sie die Höhe h und den Durchmesser d des Modells an.

*d) Die Dachkonstruktion des Turmes ist in der Skizze vereinfacht dargestellt. Die Höhe des kegelförmigen Daches ist bekannt. 2 P.

Beschreiben Sie eine Möglichkeit, wie die Länge eines Dachbalkens ermittelt werden kann.

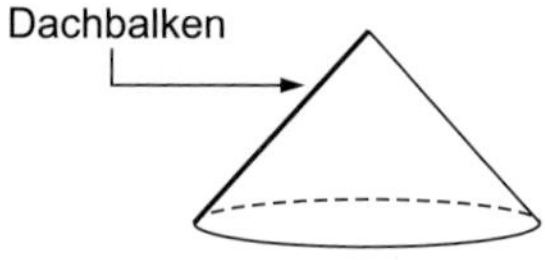

(Skizze nicht maßstabsgerecht)

Aufgabe 7 7 P.

Pfannkuchen

Eva backt für eine Feier Pfannkuchen:

14 Pfannkuchen mit Marmeladenfüllung und 2 Pfannkuchen mit Senffüllung.

Die Füllung ist von außen nicht zu erkennen.

a) Geben Sie an, wie viel Prozent der Pfannkuchen mit Senf gefüllt sind. 1 P.

b) Tom hat sich als Erster zwei Pfannkuchen genommen. Beide waren mit Marmelade gefüllt. 2 P.
Pia sagt: „Die Wahrscheinlichkeit, jetzt einen Pfannkuchen mit Senffüllung zu greifen, beträgt $\frac{2}{16}$."

Entscheiden Sie, ob Pia recht hat. Begründen Sie Ihre Entscheidung.

Eva hat für eine andere Feier wieder 14 Pfannkuchen mit Marmeladenfüllung und 2 Pfannkuchen mit Senffüllung gebacken.
Der erste Gast greift zufällig nacheinander zwei Pfannkuchen.

*c) Der erste Gast erwischt dabei mindestens einen Pfannkuchen mit Senffüllung. 4 P.
Nennen Sie alle möglichen Ereignisse, die dabei auftreten können.

Ermitteln Sie die Wahrscheinlichkeit P dafür, dass der erste Gast in beiden Pfannkuchen Marmelade hat.

Formulieren Sie das Ereignis E in Worten, dessen Wahrscheinlichkeit durch diese Rechnung beschrieben wird:

$$P(E) = \frac{2}{16} \cdot \frac{1}{15} + \frac{14}{16} \cdot \frac{13}{15}$$

Lösung

Aufgabe 1

a) Lösung durch Kopfrechnen:

$\frac{1}{4}$ von 1,2 kg sind 0,3 kg.

3-mal 0,3 kg sind **0,9 kg**.

oder

Lösung mit dem Dreisatz:

$$\begin{array}{rcl} 1 & \triangleq & 1{,}2\text{ kg} \\ \frac{1}{4} & \triangleq & 0{,}3\text{ kg} \\ \frac{3}{4} & \triangleq & \mathbf{0{,}9\ kg} \end{array}$$

(Umformungsschritte: $:4$ auf beiden Seiten, dann $\cdot 3$ auf beiden Seiten)

oder

Lösung über proportionale Zuordnung:

$$\frac{x}{\frac{3}{4}} = \frac{1{,}2}{1} \quad \left| \cdot \frac{3}{4} \right.$$

$$x = \frac{3}{4} \cdot 1{,}2$$

$$x = 0{,}9$$

Lösung: **0,9 kg**

b) Jeder der 5 Teile, die vom Stab abgesägt werden, ist 30 cm lang.

Gesamtlänge der abgesägten Teile:
$5 \cdot 30\text{ cm} = 150\text{ cm} = 1{,}5\text{ m}$

Länge des restlichen Stückes des Stabes:
$5\text{ m} - 1{,}5\text{ m} = \mathbf{3{,}5\ m}$

c) Lösen der vorgegebenen Gleichungen:

$$\begin{aligned} 4x - 8 &= 0 && |+8 \\ 4x &= 8 && |:4 \\ x &= 2 \end{aligned}$$

$$\begin{aligned} 2x + 10 &= 2 && |-10 \\ 2x &= -8 && |:2 \\ x &= -4 \end{aligned}$$

$$\begin{aligned} 5x + 12 &= 2 && |-12 \\ 5x &= -10 && |:5 \\ x &= \mathbf{-2} \end{aligned}$$

$$\begin{aligned} -2x + 4 &= 0 && |-4 \\ -2x &= -4 && |:(-2) \\ x &= 2 \end{aligned}$$

oder
Einsetzen von $x = -2$ in die Gleichungen:

$$4 \cdot (-2) - 8 \stackrel{?}{=} 0 \qquad 2 \cdot (-2) + 10 \stackrel{?}{=} 2 \qquad 5 \cdot (-2) + 12 \stackrel{?}{=} 2 \qquad -2 \cdot (-2) + 4 \stackrel{?}{=} 0$$

$$-8 - 8 \stackrel{?}{=} 0 \qquad -4 + 10 \stackrel{?}{=} 2 \qquad -10 + 12 \stackrel{?}{=} 2 \qquad 4 + 4 \stackrel{?}{=} 0$$

$$-16 \neq 0 \qquad 6 \neq 2 \qquad \mathbf{2 = 2} \qquad 8 \neq 0$$

Somit gilt:

☐ $4x - 8 = 0$ ☐ $2x + 10 = 2$ ☒ $5x + 12 = 2$ ☐ $-2x + 4 = 0$

d) Umwandlung Prozentsatz in Dezimalzahl:

$$5\ \% = \frac{5}{100} = 0{,}05$$

Vergleich:
$0{,}05 < 0{,}5$

oder

Umwandlung Dezimalzahl in Prozentsatz:

$$0{,}5 = \frac{50}{100} = 50\ \%$$

Vergleich:
$5\ \% < 50\ \%$

Somit gilt:
5 % [<] 0,5

e) Lösung durch Kopfrechnen:
$3{,}5\ \text{h} \mathrel{\hat{=}} 3$ Stunden + eine halbe Stunde

$$\begin{aligned} 3{,}5\ \text{h} &= 3 \cdot 60\ \text{min} + 30\ \text{min} \\ &= 180\ \text{min} + 30\ \text{min} \\ &= \mathbf{210\ min} \end{aligned}$$

oder
Lösung mit dem Dreisatz:

$$\cdot 3{,}5 \left(\begin{array}{rcl} 1\ \text{h} &\hat{=}& 60\ \text{min} \\ 3{,}5\ \text{h} &\hat{=}& \mathbf{210\ min} \end{array} \right) \cdot 3{,}5$$

oder
Lösung über proportionale Zuordnung:

$$\frac{x}{3{,}5} = \frac{60}{1} \qquad | \cdot 3{,}5$$

$$x = 3{,}5 \cdot 60$$

$$x = \mathbf{210}$$

Lösung:
3,5 h = **210** min

f) Gegeben: $u = 26$ cm; $a = 8$ cm
Gesucht: b

Umfang des Rechtecks:

$$u = 2a + 2b$$
$$26 = 2 \cdot 8 + 2b$$
$$26 = 16 + 2b \quad |-16$$
$$10 = 2b \quad |:2$$
$$b = 5$$

Lösung: **b = 5 cm**

g) Im vorgegebenen Dreieck ist a die Hypotenuse und b die Gegenkathete des Winkels β.

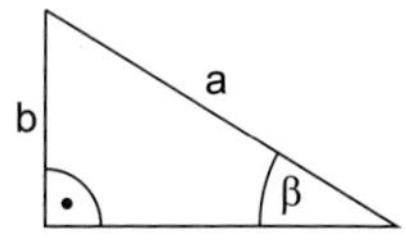

Es gilt:

$$\sin\beta = \frac{\text{Gegenkathete von }\beta}{\text{Hypotenuse}} = \frac{b}{a}$$

$$\cos\beta = \frac{\text{Ankathete von }\beta}{\text{Hypotenuse}} = \frac{\text{Ankathete von }\beta}{a}$$

Somit gilt:

☐ $\sin\beta = \frac{a}{b}$

☐ $\cos\beta = \frac{a}{b}$

☒ $\sin\beta = \frac{b}{a}$

h) Das Viereck heißt **Drachenviereck** oder kurz **Drachen**.

Erklärung:
In einem Drachenviereck …

- sind zwei Paar Nachbarseiten gleich lang.
- stehen die beiden Diagonalen senkrecht aufeinander.
- wird eine Diagonale von der anderen halbiert.

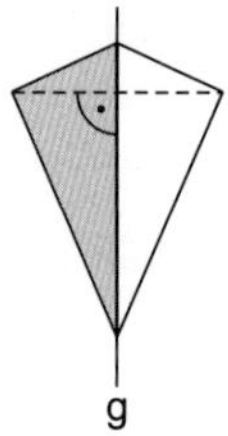

Bei der Spiegelung an g stimmen die Längen der Bildstrecken mit denen der Originalstrecken überein. Man erhält also zwei Paar Nachbarseiten, die gleich lang sind. Außerdem verläuft die Spiegelachse g als Symmetrieachse des Vierecks genau mittig und senkrecht durch eine der beiden Diagonalen.

i) Lösung durch räumliches Vorstellungsvermögen:
Das graue Dreieck ABC im Netz ist die Grundfläche. Klappt man die weißen Dreiecksflächen so nach oben, dass die mit S bezeichneten Punkte zusammenfallen, erhält man eine Pyramide mit der Spitze S und der Grundfläche ABC.

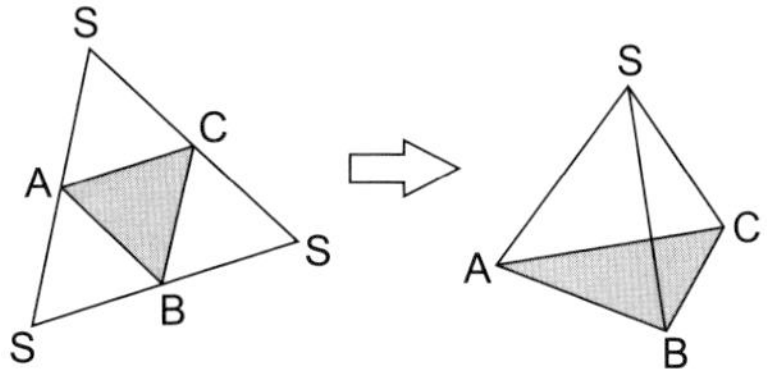

Hinweis: Es handelt sich um einen regelmäßigen Tetraeder, eine Sonderform der Pyramide.

oder

Lösung durch Prüfen der Antwortmöglichkeiten:

- Ein *Prisma* besteht aus kongruenter Grund- und Deckfläche und rechteckigen Mantelflächen. Das abgebildete Netz zeigt keine rechteckigen Flächen, deshalb ist Prisma als Lösung falsch.
- Eine *Pyramide* besteht aus einer Grundfläche und dreieckigen Seitenflächen, die sich in der Spitze der Pyramide treffen. Das abgebildete Netz besteht aus 4 gleichseitigen Dreiecken, also einer Grundfläche und drei Mantelflächen, die sich in der Spitze der Pyramide treffen. Deshalb ist Pyramide als Lösung richtig.
- Ein *Quader* besteht aus sechs rechteckigen Seitenflächen, von denen je zwei kongruent sind. Das abgebildete Netz zeigt keine rechteckigen Flächen, deshalb ist Quader als Lösung falsch.

Somit gilt:

☐ Prisma ☒ Pyramide ☐ Quader

j) Da alle 5 Felder des Glücksrads gleich groß sind, ist auch die Wahrscheinlichkeit, beim einmaligen Drehen getroffen zu werden, für jedes der 5 Felder gleich groß, nämlich $P = \frac{1}{5} = 0{,}2 = 20\ \%$. Damit gilt:

$$\cdot 2 \left(\begin{array}{l} 20\ \%\ \text{Wahrscheinlichkeit} \mathrel{\hat{=}} 1\ \text{Feld} \\ 40\ \%\ \text{Wahrscheinlichkeit} \mathrel{\hat{=}} 2\ \text{Felder} \end{array} \right) \cdot 2$$

Zwei Felder sind rot.

oder

Für die Wahrscheinlichkeit, dass ein rotes Feld getroffen wird, gilt:

$$P(\text{rot}) = 40\ \% = \frac{40}{100} = \frac{4}{10} = \frac{2}{5}$$

Zwei von fünf Feldern sind rot.

Aufgabe 2

a) Berechnung des Prozentsatzes:
Es ist zu prüfen, ob der prozentuale Umsatz im Jahr 2014 gegenüber dem Umsatz im Vorjahr um 8 % gewachsen, also auf 108 % angestiegen ist.

Prozentualer Anteil des Umsatzes 2014 gegenüber dem Umsatz von 2013:
Lösung mit dem Dreisatz:

$$:600\,000 \left(\begin{array}{c} 600\,000\ € \triangleq 100\ \% \\ 1\ € \triangleq \frac{100}{600\,000}\ \% \\ 648\,000\ € \triangleq 108\ \% \end{array} \right) :600\,000 \quad \cdot 648\,000$$

oder

Lösung über proportionale Zuordnung:

$$\frac{100}{600\,000} = \frac{x}{648\,000} \qquad | \cdot 648\,000$$

$$x = \frac{648\,000 \cdot 100}{600\,000}$$

$$x = 108$$

Der Umsatz im Jahr 2014 beträgt 108 % des Umsatzes des Vorjahres, d. h., der Umsatz ist um **8 %** gestiegen.

oder

Berechnung des Prozentwertes:
Es ist zu prüfen, ob die Zunahme des Umsatzes im Jahr 2014 genau 8 % des Vorjahreswertes beträgt.

Zunahme des Umsatzes von 2013 auf 2014 in €:
$648\,000\ € - 600\,000 € = 48\,000\ €$

Zunahme des Umsatzes in € bei einer Umsatzsteigerung um 8 %:
Lösung mit dem Dreisatz:

$$:100 \left(\begin{array}{c} 100\ \% \triangleq 600\,000\ € \\ 1\ \% \triangleq 6\,000\ € \\ 8\ \% \triangleq 48\,000\ € \end{array} \right) :100 \quad \cdot 8$$

oder

Lösung über proportionale Zuordnung:

$$\frac{600\,000}{100} = \frac{x}{8} \qquad | \cdot 8$$

$$x = \frac{8 \cdot 600\,000}{100}$$

$$x = 48\,000$$

Die Zunahme des Umsatzes von 2013 auf 2014 beträgt 48 000 €. Dieser Wert entspricht genau der Umsatzsteigerung um 8 %. Somit erreichte das Unternehmen 2014 ein Wachstum von **8 %**

oder

Berechnung mithilfe des Wachstumsfaktors:

Wachstumsrate: $p\,\% = 8\,\%$

Wachstumsfaktor:

$$q = 1 + \frac{p}{100} = 1 + \frac{8}{100} = 1 + 0{,}08 = 1{,}08$$

Höhe des Umsatzes im Jahr 2014 bei einer Umsatzsteigerung um 8 %:

$$\text{Umsatz}_{2014} = \text{Umsatz}_{2013} \cdot 1{,}08 = 600\,000\text{ €} \cdot 1{,}08 = 648\,000\text{ €}$$

Da der berechnete Wert mit dem tatsächlichen Unternehmensumsatz im Jahr 2014 übereinstimmt, erreichte das Unternehmen 2014 ein Wachstum von **8 %**.

b) Es liegt ein **exponentielles Wachstum** vor.

Mögliche Begründungen:

Es handelt sich um ein exponentielles Wachstum, weil …

- der Umsatz jährlich um den prozentualen Anteil von 8 % zunimmt und sich der neue Wert somit auf den vorherigen Wert bezieht.
- der Umsatz in jedem Jahr 108 % des Vorjahres beträgt.
- der Umsatz pro Jahr mit demselben Faktor 1,08 zunimmt.

oder

Es liegt kein lineares Wachstum vor, weil der Umsatz von Jahr zu Jahr nicht um denselben €-Betrag wächst, sondern um denselben prozentualen Anteil (8 %).

Hinweis: Eine Begründung reicht aus.

c) Berechnung des Umsatzes für die Jahre 2018, 2019 usw., bis der Umsatz größer als 1 000 000 € ist:

Hinweis: Da in der Tabelle nur ganzzahlige Werte für den Umsatz angegeben sind, werden im Folgenden die Lösungen auch auf ganze Zahlen gerundet.

Umsatz für 2018:

Dreisatz:

$$\begin{aligned} 100\,\% &\mathrel{\hat{=}} 816\,293\text{ €} \\ 1\,\% &\mathrel{\hat{=}} \frac{816\,293}{100}\text{ €} \\ 108\,\% &\mathrel{\hat{=}} 881\,596{,}44\text{ €} \\ &\approx 881\,596\text{ €} \end{aligned}$$

(: 100, then · 108 on both sides)

oder

Proportionale Zuordnung:

$$\frac{816\,293}{100} = \frac{x}{108} \quad |\cdot 108$$

$$x = \frac{108 \cdot 816\,293}{100}$$

$$x \approx 881\,596$$

Umsatz für 2019:

Dreisatz: **oder** Proportionale Zuordnung:

$$:100\left(\begin{array}{l} 100\,\% \mathrel{\hat=} 881\,596\ € \\ 1\,\% \mathrel{\hat=} \dfrac{881\,596}{100}\ € \\ 108\,\% \mathrel{\hat=} 952\,123{,}68\ € \\ \approx 952\,124\ € \end{array}\right):100 \quad \cdot 108\ \text{bzw.}\ \cdot 108$$

$$\frac{881\,596}{100} = \frac{x}{108} \quad |\cdot 108$$

$$x = \frac{108 \cdot 881\,596}{100}$$

$$x \approx 952\,124$$

Umsatz für 2020:

Dreisatz: **oder** Proportionale Zuordnung:

$$:100\left(\begin{array}{l} 100\,\% \mathrel{\hat=} 952\,124\ € \\ 1\,\% \mathrel{\hat=} \dfrac{952\,124}{100}\ € \\ 108\,\% \mathrel{\hat=} 1\,028\,293{,}92\ € \\ \approx 1\,028\,294\ € \end{array}\right):100 \quad \cdot 108\ \text{bzw.}\ \cdot 108$$

$$\frac{952\,124}{100} = \frac{x}{108} \quad |\cdot 108$$

$$x = \frac{108 \cdot 952\,124}{100}$$

$$x \approx 1\,028\,294$$

Der Wert liegt erstmalig über 1 000 000 €.

oder

Lösung mithilfe des Wachstumsfaktors $q = 1{,}08$:

Umsatz im Jahr 2017: 816 293 €

Umsatz im Jahr 2018: $816\,293\ € \cdot 1{,}08 \approx 881\,596\ €$

Umsatz im Jahr 2019: $881\,596\ € \cdot 1{,}08 \approx 952\,124\ €$

Umsatz im Jahr 2020: $952\,124\ € \cdot 1{,}08 \approx 1\,028\,294\ €$

Antwort:

Im **Jahr 2020** wird der Umsatz erstmals höher als 1 000 000 € sein.
In diesem Jahr wird er **1 028 294 €** betragen.

Aufgabe 3

a) *Beschriftung der Einteilung der Achse „Anzahl“:*

Es erhalten zwei Lieblingsessen mit 160 Antworten die höchste Anzahl an Antworten. Im Balkendiagramm werden sie deshalb durch die beiden längsten Balken (E und D) veranschaulicht. Diese Balken E und D, die also zur Anzahl 160 gehören, enden bei der 8. Markierung auf der Achse „Anzahl“. Somit gilt:

$$:8\left(\begin{array}{l} 8\ \text{Markierungen} \mathrel{\hat=} 160\ \text{Antworten} \\ 1\ \text{Markierung} \mathrel{\hat=} 20\ \text{Antworten} \end{array}\right):8$$

Die Achse „Anzahl“ muss also mit den Werten 20, 40, 60, 80, 100, 120, 140 und 160 beschriftet werden.

Zuordnung der Lieblingsessen zu den vorgegebenen Balken:
Über die Anzahl der Antworten und die Länge der Balken:

- Die Lieblingsessen mit der höchsten Anzahl 160 (Kartoffelgerichte, Gemüsegerichte) gehören zu den längsten Balken (E, D). Es ist egal, welcher der beiden Balken mit Kartoffelgerichte und welcher mit Gemüsegerichte beschriftet wird.
- Das Lieblingsessen mit der zweithöchsten Anzahl 110 (Fischgerichte) gehört zu dem zweitlängsten Balken A.
- Das Lieblingsessen mit der dritthöchsten Anzahl 90 (Pizza) gehört zu dem drittlängsten Balken C.
- Das Lieblingsessen mit der geringsten Anzahl 80 (Schnitzel) gehört zu dem kürzesten Balken B.

oder
Über das Ablesen der Werte mithilfe der Achseneinteilung:
Die Anzahl wird auf der beschrifteten Achse abgelesen und mit den Werten in der Tabelle verglichen.
Beispiel: Der Ablesewert für C auf der Achse „Anzahl" ergibt den Wert 90. Nach der Tabelle gehört Pizza zur Anzahl 90 und wird deshalb C zugeordnet.

Lösung:

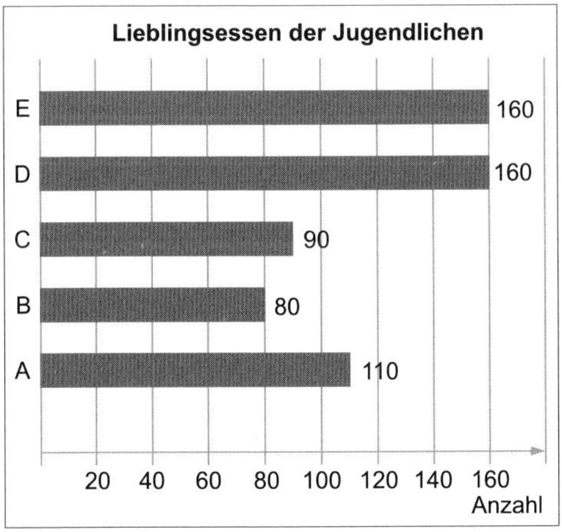

E: **Kartoffelgerichte / Gemüsegerichte**

D: **Gemüsegerichte / Kartoffelgerichte**

C: **Pizza**

B: **Schnitzel**

A: **Fischgerichte**

b) Anzahl der Jugendlichen, die Pasta *oder* Salat als Lieblingsessen angegeben haben:
Es wurden 1 000 Jugendliche befragt. Somit ergibt sich für die Anzahl der Antworten für Pasta und Salat zusammen:
$1\,000-(80+90+160+160+110)=1\,000-600=400$

Ermitteln der Anzahl für Pasta und der Anzahl für Salat durch Kopfrechnen:
Die Anzahl der Antworten für Pasta ist dreimal höher als die Anzahl der Antworten für Salat. Also haben bei 400 Antworten 3 Anteile für Pasta und 1 Anteil für Salat gestimmt, insgesamt sind es 4 Anteile von 400 Antworten. 1 Anteil entspricht demzufolge 100 Antworten (für Salat) und dreimal höher entspricht $3 \cdot 100 = 300$ Antworten (für Pasta).

Antwort: **100** Jugendliche haben als Lieblingsessen Salat und **300** Jugendliche Pasta angegeben.

oder

Lösung durch eine Gleichung:

Gesamtanzahl der Antworten:	400
Anzahl der Antworten für Salat:	x
Anzahl der Antworten für Pasta:	3x

Gleichung:
$$\begin{aligned} x + 3x &= 400 \\ 4x &= 400 \qquad |:4 \\ x &= 100 \end{aligned}$$

100 Jugendliche haben als Lieblingsessen Salat und $3 \cdot 100 =$ **300** Jugendliche Pasta angegeben.

c) Die Gesamtlänge des Streifendiagramms beträgt 20 Kästchen, also 20 LE.
Für die zu den Prozentsätzen gehörenden Längen im Streifendiagramm gilt:
$100\,\% \mathrel{\hat{=}} 20$ LE $\qquad 50\,\% \mathrel{\hat{=}} 10$ LE $\qquad 10\,\% \mathrel{\hat{=}} 2$ LE $\qquad 5\,\% \mathrel{\hat{=}} 1$ LE

Ablesen der Prozentsätze aus dem Säulendiagramm und Bestimmen der zugehörigen Längen im Streifendiagramm:

Antwort	Prozentsatz	LE
nie	10 %	2
1-mal bis 3-mal pro Woche	15 % (= 10 % + 5 %)	3 (= 2 + 1)
4-mal bis 6-mal pro Woche	55 % (= 50 % + 5 %)	11 (= 10 + 1)
täglich	20 % (= 10 % + 10 %)	4 (= 2 + 2)

Streifendiagramm:

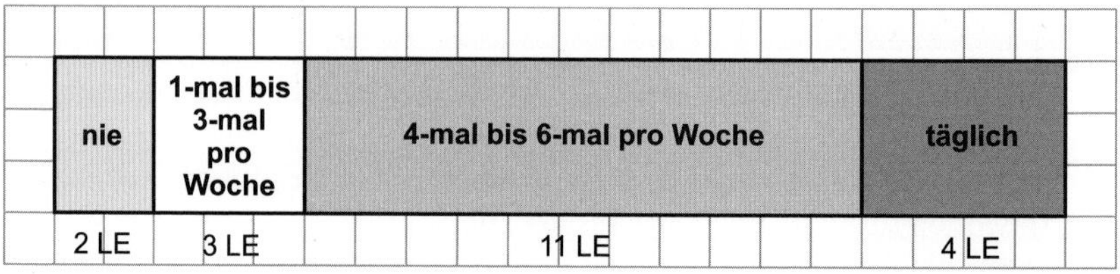

d) Ausgefüllte Tabelle:

Aussage	richtig	falsch	nicht entscheidbar
Weniger als die Hälfte der Frauen essen 4-mal bis 6-mal in der Woche Fleisch oder Wurst.	☐	☒	☐
Begründung: Dem Säulendiagramm kann entnommen werden, dass 55 % aller Frauen 4-mal bis 6-mal pro Woche Fleisch oder Wurst essen. 55 % sind mehr als die Hälfte aller Frauen.			
Jede 15. Frau isst 1-mal bis 3-mal in der Woche Fleisch oder Wurst.	☐	☒	☐
Begründung: Dem Säulendiagramm kann entnommen werden, dass 15 % aller Frauen 1-mal bis 3-mal pro Woche Fleisch oder Wurst essen. „Jede 15. Frau" ist aber gleichbedeutend mit $\frac{1}{15}$ aller Frauen. Umrechnung von $\frac{1}{15}$ in Prozent: $\frac{1}{15} = 0{,}0\overline{6} \approx 6{,}7\,\% \neq 15\,\%$			

Aufgabe 4

a) Berechnet wird die Differenz der beiden Winkel im Punkt A:

$\gamma = 35° - 30°$

$\gamma = \mathbf{5°}$

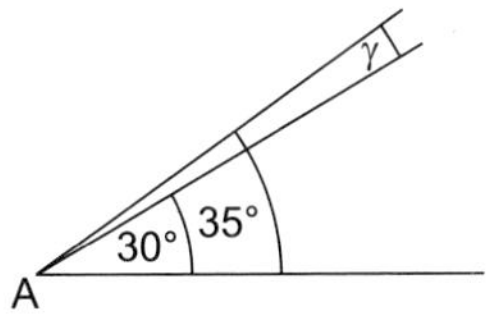

b) Berechnung der Winkelgröße δ im Dreieck ABD:

Die Winkelsumme im Dreieck beträgt 180°.

Damit gilt:

$35° + 90° + \delta = 180°$

$125° + \delta = 180° \quad | -125°$

$\delta = 55°$

Tims Angabe ist richtig.

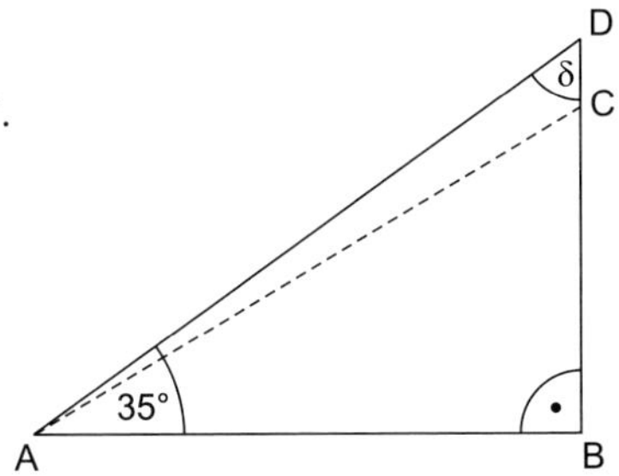

c) Berechnung der Länge der Strecke $\overline{AC}$ im allgemeinen Dreieck ACD mithilfe des Sinussatzes:

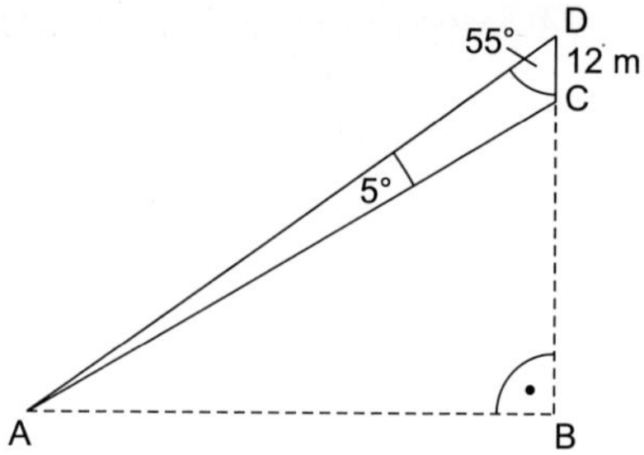

$$\frac{\overline{AC}}{\sin\delta} = \frac{\overline{CD}}{\sin\gamma}$$

$$\frac{\overline{AC}}{\sin 55°} = \frac{12}{\sin 5°} \qquad |\cdot \sin 55°$$

$$\overline{AC} = \frac{12 \cdot \sin 55°}{\sin 5°}$$

$$\overline{AC} \approx 112{,}8$$

Die Strecke $\overline{AC}$ ist **112,8 m** lang.

b) • *Berechnung der Höhe des Hasenberges:*
Die Höhe h des Hasenberges setzt sich aus der Höhe des Punkts A (und damit auch der Höhe des Punkts B) über dem Boden und der Länge der Strecke $\overline{BC}$ zusammen.

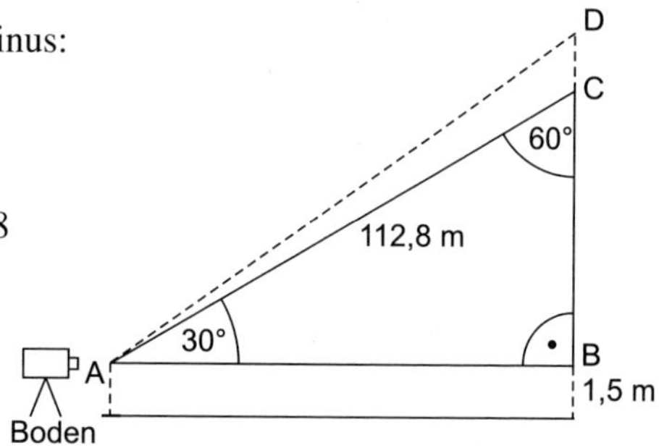

Berechnung von $\overline{BC}$ mit dem Sinus:

$$\sin 30° = \frac{\text{Gegenkathete}}{\text{Hypotenuse}}$$

$$\sin 30° = \frac{\overline{BC}}{112{,}8} \qquad |\cdot 112{,}8$$

$$\overline{BC} = 112{,}8 \cdot \sin 30°$$

$$\overline{BC} = 56{,}4$$

oder

Berechnung von $\overline{BC}$ mit dem Kosinus:

$$\cos 60° = \frac{\text{Ankathete}}{\text{Hypotenuse}}$$

$$\cos 60° = \frac{\overline{BC}}{112{,}8} \qquad |\cdot 112{,}8$$

$$\overline{BC} = 112{,}8 \cdot \cos 60°$$

$$\overline{BC} = 56{,}4$$

Berechnung der Höhe h des Hasenberges:

$$h = 1{,}5 + \overline{BC} = 1{,}5 + 56{,}4 = 57{,}9$$

Die Höhe des Hasenberges beträgt **57,9 m**.

- *Berechnung der Höhe der Aussichtsplattform D über dem Boden:*
  Die Aussichtsplattform D befindet sich 12 m über dem höchsten Punkt C des Hasenberges. Der Hasenberg hat eine Höhe von h = 57,9 m (siehe vorherige Teilaufgabe).

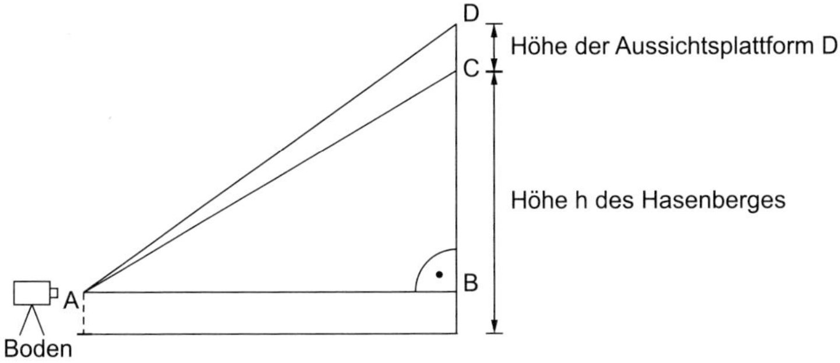

Also gilt für die Höhe der Aussichtsplattform über dem Boden:

$h + \overline{CD} = 57{,}9 + 12 = 69{,}9$

Die Aussichtsplattform D befindet sich in einer Höhe von **69,9 m** über dem Boden.

Aufgabe 5

a) Überprüfung der drei Aussagen:

(1) *Zeichnerische Lösung:*
Der Punkt (–1 | 7) wird in das vorhandene Koordinatensystem eingezeichnet. Er liegt genau auf dem Graphen der Parabel.

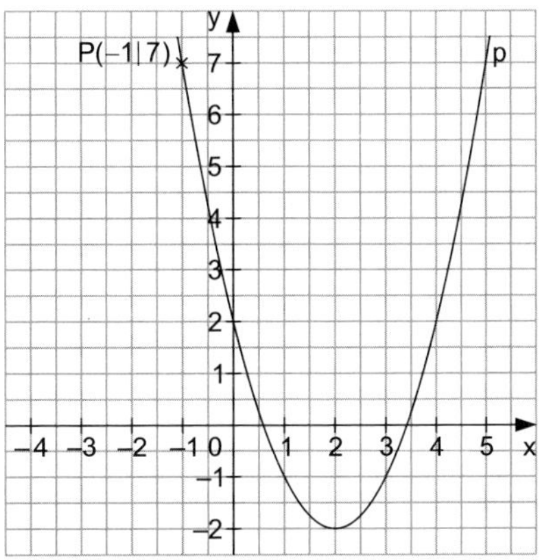

oder

Rechnerische Lösung:
Einsetzen der Koordinaten des Punkts (–1 | 7) in die Funktionsgleichung $p(x) = x^2 - 4x + 2$:

$7 \stackrel{?}{=} (-1)^2 - 4 \cdot (-1) + 2$

$7 \stackrel{?}{=} 1 + 4 + 2$

$7 = 7$ ✓

Der Punkt (–1 | 7) liegt auf der Parabel p.

(2) *Zeichnerische Lösung:*
Der Scheitelpunkt (0 | 0) der Normalparabel und damit die gesamte Parabel werden um 2 LE nach rechts und 2 LE nach unten verschoben. Die verschobene Normalparabel liegt genau auf p.

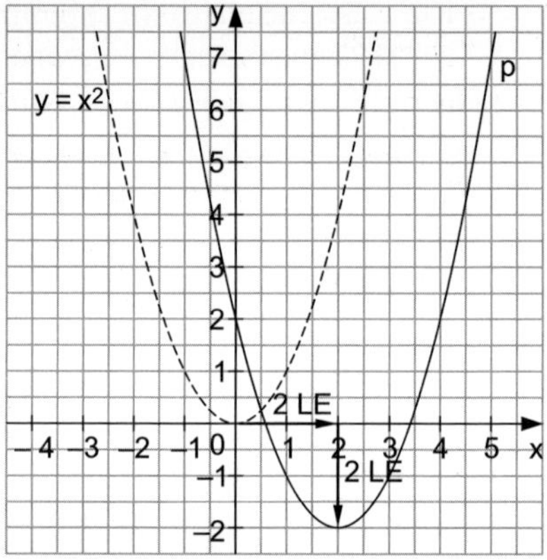

oder

Rechnerische Lösung:
Normalparabel: $f(x) = x^2$
Verschiebung 2 LE nach rechts:
$f(x) = (x-2)^2$
Verschiebung 2 LE nach unten:
$f(x) = (x-2)^2 - 2$ (Scheitelpunktform)

Umwandeln der Scheitelpunktform in die allgemeine Form:
$f(x) = (x-2)^2 - 2$ | Klammern auflösen
$f(x) = x^2 - 4x + 4 - 2$
$f(x) = x^2 - 4x + 2$

Die Funktionsgleichung der verschobenen Normalparabel stimmt mit der Funktionsgleichung p(x) überein.

(3) *Zeichnerische Lösung:*
Ablesen des Schnittpunkts mit der y-Achse aus der Zeichnung. Der Schnittpunkt mit der y-Achse hat die Koordinaten (0 | 2).

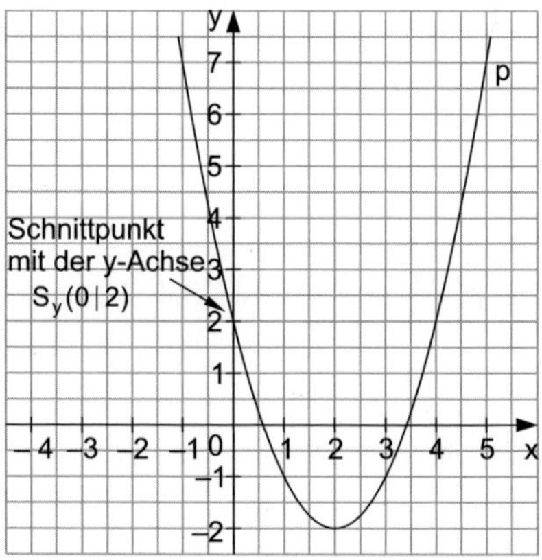

oder

Rechnerische Lösung:
Der Schnittpunkt eines Graphen mit der y-Achse hat die Koordinaten (0 | y). Um den y-Wert des Schnittpunkts zu berechnen, wird für die x-Werte in der Funktionsgleichung $p(x) = x^2 - 4x + 2$ der Wert 0 eingesetzt.

Bestimmung des Schnittpunkts mit der y-Achse:
$p(0) = 0^2 - 4 \cdot 0 + 2 = 2$

Der Schnittpunkt mit der y-Achse hat die Koordinaten (0 | 2).

Somit ergibt sich folgende Lösung:

Aussagen	w	f
Der Punkt (–1 | 7) liegt auf der Parabel p.	☒	☐
Die Parabel p ist eine um 2 Einheiten nach rechts und 2 Einheiten nach unten verschobene Normalparabel.	☒	☐
Der Schnittpunkt der Parabel p mit der y-Achse hat die Koordinaten (2 | 0).	☐	☒

b) Der Scheitelpunkt einer nach oben offenen Parabel ist der tiefste Punkt der Parabel. Der Zeichnung werden die Koordinaten des Scheitelpunkts entnommen.

Scheitelpunkt:
S(**2** | **–2**)

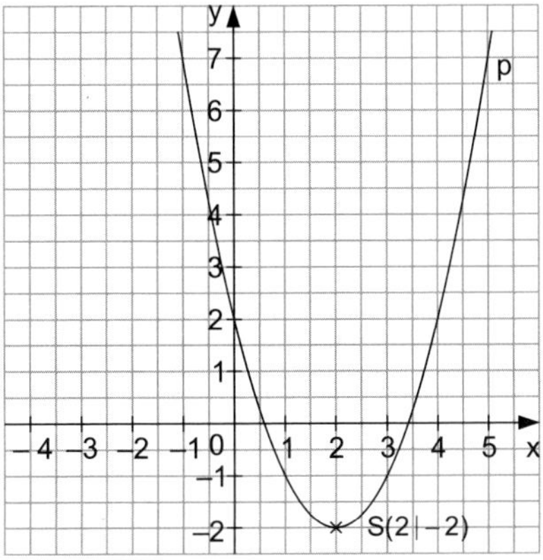

c) Die Scheitelpunktform der verschobenen Normalparabel mit dem Scheitelpunkt S(–d | e) lautet $y = (x+d)^2 + e$. Zur Bestimmung der Scheitelpunktform werden die Koordinaten des Scheitelpunkts S(2 | –2) eingesetzt.

Für S(2 | –2) gilt: d = –2, e = –2

Scheitelpunktform:

$p(x) = [x + (-2)]^2 - 2$

$\mathbf{p(x) = (x-2)^2 - 2}$

oder

Die Normalform der Parabel wird mittels quadratischer Ergänzung in die Scheitelpunktform umgewandelt:

$p(x) = x^2 - 4x + 2$

$p(x) = x^2 - 4x + 2^2 - 2^2 + 2$

$p(x) = (x^2 - 4x + 4) - 4 + 2$

$\mathbf{p(x) = (x-2)^2 - 2}$

d) *Vorüberlegung:*
Die Normalparabel hat die Funktionsgleichung $f(x)=x^2$ und den Scheitelpunkt $(0|0)$. Gesucht wird eine verschobene Normalparabel q mit dem unbekannten Scheitelpunkt $S(x_S|y_S)$, für die gilt:

- Der Scheitelpunkt S der Parabel q liegt auf der y-Achse. $\Rightarrow$ $x_S=0$
- Die Parabel q hat keine Nullstellen, also keine gemeinsamen Punkte mit der x-Achse. Da sie nach oben geöffnet ist, muss der Scheitelpunkt S oberhalb der x-Achse liegen. $\Rightarrow$ $y_S>0$

Hinweis: Es gibt unendlich viele verschobene Normalparabeln mit einem Scheitelpunkt $S(0|y_S)$ mit $y_S>0$, z. B. mit $S(0|0{,}5)$ oder $(0|2)$ oder $(0|2{,}3)$ usw.

- *Zeichnung der Parabel q mit dem Scheitelpunkt S(0/1) als mögliche Lösung:*

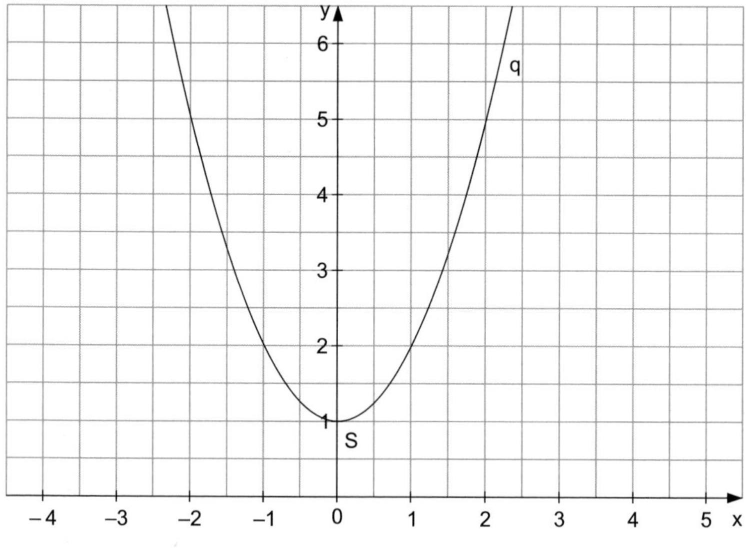

- *Angeben der Parabelgleichung von q:*
Da die Normalparabel $f(x)=x^2$ um 1 LE nach oben verschoben wurde, erhöhen sich alle Funktionswerte um 1. Somit gilt: $\mathbf{q(x)=x^2+1}$

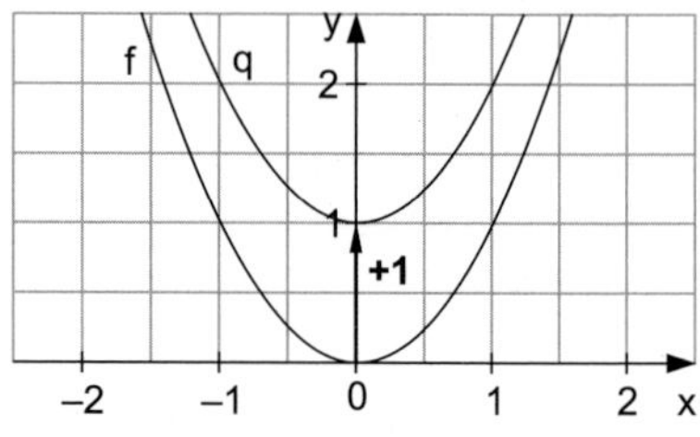

Allgemein gilt:
Wird die Normalparabel $f(x)=x^2$ um n Einheiten längs der y-Achse verschoben, so hat die neue Parabel die Funktionsgleichung $p(x)=x^2+n$ und den Scheitelpunkt $(0|n)$.

- *Angeben der Parabelgleichung der gespiegelten Parabel q':*
  Eine Spiegelung an der x-Achse bewirkt die Umkehrung der Vorzeichen aller Funktionswerte. Rechnerisch erfolgt die Umkehrung der Vorzeichen der Funktionswerte durch die Multiplikation des Funktionsterms mit dem Faktor (–1):

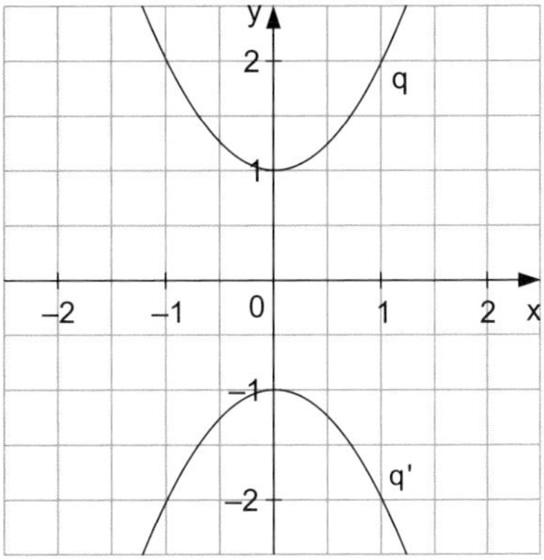

  $q(x) = x^2 + 1$

  $\downarrow$ Spiegelung an der x-Achse

  $q'(x) = (-1) \cdot (x^2 + 1)$
  $\mathbf{q'(x) = -x^2 - 1}$

  Allgemein gilt:

  $q(x) = x^2 + n \xrightarrow{\text{Spiegelung an der x-Achse}} q'(x) = (-1) \cdot (x^2 + n)$

  $\mathbf{q'(x) = -x^2 - n}$

Aufgabe 6

a) Die gesuchte Rasenfläche besteht aus einem Rechteck, abzüglich der kreisförmigen Grundfläche des Turmes.
   Es gilt: $A_{\text{Rasenfläche}} = A_{\text{Rechteck}} - A_{\text{Kreis}}$

   Gegeben: $a = 20$ m; $b = 12$ m; $d = 6{,}4$ m
   Gesucht: $A_{\text{Rasenfläche}}$

   Berechnung der Rechteckfläche:
   $A_R = a \cdot b = 20 \cdot 12 = 240$

   Berechnung der Kreisfläche:
   Radius:
   $r = \frac{d}{2} = \frac{6{,}4}{2} = 3{,}2$
   Kreisfläche:
   $A_K = \pi \cdot r^2 = \pi \cdot 3{,}2^2 \approx 32{,}17$

   Berechnung der zu erneuernden Rasenfläche:
   $A = A_R - A_K = 240 - 32{,}17 = 207{,}83$

   Die zu erneuernde Rasenfläche um den Turm beträgt **207,83 m²**.

b) Die gesuchte Fläche der Außenmauer entspricht der Mantelfläche A_M des zylinderförmigen Turmes.

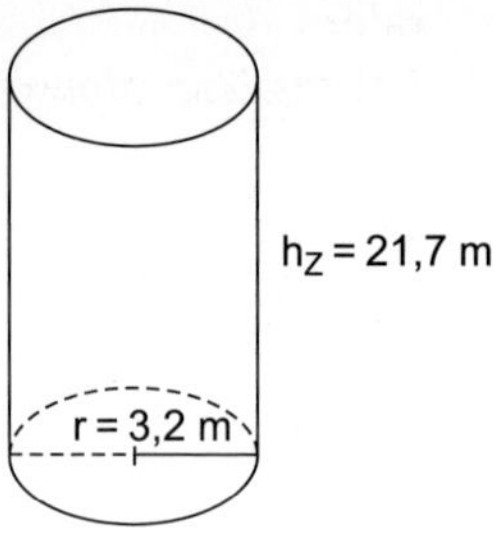

Gegeben: $r = 3{,}2$ m; $h_Z = 21{,}7$ m

Gesucht: A_M

Berechnung der Mantelfläche:

$$A_M = 2 \cdot \pi \cdot r \cdot h_Z = 2 \cdot \pi \cdot 3{,}2 \cdot 21{,}7 \approx 436{,}3$$

Die Außenmauer des Turmes hat eine Fläche von **436,3 m²**.

c) Der Maßstab 1 : 50 bedeutet:
1 cm im Modell ≙ 50 cm in Wirklichkeit

Berechnung der Höhe h des Modells:
Höhe in Wirklichkeit:
$h = 30\text{ m} = 3\,000\text{ cm}$

Lösung mit dem Dreisatz:

$$\begin{array}{lcl} & 50\text{ cm in Wirklichkeit} \triangleq 1\text{ cm im Modell} & \\ :50 & & :50 \\ & 1\text{ cm in Wirklichkeit} \triangleq \frac{1}{50}\text{ cm im Modell} & \\ \cdot 3\,000 & & \cdot 3\,000 \\ & 3\,000\text{ cm in Wirklichkeit} \triangleq 60\text{ cm im Modell} & \end{array}$$

oder

Lösung über proportionale Zuordnung:

$$\frac{1}{50} = \frac{x}{3\,000} \qquad \Big| \cdot 3\,000$$

$$x = \frac{3\,000}{50}$$

$$x = 60$$

Die Höhe des Fuchsturmes im Modell beträgt **60 cm**.

Berechnung des Durchmessers d des Modells:
Durchmesser in Wirklichkeit:
$d = 6{,}4\text{ m} = 640\text{ cm}$

Lösung mit dem Dreisatz:

$$\begin{array}{lcl} & 50\text{ cm in Wirklichkeit} \triangleq 1\text{ cm im Modell} & \\ :50 & & :50 \\ & 1\text{ cm in Wirklichkeit} \triangleq \frac{1}{50}\text{ cm im Modell} & \\ \cdot 640 & & \cdot 640 \\ & 640\text{ cm in Wirklichkeit} \triangleq 12{,}8\text{ cm im Modell} & \end{array}$$

oder
Lösung über proportionale Zuordnung:

$$\frac{1}{50} = \frac{x}{640} \quad \Big| \cdot 640$$
$$x = \frac{640}{50}$$
$$x = 12{,}8$$

Der Durchmesser des Fuchsturmes im Modell beträgt **12,8 cm**.

d) *Hinweis:* In dieser Aufgabe geht es um die Beschreibung des Lösungsweges in Worten und **nicht** darum, ein Ergebnis durch Rechnung zu ermitteln.

Im Querschnitt des kegelförmigen Dachs bilden die Höhe h, der Radius r der Grundfläche und der Dachbalken x ein rechtwinkliges Dreieck. h und r sind die Katheten und x die Hypotenuse. Mithilfe des Satzes des Pythagoras kann über die Gleichung $r^2 + h^2 = x^2$ die Länge x des Dachbalkens ermittelt werden.

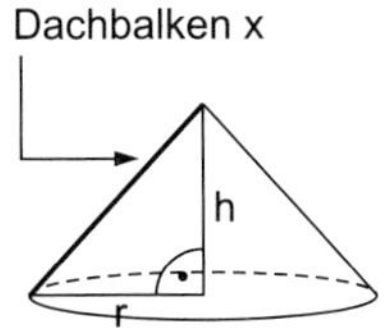

oder
Im Querschnitt des kegelförmigen Dachs bilden die Höhe h, der Radius r der Grundfläche und der Dachbalken x ein rechtwinkliges Dreieck. h und r sind die Katheten und x ist die Hypotenuse. Mithilfe des Tangens wird im rechtwinkligen Dreieck aus dem Verhältnis von h und r der Neigungswinkel α ermittelt. Mithilfe von α wird über den Sinus aus dem Verhältnis von h und x die Länge x ermittelt.

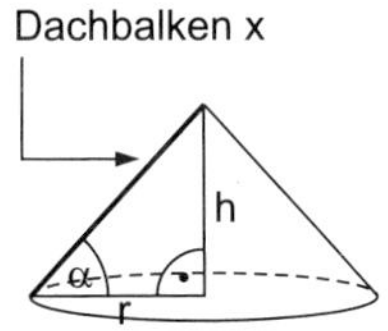

oder
Im Querschnitt des kegelförmigen Dachs bilden die Höhe h, der Radius r der Grundfläche und der Dachbalken x ein rechtwinkliges Dreieck. h und r sind die Katheten und x ist die Hypotenuse. Mithilfe des Tangens wird im rechtwinkligen Dreieck aus dem Verhältnis von h und r der Neigungswinkel α ermittelt. Mithilfe von α wird über den Kosinus aus dem Verhältnis von r und x die Länge x ermittelt.

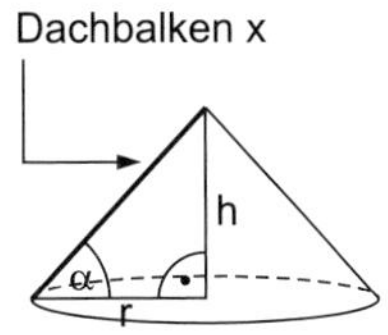

Aufgabe 7

a) Anzahl der Pfannkuchen mit Senffüllung: 2
Anzahl aller Pfannkuchen: $14 + 2 = 16$

Berechnung des Prozentsatzes:

Dreisatz:

$$
\begin{array}{rrcll}
 & 16 \text{ Pfannkuchen} & \hat{=} & 100\,\% & \\
:16 & & & & :16 \\
 & 1 \text{ Pfannkuchen} & \hat{=} & \frac{100}{16}\,\% & \\
\cdot 2 & & & & \cdot 2 \\
 & 2 \text{ Pfannkuchen} & \hat{=} & 12{,}5\,\% &
\end{array}
$$

oder

proportionale Zuordnung:

$$\frac{x}{2} = \frac{100}{16} \quad \Big| \cdot 2$$

$$x = \frac{2 \cdot 100}{16}$$

$$x = 12{,}5$$

12,5 % der Pfannkuchen sind mit Senf gefüllt.

b) Tom hat 2 Pfannkuchen mit Marmeladenfüllung genommen.
Anzahl der Pfannkuchen mit Senffüllung: 2
Anzahl der verbliebenen Pfannkuchen: $16 - 2 = 14$

Wahrscheinlichkeit, dass ein mit Senf gefüllter Pfannkuchen gegriffen wird:

$$P(E) = \frac{\text{Anzahl der Pfannkuchen mit Senffüllung}}{\text{Anzahl der verbliebenen Pfannkuchen}} = \frac{2}{14}$$

Pia hat **nicht recht**, die Wahrscheinlichkeit beträgt $\frac{2}{14}$.

c) • *Angeben aller möglichen Ergebnisse:*
Es handelt sich um einen zweistufigen Zufallsversuch „ohne Zurücklegen“. Der erste Gast greift nacheinander aus einer Menge von 16 Pfannkuchen (14 mit Marmeladen- und 2 mit Senffüllung) 2 Pfannkuchen heraus.

Welche Ereignisse auftreten können, verdeutlicht das vereinfachte Baumdiagramm:

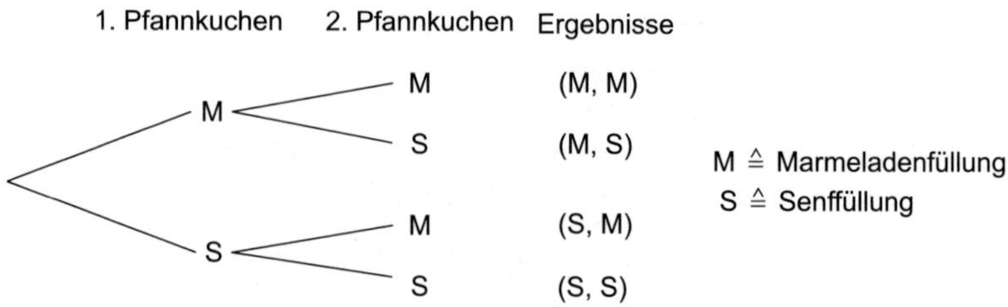

Da mindestens ein Pfannkuchen mit Senf gefüllt sein muss, entfällt das Ergebnis (M, M) und die Antwort lautet:

(Marmelade, Senf), (Senf, Marmelade), (Senf, Senf)

- *Ermitteln der Wahrscheinlichkeit:*
  Berechnung der Wahrscheinlichkeit P dafür, dass beide Pfannkuchen mit Marmelade gefüllt sind (M, M), mithilfe des Baumdiagramms:

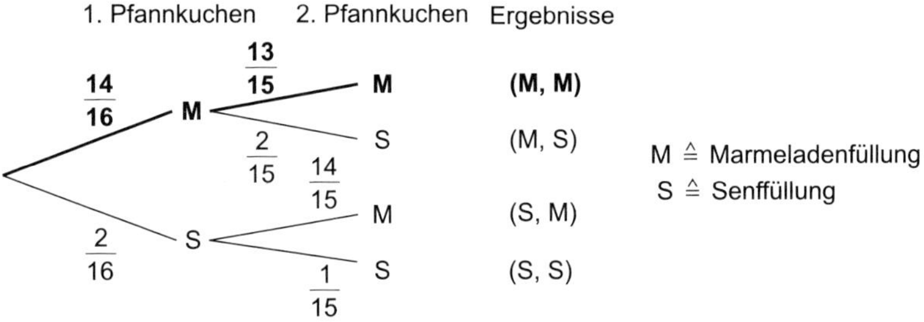

  Berechnung der Wahrscheinlichkeit (1. Pfadregel):

  $$P(M, M) = \frac{14}{16} \cdot \frac{13}{15} \approx 0{,}7583 = 75{,}83\ \%$$

  Der erste Gast hat mit einer Wahrscheinlichkeit von **75,83 %** in beiden Pfannkuchen Marmelade.

- *Formulieren des Ereignisses E:*
  Die Rechnung für P(E) besteht aus zwei Summanden. Das bedeutet, dass P(E) mithilfe der 2. Pfadregel bestimmt wird, nach der die Einzelwahrscheinlichkeiten, die zum Ereignis E führen, addiert werden. Betrachtet man das Baumdiagramm, so führt der Pfad $\frac{2}{16} \cdot \frac{1}{15}$ zum Einzelereignis (Senf, Senf) und der Pfad $\frac{14}{16} \cdot \frac{13}{15}$ zum Einzelereignis (Marmelade, Marmelade).

  Es gilt also folgende „Übersetzung“ der Rechnung:

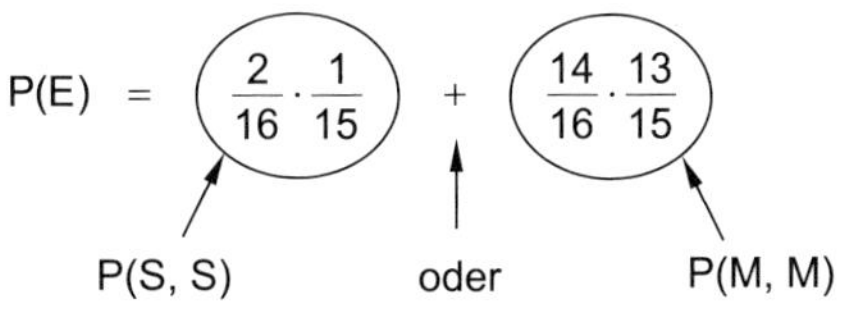

  In Worten: Die Berechnung des Wertes für P(E) ermittelt die Wahrscheinlichkeit dafür, dass der erste Gast entweder zwei Pfannkuchen mit Marmeladenfüllung oder zwei Pfannkuchen mit Senffüllung herausgreift.

  Ereignis E: Der erste Gast greift zwei Pfannkuchen mit gleicher Füllung.

Mittlerer Schulabschluss und erweiterte Berufsbildungsreife Berlin/Brandenburg Mathematik 2019

Hinweis: Aufgaben zu anspruchsvolleren Themen sind mit einem * gekennzeichnet.

Punkte

Aufgabe 1 10 P.

Basisaufgaben

a) Geben Sie die Größe des Winkels β an. 1 P.

$\beta =$ ______________

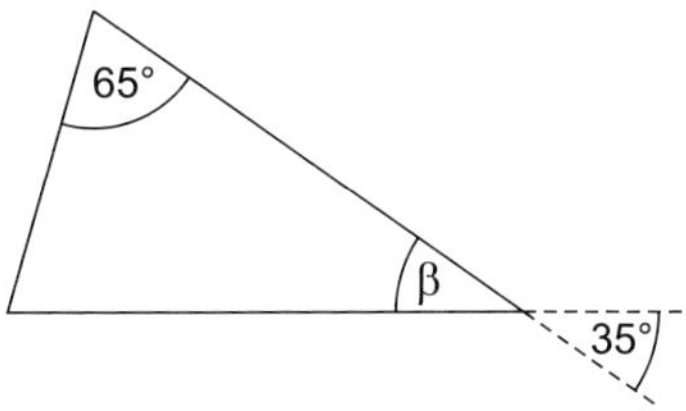

(Skizze nicht maßstabsgerecht)

b) Setzen Sie das richtige Relationszeichen (<, > oder =) ein. 1 P.

0,06 m ☐ 60 cm

c) Kreuzen Sie an, welcher Anteil markiert worden ist. 1 P.

☐ $\frac{3}{7}$ ☐ $\frac{3}{5}$

☐ $\frac{3}{12}$ ☐ $\frac{5}{7}$

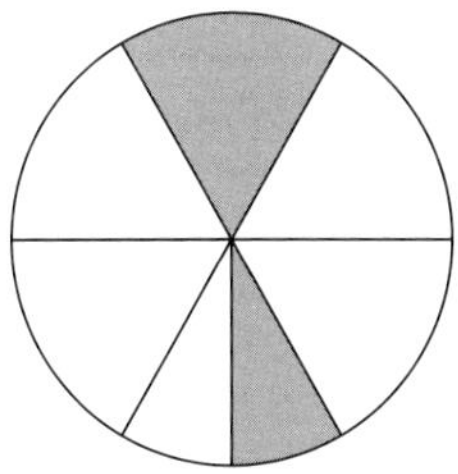

d) Unterstreichen Sie die größte Zahl. 1 P.

4^3, 8^4, 2^8

e) Geben Sie eine Gleichung an, mit der man den Flächeninhalt der gesamten Fläche berechnen kann. 1 P.

A = ______________________

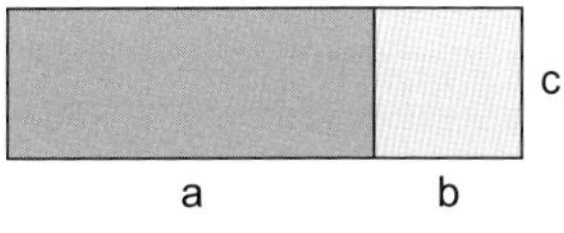

f) Geben Sie die Anzahl der Kanten einer quadratischen Pyramide an. 1 P.

____

g) In einem Gefäß befinden sich schwarze und weiße Kugeln. Das Baumdiagramm zeigt an, mit welcher Wahrscheinlichkeit eine schwarze oder weiße Kugel gezogen werden kann. **1 P.**

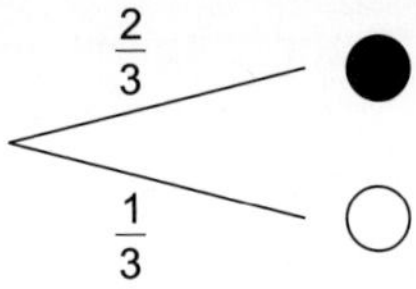

Zeichnen Sie die fehlenden weißen Kugeln in das Gefäß ein.

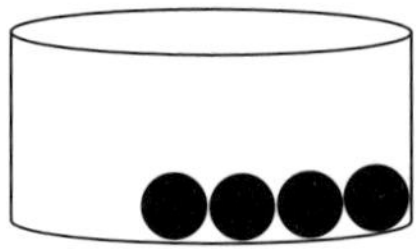

h) Geben Sie für das abgebildete Dreieck die Gleichung für $\sin\alpha$ an. **1 P.**

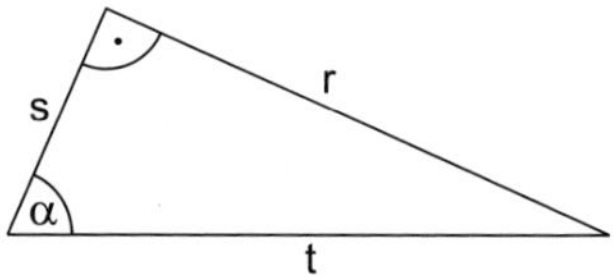

____

i) Geben Sie die Spannweite der folgenden Daten an. **1 P.**

9,7 m   9,9 m   9,6 m   9,5 m   9,8 m   9,7 m

____

j) Geben Sie als Dezimalzahl an. **1 P.**

$2{,}1 \cdot 10^{-4} =$ ______________________________

Aufgabe 2 10 P.

Geraden

Im Koordinatensystem sind die Graphen f, g und h dreier linearer Funktionen eingezeichnet.

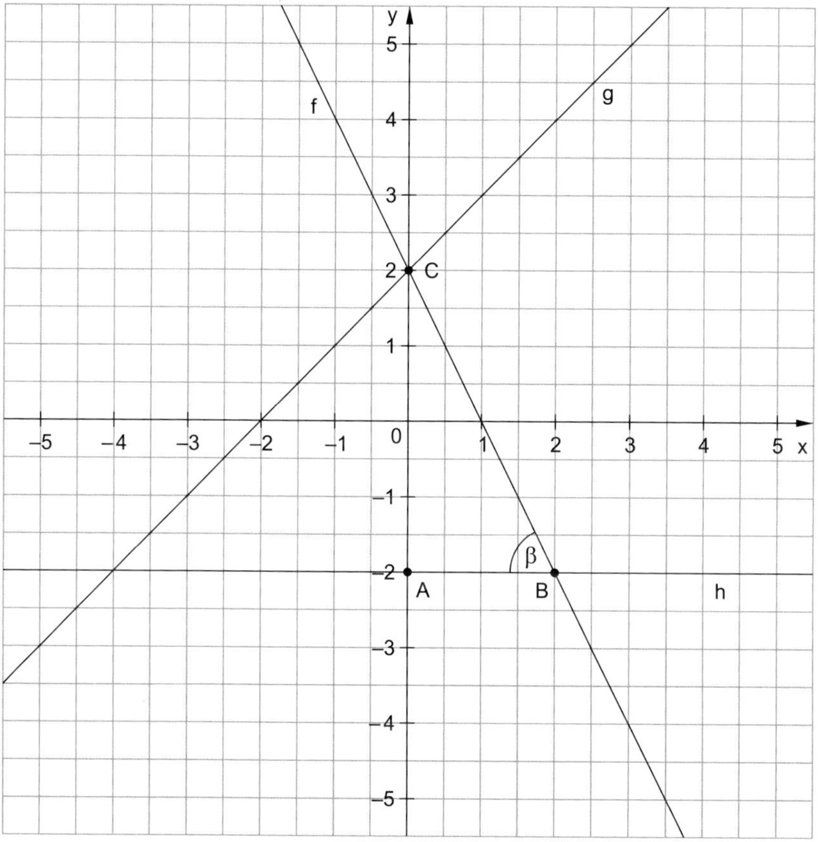

a) Geben Sie die Nullstelle der Funktion g(x) an. 1 P.

b) Ordnen Sie den Eigenschaften in der Tabelle den jeweils passenden Funktionsgraphen f, g oder h zu. 2 P.

Eigenschaft	**Graph**
Der Graph hat den Anstieg –2.	
Der Graph verläuft parallel zur x-Achse.	

c) Ordnen Sie jedem Graphen f, g und h die jeweils richtige Funktionsgleichung zu. 3 P.
Nutzen Sie dazu folgende Auswahl.

$y = -2x + 2$	$y = -\frac{1}{2}x + 2$	$y = -2$
$y = x + 2$	$y = -2x$	$y = x - 2$

Graph	Funktionsgleichung
f	
g	
h	

d) In dem gegebenen Koordinatensystem bilden die drei Punkte A, B und C ein Dreieck. 4 P.

Berechnen Sie die Länge der Strecke $\overline{BC}$.

Berechnen Sie die Größe des Winkels β.

Aufgabe 3 8 P.

Fußballtraining

Ein Fußballklub hat Training.
Drei Kinder spielen sich den Ball zu.
Bei den Übungen legt der Trainer die Abstände zwischen den Kindern fest.

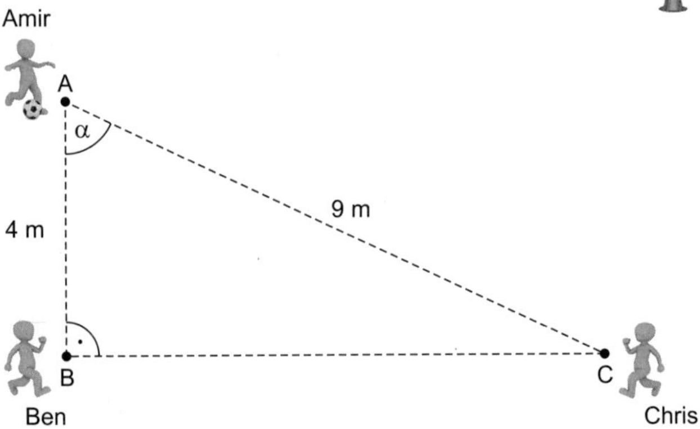

(Skizze nicht maßstabsgerecht)

a) Ermitteln Sie den Abstand zwischen Ben und Chris. 2 P.

b) Zeigen Sie rechnerisch, dass die Größe des Winkels α ungefähr $64°$ beträgt. 2 P.

*c) In der nächsten Übung trainieren vier Kinder. 4 P.

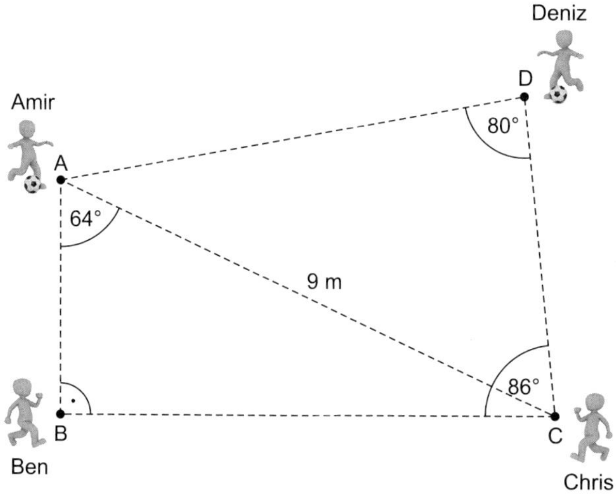

(Skizze nicht maßstabsgerecht)

Die Bälle werden in einem bestimmten Winkel angenommen und weitergespielt.
Berechnen Sie den Abstand zwischen Amir und Deniz.

Bildnachweis: © 3dman_eu/pixabay

Aufgabe 4 8 P.

Werbefläche

Ein zylinderförmiger Mast mit einem aufgesetzten dreiseitigen Prisma steht vor dem Eingang eines Einkaufscenters. Die Seitenflächen des Prismas werden als Werbefläche genutzt. Jede der drei Seitenflächen ist 1,50 m breit und 1,20 m hoch.

(Skizze nicht maßstabsgerecht)

a) Vervollständigen Sie das Netz des Prismas und geben Sie die Länge von a an. 2 P.

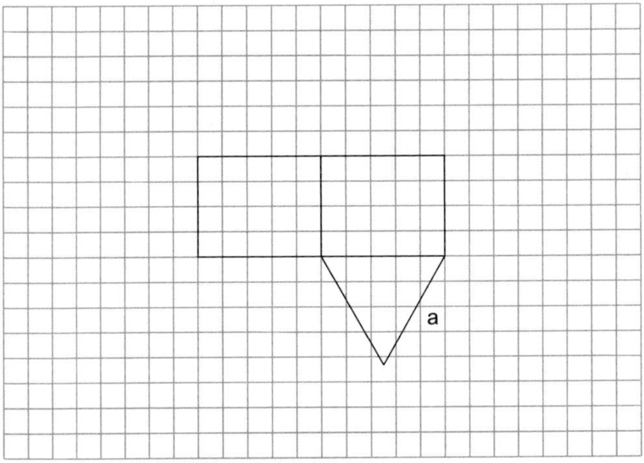

b) Berechnen Sie die Größe der Werbefläche, die insgesamt zur Verfügung steht. 2 P.

c) Die Höhe der dreieckigen Deckfläche beträgt 1,30 m. 4 P.
Ermitteln Sie den Flächeninhalt der Deckfläche.
Durch ein Loch in der Deckfläche ist Regenwasser eingedrungen.
Zeigen Sie rechnerisch, dass in das Prisma ca. 1,2 m³ Regenwasser passen.

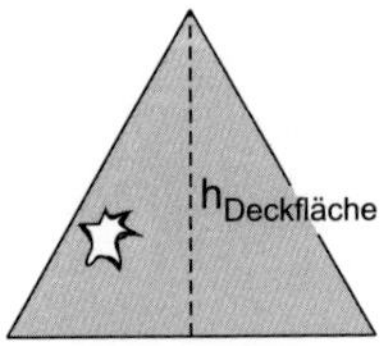

(Skizze nicht maßstabsgerecht)

Das aufgesetzte Prisma hat leer eine Masse von 200 kg.
Berechnen Sie die Masse des Prismas, wenn es zu 10 % mit Regenwasser gefüllt ist.

Hinweis: 1 m³ Regenwasser hat eine Masse von 1 000 kg.

Aufgabe 5 6 P.

Medienverhalten

a) In einer Studie wurden 1 200 Jugendliche über mehrere Jahre zu ihrem Medienverhalten befragt. 2 P.

Im Jahr 2013 besaßen 72 % der 1 200 befragten Jugendlichen ein Smartphone. Im Jahr 2016 waren es bereits 95 % der 1 200 befragten Jugendlichen.

Berechnen Sie, um wie viel sich die Anzahl der Jugendlichen mit Smartphone von 2013 bis 2016 erhöht hat.

b) Die Tabelle stellt die Mediennutzung von Mädchen und Jungen in ihrer Freizeit gegenüber. 2 P.

Medien	Mädchen	Jungen
Smartphones	98 %	95 %
Fernseher	81 %	75 %
Konsolenspiele	14 %	72 %
Bücher	46 %	30 %

Janek formuliert zwei Aussagen zu der Tabelle.

Kreuzen Sie an, welche der beiden Aussagen **falsch** ist.

☐ Drei Viertel der Mädchen nutzen in ihrer Freizeit einen Fernseher.

☐ Konsolenspiele sind bei Jungen wesentlich beliebter als bei Mädchen.

Berichtigen Sie die falsche Aussage.

*c) Im Jahr 2015 wurde folgender Zeitungsartikel veröffentlicht. 2 P.

Bücherlesen bald out?

Berlin ■ Der Verband der Buchhändler beklagt, dass von Jahr zu Jahr die Anzahl der Jugendlichen, die Bücher lesen, extrem abnimmt.
Es wird befürchtet, dass in wenigen Jahren kein Jugendlicher mehr ein Buch liest.

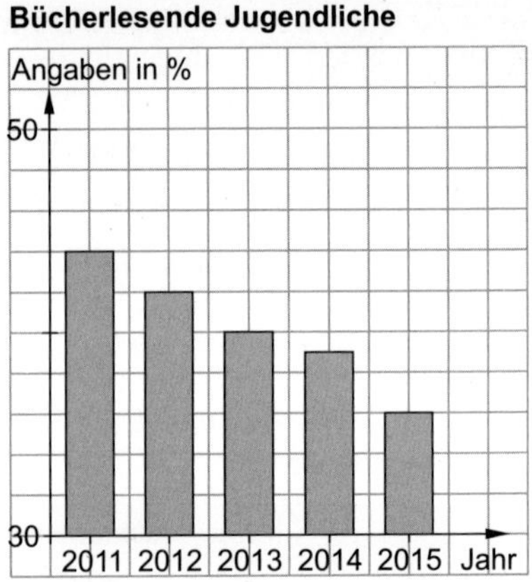

Schüler einer 10. Klasse stimmen dem Zeitungsartikel in zwei Aussagen nicht zu.
Nennen Sie eine dieser Aussagen und berichtigen Sie diese.

Aufgabe 6 9 P.

Buntstifte

In einer Kiste liegen 20 Buntstifte. Davon sind 7 grün, 4 rot, 3 gelb und 6 blau.

a) Ohne hinzusehen greift Paul nach einem Buntstift und legt ihn wieder zurück. 1 P.
Geben Sie an, mit welcher Wahrscheinlichkeit er einen gelben Buntstift gegriffen hat.

*b) Jetzt greift Marie in die Kiste mit den 20 Stiften. Sie nimmt nacheinander ohne hinzusehen drei Buntstifte heraus. 5 P.

- Ergänzen Sie die Wahrscheinlichkeiten im Baumdiagramm an den zwei markierten Stellen.

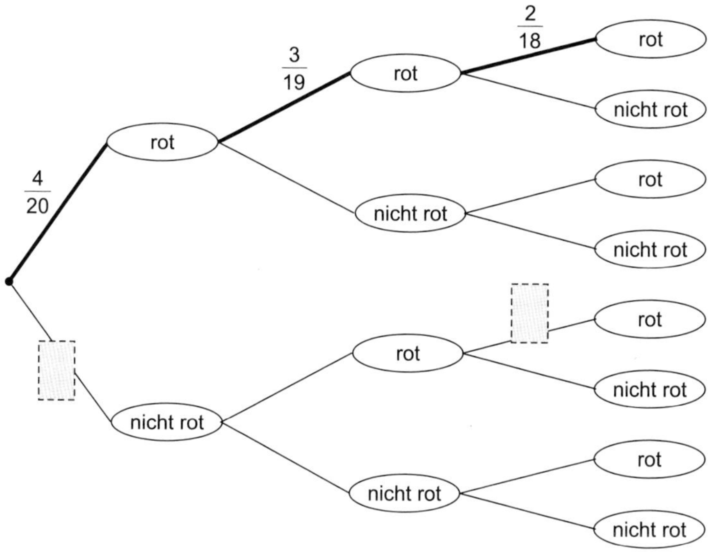

- Entscheiden Sie für den im Baumdiagramm fett markierten Pfad, ob die jeweilige Aussage wahr oder falsch ist. Kreuzen Sie an.

	wahr	**falsch**
Marie greift nacheinander drei unterschiedlich farbige Buntstifte.	☐	☐
Marie legt den Stift nach jedem Ziehen wieder zurück.	☐	☐
Die Wahrscheinlichkeit für das Ereignis des fett markierten Pfades ist kleiner als 1 %.	☐	☐

*c) Marc behauptet: „Wenn man nacheinander ohne Zurücklegen 3 Buntstifte aus der Kiste greift, ist die Wahrscheinlichkeit, 3 blaue Buntstifte zu greifen, doppelt so hoch wie die Wahrscheinlichkeit, 3 gelbe Buntstifte zu greifen.“ 3 P.

Begründen Sie rechnerisch, dass die Behauptung falsch ist.

Aufgabe 7 9 P.

Ferkel

Ein Ferkel hat eine Masse von 10 kg. Erfahrungsgemäß nimmt die Masse des Ferkels wöchentlich um ca. 4 % zu.

Am Anfang jeder Woche wird die Masse des Ferkels kontrolliert.

a) Ergänzen Sie die drei Werte in der Wertetabelle. 3 P.

Zeit in Wochen	0	1	2	…	5
Masse in kg		10,400		…	

Um die Masse auszurechnen, die die Ferkel nach mehreren Wochen haben, stellt Landwirtin Wilma die folgende Funktionsgleichung $f(x) = 10 \cdot 1{,}04^x$ auf.

*b) Geben Sie die Bedeutung der Bestandteile der Funktionsgleichung an. 3 P.

	Bedeutung
10	
1,04	
x	

Bildnachweis: © herbert2512/pixabay

* c) Entscheiden Sie für jeden Graphen, ob er zum Wachstum des Ferkels passt. 3 P.
Begründen Sie Ihre Entscheidung.

Skizze des Graphen	**passt**	**passt nicht**	**Begründung**
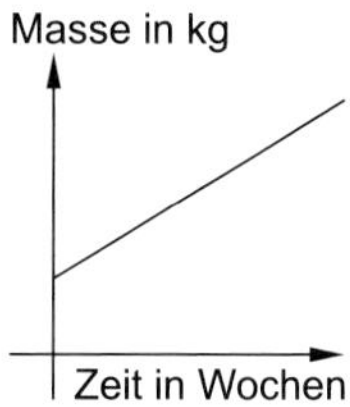	☐	☐	
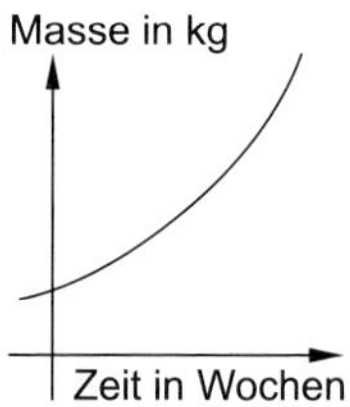	☐	☐	
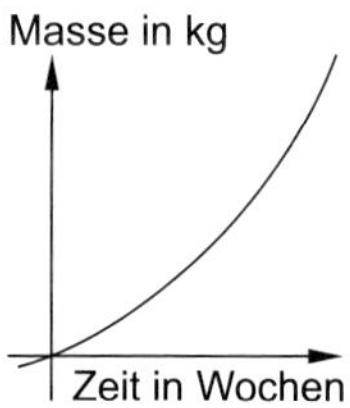	☐	☐	

Lösung

Aufgabe 1

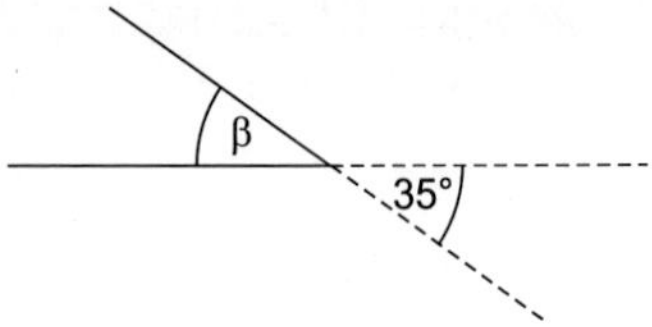

a) Scheitelwinkel liegen an sich kreuzenden Geraden gegenüber und sind gleich groß.

$\beta = \mathbf{35°}$

b) Umwandlung des ersten Terms in die kleinere Einheit:
$0{,}06\ \text{m} = 6\ \text{cm} \quad \rightarrow \quad 6\ \text{cm} < 60\ \text{cm}$

oder

Umwandlung des zweiten Terms in die größere Einheit:
$60\ \text{cm} = 0{,}6\ \text{m} \quad \rightarrow \quad 0{,}06\ \text{m} < 0{,}6\ \text{m}$

Somit gilt:

0,06 m [<] 60 cm

c) 1,5 von 6 Anteilen sind markiert.

$\frac{1{,}5}{6} \underset{\text{Erweitern mit 2}}{=} \frac{3}{12}$ **oder** $1{,}5 : 6 = 0{,}25 = 25\ \% = \frac{1}{4} = \frac{3}{12}$

oder

Kreis teilen, sodass alle Anteile gleich groß sind:
Es sind 3 von 12 Anteilen markiert.

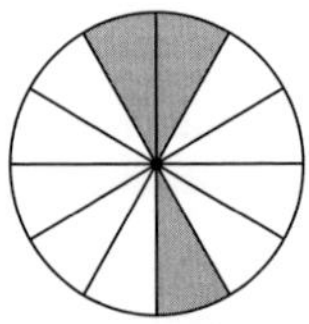

oder

Der größere der beiden markierten Anteile wird „versetzt“. Dadurch ist insgesamt ein Viertel des Kreises markiert:

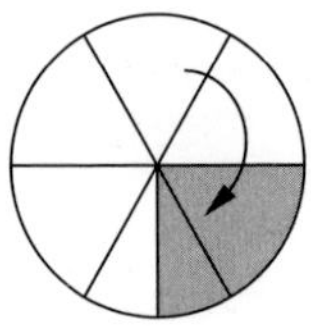

$\frac{1}{4} = \frac{3}{12}$

Somit gilt:

☐ $\frac{3}{7}$ ☐ $\frac{3}{5}$

☒ $\frac{3}{12}$ ☐ $\frac{5}{7}$

d) $4^3 = 4 \cdot 4 \cdot 4 = 64$

$8^4 = 8 \cdot 8 \cdot 8 \cdot 8 = 4\,096$ → größte Zahl

$2^8 = 2 \cdot 2 \cdot 2 \cdot 2 \cdot 2 \cdot 2 \cdot 2 \cdot 2 = 256$

oder

$4^3 = (2^2)^3 = 2^6$

$8^4 = (2^3)^4 = 2^{12}$ → größter Exponent, somit größte Zahl

2^8

Somit gilt:

4^3, $\underline{8^4}$, 2^8

e) Formel zur Flächenberechnung eines Rechtecks: Fläche = Länge · Breite

Lösung über Gesamtrechteck:

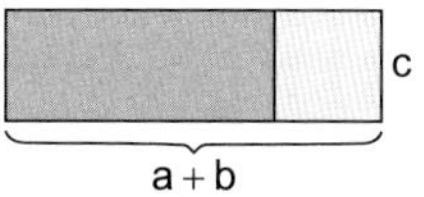

$A = \mathbf{(a + b) \cdot c}$

oder

Lösung über Zerlegung des Gesamtrechtecks:

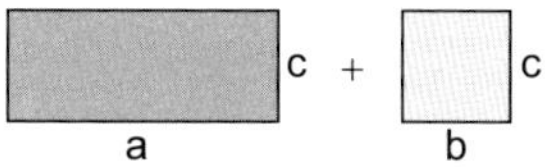

$A = \mathbf{a \cdot c + b \cdot c}$

f) Mithilfe einer Skizze:
Anzahl der Kanten: **8**

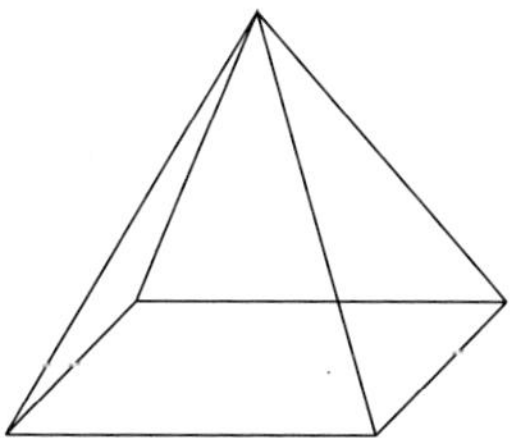

g) Lösung durch verkürzten Dreisatz:

Gegeben: Pfadwahrscheinlichkeit $p = \frac{2}{3}$ entspricht 4 Kugeln

Gesucht: Anzahl der Kugeln mit Pfadwahrscheinlichkeit $p = \frac{1}{3}$

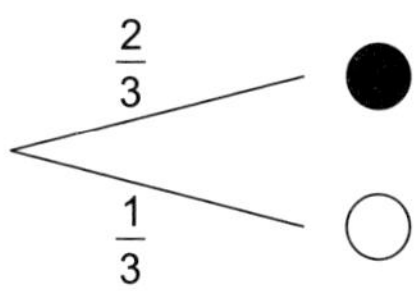

$$:2 \left(\begin{array}{l} \frac{2}{3} \mathrel{\hat{=}} 4 \text{ Kugeln} \\ \frac{1}{3} \mathrel{\hat{=}} 2 \text{ Kugeln} \end{array} \right) :2$$

2 Kugeln sind weiß.

oder

Lösung durch Erweitern des Bruchs mit 2:
Pfadwahrscheinlichkeit für 4 schwarze Kugeln: $\frac{2}{3} = \frac{4}{6}$, d. h., 4 von 6 Kugeln sind schwarz, die restlichen Kugeln, also 2 von 6, sind weiß.

Lösung:

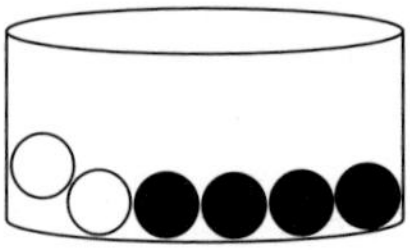

h) Der Sinus eines Winkels wird im rechtwinkligen Dreieck durch das Seitenverhältnis von Gegenkathete und Hypotenuse bestimmt:

$$\sin\alpha = \frac{\text{Gegenkathete}}{\text{Hypotenuse}}$$

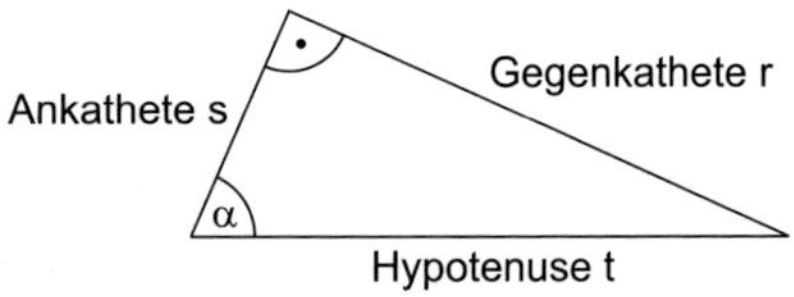

Vom Winkel α aus betrachtet ist r die Gegenkathete und t die Hypotenuse.

$$\boldsymbol{\sin\alpha = \frac{r}{t}}$$

i) Die Spannweite w einer Datenreihe ist die Differenz aus dem höchsten Datenwert (x_{max}) und dem kleinsten Datenwert (x_{min}): $w = x_{max} - x_{min}$

Datenreihe:	9,7 m	9,9 m	9,6 m	9,5 m	9,8 m	9,7 m
		↑		↑		
		höchster Wert x_{max}		kleinster Wert x_{min}		

$w = 9{,}9\text{ m} - 9{,}5\text{ m} = \mathbf{0{,}4\text{ m}}$

j) Für Potenzen mit negativen Exponenten gilt $a^{-n} = \frac{1}{a^n}$, also gilt:

$$10^{-4} = \frac{1}{10^4} = \frac{1}{10\,000}$$

Und damit: $2{,}1 \cdot 10^{-4} = 2{,}1 \cdot \frac{1}{10\,000} = \mathbf{0{,}00021}$

oder

Es gilt:

$$10^{-4} = \frac{1}{10\,000} = 0{,}0001$$

Und damit: $2{,}1 \cdot 10^{-4} = 2{,}1 \cdot 0{,}0001 = \mathbf{0{,}00021}$

Aufgabe 2

a) An dem Punkt, an dem der Graph einer Funktion die x-Achse schneidet, wird die y-Koordinate gleich null.
Die zugehörige x-Koordinate bezeichnet man als Nullstelle der Funktion.

Durch Ablesen: Nullstelle $\mathbf{x = -2}$

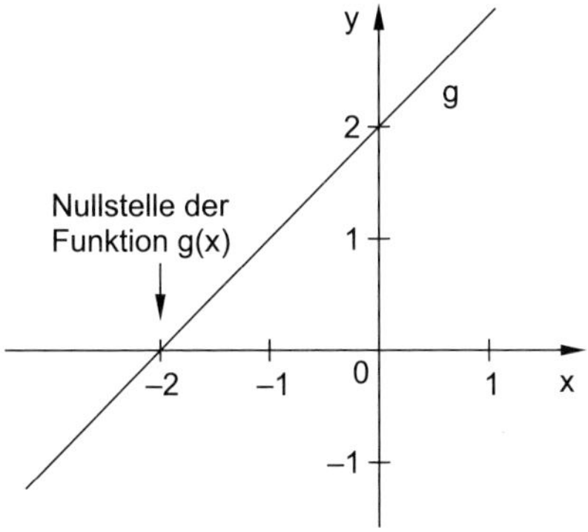

b) *Hinweis:* Der Begriff Anstieg ist gleichbedeutend mit Steigung.

Merkmale für Graphen einer linearen Funktion $y = mx + n$:
Ist die Steigung

- $m < 0$, erhält man eine fallende Gerade, die von links oben nach rechts unten verläuft.
- $m = 0$, erhält man eine Parallele zur x-Achse.
- $m > 0$, erhält man eine steigende Gerade, die von links unten nach rechts oben verläuft.

Betrachtet werden die Steigungen der drei Geraden f, g und h:

- **Gerade f** verläuft von links oben nach rechts unten, ist somit fallend, der Wert für die **Steigung ist eine negative Zahl**.
- Gerade g verläuft von links unten nach rechts oben, ist somit steigend, der Wert für die Steigung ist eine positive Zahl.
- **Gerade h verläuft parallel zur x-Achse**, hat keine Steigung, der Wert für die Steigung ist null.

Lösung:

Eigenschaft	Graph
Der Graph hat den Anstieg –2.	**f**
Der Graph verläuft parallel zur x-Achse.	**h**

oder

Lösung über das Steigungsdreieck:

Für f:

„Gehe 1 LE nach rechts und 2 LE nach unten“, also:

$$m = \frac{-2}{1} = -2$$

→ passt zur 1. Eigenschaft

Für g:

„Gehe 1 LE nach rechts und 1 LE nach oben“, also:

$$m = \frac{1}{1} = 1$$

Für h:

Kein Steigungsdreieck möglich, da parallel zur x-Achse und keine Steigung vorhanden.

→ passt zur 2. Eigenschaft

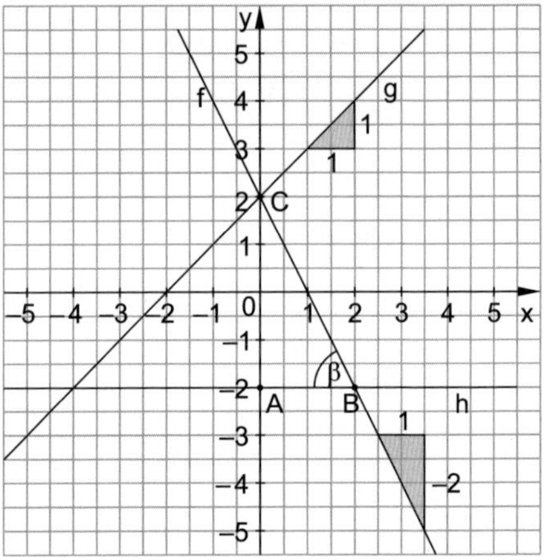

Lösung:

Eigenschaft	Graph
Der Graph hat den Anstieg –2.	**f**
Der Graph verläuft parallel zur x-Achse.	**h**

c) Ermitteln der Funktionsgleichungen für die Geraden f, g und h mithilfe der Steigung m und des y-Achsenabschnitts n.
Allgemeine Funktionsgleichung: $y = mx + n$

Gerade	Steigungsdreieck	Steigung m	y-Achsenabschnitt n (Schnittpunkt mit der y-Achse)	Funktionsgleichung
f	1 LE nach rechts und 2 LE nach unten	$\frac{-2}{1} = -2$	+2	$y = -2x + 2$
g	1 LE nach rechts und 1 LE nach oben	$\frac{1}{1} = 1$	+2	$y = 1x + 2$ oder $y = x + 2$
h	nicht möglich	0	–2	$y = 0x - 2$ oder $y = -2$

oder

Zeichnen der angebotenen Graphen in das vorhandene Koordinatensystem:

❶ $y = -2x + 2$	❷ $y = -\frac{1}{2}x + 2$	❸ $y = -2$
❹ $y = x + 2$	❺ $y = -2x$	❻ $y = x - 2$

Hinweis:

So zeichnet man Geraden:

- Achsenabschnitt n auf der y-Achse markieren
- von diesem Punkt aus Steigungsdreieck einzeichnen und zweiten Punkt markieren
- beide Punkte durch eine Gerade verbinden

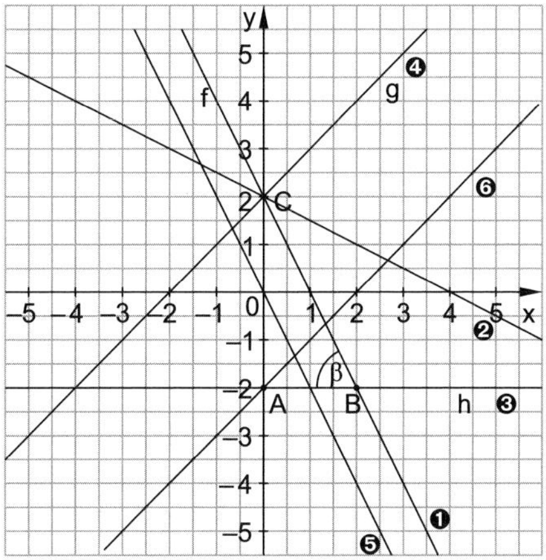

Ergebnis:

Gerade 1 und f sind identisch.
Gerade 3 und h sind identisch.
Gerade 4 und g sind identisch.

Lösung:

Graph	Funktionsgleichung
f	**f = −2x + 2**
g	**y = x + 2**
h	**y = −2**

d) • *Berechnung der Länge von $\overline{BC}$ im rechtwinkligen Dreieck:*

Mit dem Satz des Pythagoras gilt:

$\overline{AB}^2 + \overline{AC}^2 = \overline{BC}^2$

Die Längen von $\overline{AB}$ und $\overline{AC}$ werden im Koordinatensystem abgelesen:

$\overline{AB} = 2$ LE

$\overline{AC} = 4$ LE

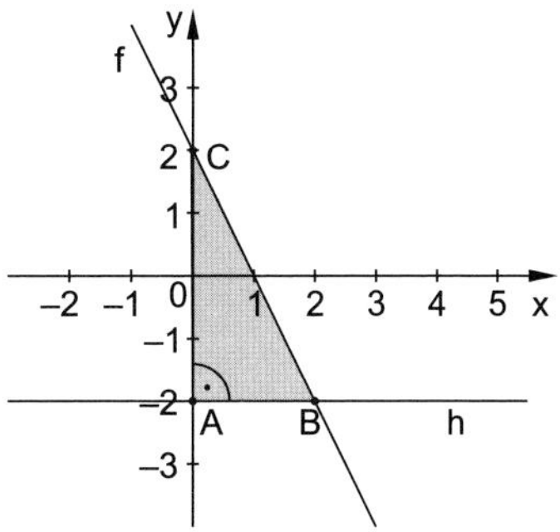

Einsetzen:

$$2^2 + 4^2 = \overline{BC}^2$$
$$4 + 16 = \overline{BC}^2$$
$$\overline{BC}^2 = 20 \qquad |\sqrt{}$$
$$\overline{BC} \approx 4,47$$

$\overline{BC}$ hat eine Länge von **4,47 LE**.

- *Berechnung der Größe des Winkels β im rechtwinkligen Dreieck ABC:*
  Vom Winkel β aus betrachtet ist $\overline{AB}$ die Ankathete, $\overline{AC}$ die Gegenkathete und $\overline{BC}$ die Hypotenuse.

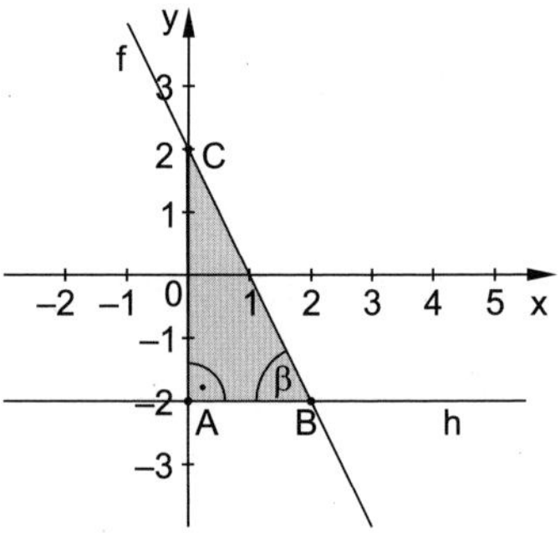

$\overline{AB} = 2$ LE
$\overline{AC} = 4$ LE
$\overline{BC} = 4,47$ LE

Lösung mithilfe des Tangens:

$$\tan\beta = \frac{\text{Gegenkathete}}{\text{Ankathete}}$$
$$\tan\beta = \frac{4}{2}$$
$$\tan\beta = 2$$
$$\beta \approx 63,4°$$

oder
Lösung mithilfe des Sinus:

$$\sin\beta = \frac{\text{Gegenkathete}}{\text{Hypotenuse}}$$
$$\sin\beta = \frac{4}{4,47}$$
$$\beta \approx 63,5°$$

oder
Lösung mithilfe des Kosinus:

$$\cos\beta = \frac{\text{Ankathete}}{\text{Hypotenuse}}$$
$$\cos\beta = \frac{2}{4,47}$$
$$\beta \approx 63,4°$$

Hinweis: Die unterschiedlichen Nachkommastellen entstehen durch das Rechnen mit gerundeten Zahlen.

Der Winkel β hat eine Größe von etwa **63,4°**.

Aufgabe 3

a) Berechnung von $\overline{BC}$ im rechtwinkligen Dreieck ABC mit dem Satz des Pythagoras:

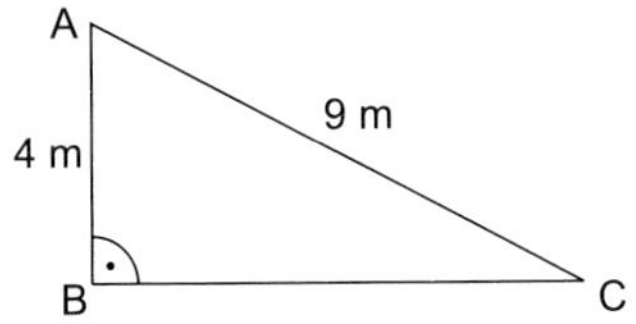

Gegeben: $\overline{AB} = 4\text{ m}$

$\overline{AC} = 9\text{ m}$

Gesucht: $\overline{BC}$

$$\overline{AB}^2 + \overline{BC}^2 = \overline{AC}^2$$

$$4^2 + \overline{BC}^2 = 9^2$$

$$16 + \overline{BC}^2 = 81 \qquad |-16$$

$$\overline{BC}^2 = 65 \qquad |\sqrt{}$$

$$\overline{BC} \approx 8{,}06$$

Der Abstand zwischen Ben und Chris beträgt etwa **8,06 m**.

b) Berechnung von α im rechtwinkligen Dreieck ABC:

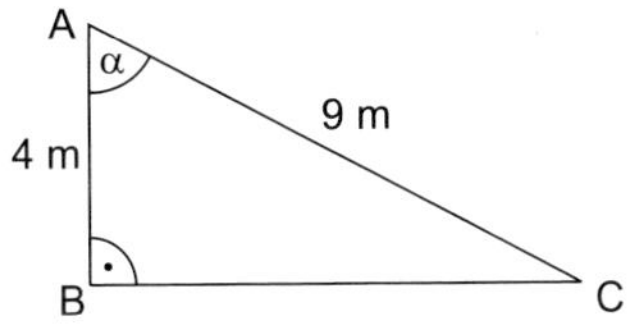

Von Winkel α aus betrachtet ist $\overline{AB}$ die Ankathete und $\overline{AC}$ die Hypotenuse.

Es gilt:

$$\cos\alpha = \frac{\text{Ankathete}}{\text{Hypotenuse}}$$

$$\cos\alpha = \frac{4}{9}$$

$$\alpha \approx 63{,}6°$$

Die Größe des Winkels α beträgt ungefähr 64°.

oder

Berechnung von α mithilfe des Sinus und der Länge von $\overline{BC}$:

Von Winkel α aus betrachtet ist $\overline{BC}$ die Gegenkathete und $\overline{AC}$ die Hypotenuse.

$\overline{BC} \approx 8{,}06\text{ m}$ (siehe Lösung zu Teilaufgabe 3 a)

Es gilt:

$$\sin\alpha = \frac{\text{Gegenkathete}}{\text{Hypotenuse}}$$

$$\sin\alpha = \frac{8{,}06}{9}$$

$$\alpha \approx 63{,}6°$$

Die Größe des Winkels α beträgt ungefähr 64°.

c) Berechnung des Winkels γ_1 im Dreieck ABC:

$64° + 90° + \gamma_1 = 180°$

$154° + \gamma_1 = 180° \quad |-154°$

$\gamma_1 = 26°$

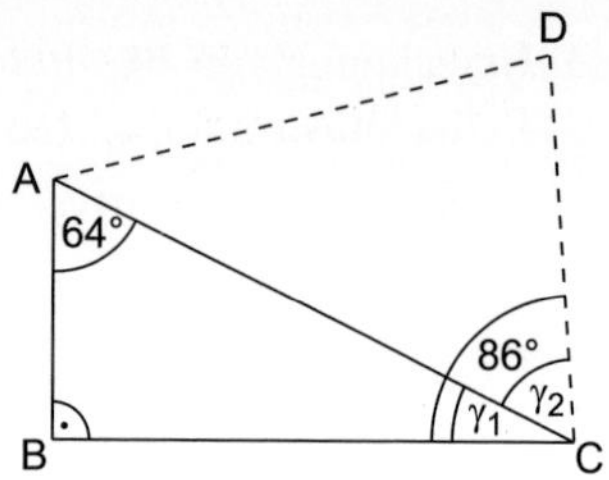

Berechnung des Winkels γ_2:

$\gamma_1 + \gamma_2 = 86°$

$26° + \gamma_2 = 86° \quad |-26°$

$\gamma_2 = 60°$

Berechnung der Strecke $\overline{AD}$ mithilfe des Sinussatzes im allgemeinen Dreieck ACD:

$$\frac{\overline{AD}}{\sin\gamma_2} = \frac{\overline{AC}}{\sin\delta}$$

$$\frac{\overline{AD}}{\sin 60°} = \frac{9}{\sin 80°} \quad |\cdot \sin 60°$$

$$\overline{AD} = \frac{9 \cdot \sin 60°}{\sin 80°}$$

$$\overline{AD} \approx 7{,}91$$

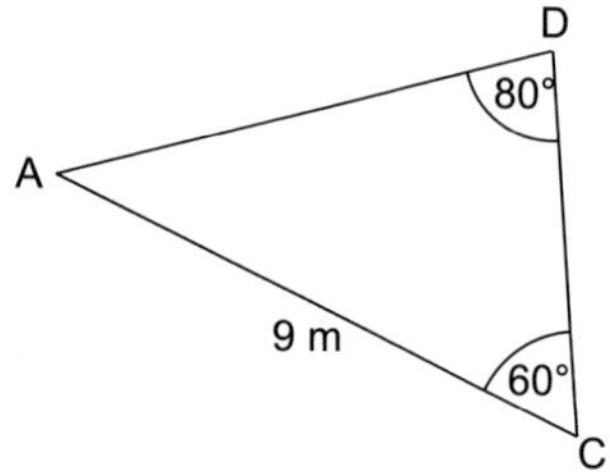

Der Abstand zwischen Amir und Deniz beträgt etwa **7,91 m**.

oder

Lösung mithilfe eines linearen Gleichungssystems:

I $\quad \tan 60° = \dfrac{h}{9 - x_1}$

II $\quad \tan 40° = \dfrac{h}{x_1}$

Umstellung von I und II nach h:

I' $\quad (9 - x_1) \cdot \tan 60° = h$

II' $\quad x_1 \cdot \tan 40° = h$

Zerlegung von Dreieck ADC in zwei rechtwinklige Dreiecke durch die Höhe h:

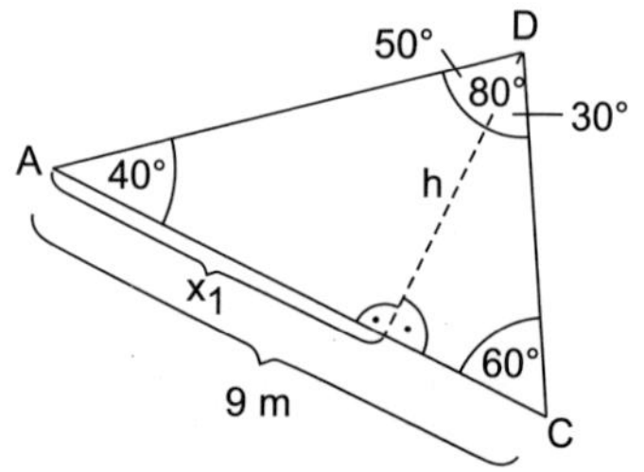

Anwendung des Gleichsetzungsverfahrens:

$$\text{I} = \text{II} \qquad (9 - x_1) \cdot \tan 60° = x_1 \cdot \tan 40° \qquad |\text{ Klammern auflösen}$$

$$9 \cdot \tan 60° - x_1 \cdot \tan 60° = x_1 \cdot \tan 40° \qquad | + x_1 \cdot \tan 60°$$

$$9 \cdot \tan 60° = x_1 \cdot (\tan 40° + \tan 60°) \qquad | : (\tan 40° + \tan 60°)$$

$$x_1 = \frac{9 \cdot \tan 60°}{\tan 40° + \tan 60°}$$

$$x_1 = 6{,}06$$

$x_1 = 6{,}06$ einsetzen in II:

$$\tan 40° = \frac{h}{6{,}06} \qquad | \cdot 6{,}06$$

$$h = 6{,}06 \cdot \tan 40°$$

$$h \approx 5{,}08$$

Pythagoras:

$$x_1{}^2 + h^2 = \overline{AD}^2$$

$$6{,}06^2 + 5{,}08^2 \approx \overline{AD}^2 \qquad | \sqrt{\ }$$

$$\overline{AD} \approx 7{,}91$$

Der Abstand zwischen Amir und Deniz beträgt etwa **7,91 m**.

Aufgabe 4

a) *Vorüberlegungen:*
Es handelt sich um ein Prisma mit dreieckiger Grund- und Deckfläche. Die Seitenflächen sind drei kongruente Rechtecke mit den Maßen 1,50 m Breite und 1,20 m Höhe.
Bei der Grund- und Deckfläche handelt es sich um ein gleichseitiges Dreieck mit der Seitenlänge a = 1,5 m, die Höhe der Rechtecke ist gleichzeitig die Höhe des Prismas $h_K = 1{,}2$ m.

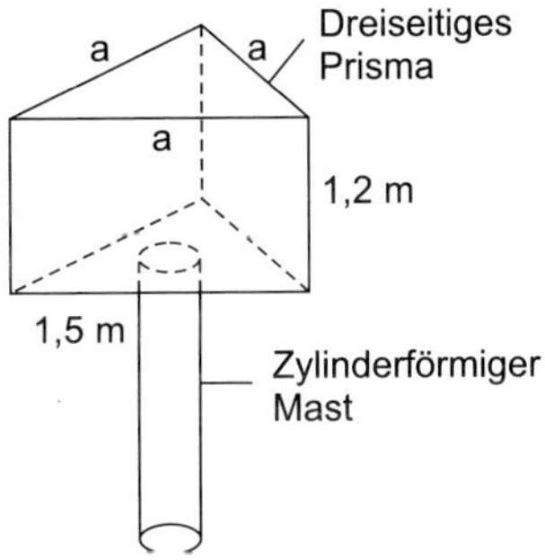

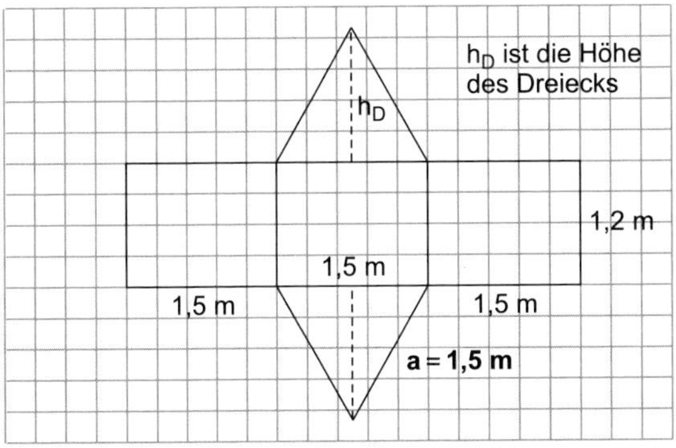

Anmerkung zur Zeichnung:
5 „Kästchen“ $\hat{=}$ 1,5 m, ca. 4,3 „Kästchen“ $\hat{=}$ h_D

b) Nur die Seitenflächen, also die drei Rechtecke, werden als Werbefläche genutzt.

Berechnung des Flächeninhalts eines Rechtecks:

$A = a \cdot b$
$A = 1{,}5 \cdot 1{,}2$
$A = 1{,}8$

Berechnung der Gesamtfläche:

$A_{gesamt} = 3 \cdot 1{,}8$
$A_{gesamt} = 5{,}4$

oder

Berechnung der Mantelfläche:
Die drei Rechtecke bilden die Mantelfläche A_M des Prismas. u_G ist der Umfang der Grundfläche.

Berechnung des Umfangs u_G:
$u_G = 1{,}5 + 1{,}5 + 1{,}5$
$u_G = 4{,}5$

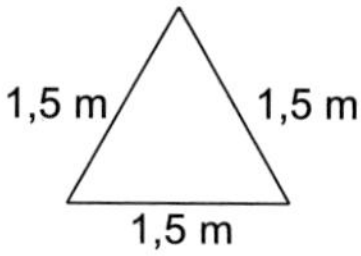

Damit gilt:

$A_M = u_G \cdot h_K$
$A_M = 4{,}5 \cdot 1{,}2$
$A_M = 5{,}4$

Die gesamte Werbefläche hat eine Größe von **5,4 m²**.

c) • *Berechnung der Deckfläche:*
Die Deckfläche ist ein Dreieck. Es gilt:

$A = \frac{1}{2} \cdot c \cdot h_c$ c: Seite des Dreiecks; h_c: Höhe auf die Seite c

Gegeben: $a = 1{,}5$ m; $h_D = 1{,}3$ m
Gesucht: A

$A = \frac{1}{2} \cdot 1{,}5 \cdot 1{,}3$
$A = 0{,}975$

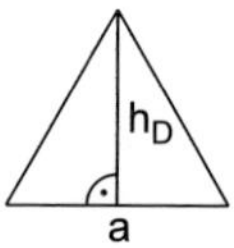

Der Flächeninhalt der Deckfläche beträgt **0,975 m²**.

- *Berechnung des Volumens des Prismas:*
  Es gilt: $V = A_G \cdot h_K$ A_G: Flächeninhalt der Grundfläche; h_K: Höhe des Körpers (Prisma)

  Gegeben: $A_G = 0{,}975\ m^2$; $h_K = 1{,}2\ m$
  Gesucht: V

  $V = 0{,}975 \cdot 1{,}2$
  $V = 1{,}17$

  Es passen also ca. 1,2 m^3 Regenwasser in das Prisma.

- *Berechnung der Masse des zu 10 % gefüllten Prismas:*
  Berechnung von 10 % des maximalen Wasservolumens:

  Vorüberlegung:
  $V = 1{,}2\ m^3$, wenn Prisma maximal zu 100 % mit Wasser gefüllt ist.

  Lösung mit dem Dreisatz:

  $$:10 \left(\begin{array}{l} 100\,\% \mathrel{\hat{=}} 1{,}2\ m^3 \\ 10\,\% \mathrel{\hat{=}} 0{,}12\ m^3 \end{array} \right) :10$$

  oder
  Lösung über proportionale Zuordnung:

  $$\frac{1{,}2}{100} = \frac{x}{10} \quad |\cdot 10$$
  $$x = \frac{1{,}2 \cdot 10}{100}$$
  $$x = 0{,}12$$

  Berechnung der Masse für 0,12 m^3 Wasser:
  Lösung mit dem Dreisatz:

  $$\cdot 0{,}12 \left(\begin{array}{r} 1\ m^3 \mathrel{\hat{=}} 1\,000\ kg\ Masse \\ 0{,}12\ m^3 \mathrel{\hat{=}} 120\ kg\ Masse \end{array} \right) \cdot 0{,}12$$

  oder
  Lösung über proportionale Zuordnung:

  $$\frac{1}{1\,000} = \frac{0{,}12}{x} \quad |\cdot x$$
  $$\frac{x}{1\,000} = 0{,}12 \quad |\cdot 1\,000$$
  $$x = 1\,000 \cdot 0{,}12$$
  $$x = 120$$

Berechnung der Gesamtmasse:

Gegeben: Masse des Prismas $M_P = 200$ kg;
Masse des Regenwassers $M_R = 120$ kg

$$M_{gesamt} = M_P + M_R$$
$$M_{gesamt} = 200 + 120$$
$$M_{gesamt} = 320$$

Das Prisma hat eine Masse von **320 kg**, wenn es zu 10 % mit Regenwasser gefüllt ist.

Aufgabe 5

a) 2013: 72 % von 1 200 Jugendlichen besitzen ein Smartphone
2016: 95 % von 1 200 Jugendlichen besitzen ein Smartphone

Berechnung der Anzahl von Jugendlichen mit Smartphone:

Für 2013:
Lösung mit dem Dreisatz:

$$\begin{aligned} & 100\,\% \mathrel{\hat{=}} 1\,200 \text{ J.} && \\ :100 \; & && :100 \\ & 1\,\% \mathrel{\hat{=}} \frac{1\,200}{100} \text{ J.} && \\ \cdot 72 \; & && \cdot 72 \\ & 72\,\% \mathrel{\hat{=}} 864 \text{ J.} && \end{aligned}$$

oder

Lösung über proportionale Zuordnung:

$$\frac{1\,200}{100} = \frac{x}{72} \qquad | \cdot 72$$
$$x = \frac{1\,200 \cdot 72}{100}$$
$$x = 864$$

Für 2016:
Lösung mit dem Dreisatz:

$$\begin{aligned} & 100\,\% \mathrel{\hat{=}} 1\,200 \text{ J.} && \\ :100 \; & && :100 \\ & 1\,\% \mathrel{\hat{=}} \frac{1\,200}{100} \text{ J.} && \\ \cdot 95 \; & && \cdot 95 \\ & 95\,\% \mathrel{\hat{=}} 1140 \text{ J.} && \end{aligned}$$

oder

Berichtigung der Aussage (2):
Die Anzahl der Jugendlichen, die Bücher lesen, nimmt weiter ab.

oder

Befürchtet wird, dass in 18 Jahren kein Jugendlicher mehr ein Buch liest.

Begründung (wird in der Aufgabenstellung nicht verlangt):
Das Säulendiagramm zeigt eine stetige Abnahme von bücherlesenden Jugendlichen von 2011 bis 2015. Die Säule für das Jahr 2015 ist nicht sehr hoch und vermittelt den Eindruck, als würde der Prozentsatz der bücherlesenden Jugendlichen in wenigen Jahren in Richtung 0 % gehen. Tatsächlich sind die Prozentsätze von 2011 bis 2015 aber nur jährlich um durchschnittlich 2 % heruntergegangen. Im Jahr 2015 gibt es immerhin noch 36 % bücherlesende Jugendliche. Sollte die Entwicklung gleichmäßig weitergehen, würde es noch 18 Jahre dauern, bis (annähernd) kein Jugendlicher mehr ein Buch liest. Die Ursache für die falsche Wahrnehmung liegt in der verfälschten Darstellung im Diagramm: die Werte auf der y-Achse beginnen nicht bei 0 %, sondern bei 30 %.

Aufgabe 6

a) Ereignis E: Paul zieht einen gelben Buntstift.
Anzahl der gelben Buntstifte: 3
Anzahl aller Buntstifte: 20

Wahrscheinlichkeit P, einen gelben Buntstift zu ziehen:

$$P(E) = \frac{\text{Anzahl der gelben Buntstifte}}{\text{Anzahl aller Buntstifte}} = \frac{3}{20} = 0{,}15 = 15\ \%$$

Mit der Wahrscheinlichkeit von $\mathbf{\frac{3}{20}}$ bzw. **15 %** zieht Paul einen gelben Stift.

b) • *Ergänzen des Baumdiagramms:*
Das Baumdiagramm zeigt einen dreistufigen Zufallsversuch „ohne Zurücklegen“. Marie greift nacheinander aus einer Menge von 20 Buntstiften (4 roten und 16 nicht roten) 3 Buntstifte heraus.

Betrachtet wird der Pfad zum Ereignis (nicht rot, rot, rot):

1. Zug: Nicht roter Buntstift: Anzahl der nicht roten Stifte: 16
Anzahl aller Stifte: 20
Pfadwahrscheinlichkeit: $\frac{16}{20}$

Ohne Zurücklegen

2. Zug: Roter Buntstift:	Anzahl der roten Stifte:	4
	Anzahl aller Stifte:	19
	Pfadwahrscheinlichkeit:	$\frac{4}{19}$

Ohne Zurücklegen

3. Zug: Roter Buntstift:	Anzahl der roten Stifte:	3
	Anzahl aller Stifte:	18
	Pfadwahrscheinlichkeit:	$\frac{3}{18}$

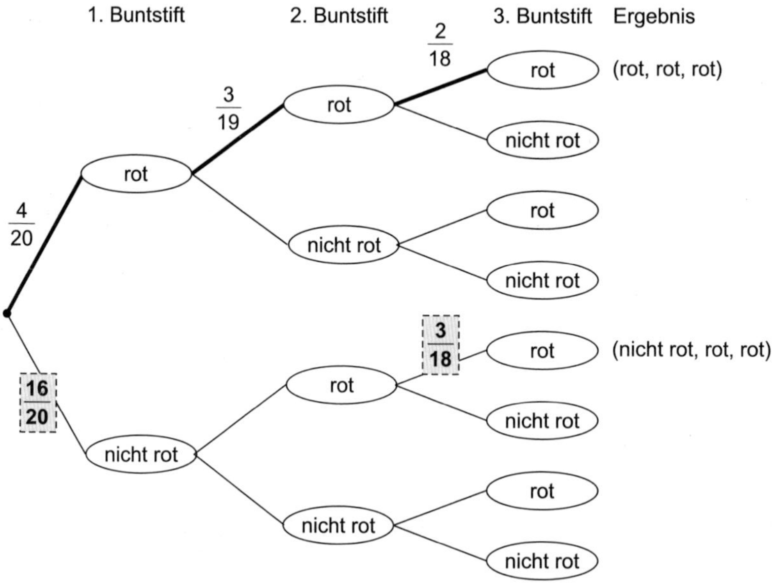

- *Entscheiden, ob Aussagen wahr oder falsch sind:*

	wahr	falsch	Begründung (nicht verlangt)
Marie greift nacheinander drei unterschiedlich farbige Buntstifte.	☐	☒	Der fett markierte Pfad führt zu dem Ergebnis (rot, rot, rot). Die Stifte sind gleichfarbig.
Marie legt den Stift nach jedem Ziehen wieder zurück.	☐	☒	Die Pfadwahrscheinlichkeiten am fett markierten Pfad zeigen, dass die Anzahl aller Buntstifte nach jedem Ziehen um 1 abnimmt. Von 20 auf 19, von 19 auf 18. Würde Marie den Stift nach jedem Ziehen wieder zurücklegen, wäre die Gesamtzahl aller Stifte gleichbleibend 20.

oder
Lösung über proportionale Zuordnung:

$$\frac{10{,}816}{100} = \frac{x}{4} \qquad |\cdot 4$$

$$x = \frac{10{,}816 \cdot 4}{100}$$

$$x \approx 0{,}433$$

Masse gesamt:
$10{,}816 + 0{,}433 = 11{,}249$

Masse in der vierten Woche:
Lösung mit dem Dreisatz:

$$\begin{aligned} :100 \ \big(\quad 100\,\% &\mathrel{\hat=} 11{,}249\text{ kg} \quad \big) :100 \\ 1\,\% &\mathrel{\hat=} \frac{11{,}249}{100}\text{ kg} \\ \cdot 4 \ \big(\quad 4\,\% &\mathrel{\hat=} 0{,}44996\text{ kg} \quad \big) \cdot 4 \\ &\approx 0{,}450\text{ kg} \end{aligned}$$

oder
Lösung über proportionale Zuordnung:

$$\frac{11{,}249}{100} = \frac{x}{4} \qquad |\cdot 4$$

$$x = \frac{11{,}249 \cdot 4}{100}$$

$$x \approx 0{,}450$$

Masse gesamt:
$11{,}249 + 0{,}450 = 11{,}699$

Masse in der fünften Woche:
Lösung mit dem Dreisatz:

$$\begin{aligned} :100 \ \big(\quad 100\,\% &\mathrel{\hat=} 11{,}699\text{ kg} \quad \big) :100 \\ 1\,\% &\mathrel{\hat=} \frac{11{,}699}{100}\text{ kg} \\ \cdot 4 \ \big(\quad 4\,\% &\mathrel{\hat=} 0{,}46796\text{ kg} \quad \big) \cdot 4 \\ &\approx 0{,}468\text{ kg} \end{aligned}$$

oder

Lösung über proportionale Zuordnung:

$$\frac{11{,}699}{100} = \frac{x}{4} \qquad |\cdot 4$$

$$x = \frac{11{,}699 \cdot 4}{100}$$

$$x \approx 0{,}468$$

Masse gesamt:

$11{,}699 + 0{,}468 = 12{,}167$

oder

Berechnung der Masse für die fünfte Woche mithilfe des Prozentfaktors:
In jeder neuen Woche erhöht sich die Masse des Ferkels um 4 % und beträgt 104 % des vorhergehenden Wertes, d. h., jeder Wert erhöht sich mit dem Faktor $\frac{104}{100} = 1{,}04$.

Anfangswert:	$y = 10$	
1. Woche:	$y = 10 \cdot 1{,}04$	$\Rightarrow$ 10,400
2. Woche:	$y = 10 \cdot 1{,}04 \cdot 1{,}04$	$\Rightarrow$ 10,816
3. Woche:	$y = 10 \cdot 1{,}04 \cdot 1{,}04 \cdot 1{,}04$	$\Rightarrow$ 11,249
4. Woche:	$y = 10 \cdot 1{,}04 \cdot 1{,}04 \cdot 1{,}04 \cdot 1{,}04$	$\Rightarrow$ 11,699
5. Woche:	$y = 10 \cdot 1{,}04 \cdot 1{,}04 \cdot 1{,}04 \cdot 1{,}04 \cdot 1{,}04$	$\Rightarrow$ 12,167

oder

Berechnung der Masse für die fünfte Woche mithilfe der Funktionsgleichung $y = a \cdot q^x$:

Anfangswert: $a = 10$
Wachstumsrate: $p\,\% = 4\,\%$
Wachstumsfaktor: $q = 1 + \frac{p}{100} = 1 + \frac{4}{100} = 1{,}04$

Damit ergibt sich als Funktionsgleichung $y = 10 \cdot 1{,}04^x$.
Anzahl der Wochen: $x = 5$
Einsetzen in die Funktionsgleichung:

$y = 10 \cdot 1{,}04^5 \approx 12{,}167$

Tabelle:

Zeit in Wochen	0	1	2	…	5
Masse in kg	**10**	10,400	**10,816**	…	**12,167**

b) Ein exponentieller Wachstumsvorgang wird durch diese allgemeine Funktionsgleichung beschrieben:

$$y = a \cdot q^x$$

Anfangswert (a) Wachstumsfaktor (q)

$$f(x) = 10 \cdot 1{,}04^x$$

Funktionsgleichung der Landwirtin Wilma:

	Bedeutung	**Erklärung (nicht verlangt)**
10	Anfangswert **oder** Masse zum Zeitpunkt null	Bevor das exponentielle Wachstum beginnt, beträgt die Masse des Ferkels 10 kg.
1,04	Wachstumsfaktor **oder** Zunahmefaktor **oder** nach jedem Zeitabstand nimmt die Masse um 4 % zu **oder** nach jedem Zeitabstand erhöht sich der Wert mit dem Faktor 1,04	Der Wachstumsfaktor q wird mithilfe der Wachstumsrate $p = 4\ \%$ berechnet: $q = 1 + p\ \%$ $q = 1 + 4\ \% = 1 + \frac{4}{100}$ $= 1 + 0{,}04 = 1{,}04$
x	beschreibt die Anzahl der Wochen **oder** Zeit in Wochen **oder** steht für Anzahl der Zeiteinheiten **oder** unabhängige Variable, die den Wert für die Masse bestimmt	x ist der Exponent in der Exponentialfunktion. Durch Einsetzen einer Zahl wird der zugehörige y-Wert (Masse des Ferkels) eindeutig bestimmt.

c)

Skizze des Graphen	passt	passt nicht	Begründung
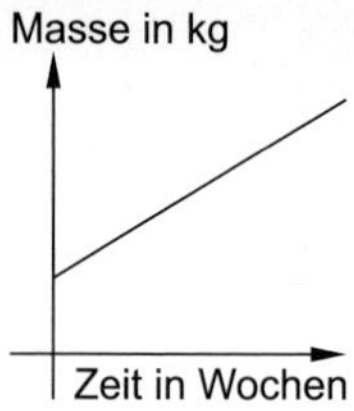	☐	☒	Es ist ein lineares Wachstum dargestellt. **oder** Der Graph gehört zu einer linearen Funktion.

Erklärung (nicht verlangt)
Der Graph ist eine Gerade, die gleichmäßig ansteigt. Die Masse des Ferkels nimmt aber nicht gleichmäßig mit demselben kg-Wert zu.

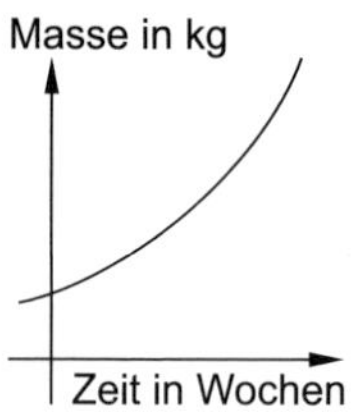	☒	☐	Es ist ein exponentielles Wachstum dargestellt und der Graph beginnt nicht im Nullpunkt.

Erklärung (nicht verlangt)
So wie das Ferkel von Woche zu Woche mit immer größeren kg-Werten an Masse zunimmt, so wird der Graph nach anfangs schwächerem Anstieg immer „steiler“. Da der Anfangswert bei $y = 10$ liegt, darf der Graph nicht durch den Nullpunkt gehen.

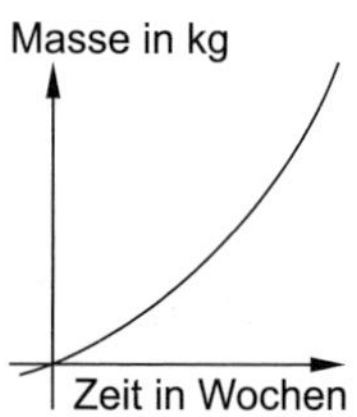	☐	☒	Es ist ein exponentielles Wachstum dargestellt, aber der Graph beginnt im Nullpunkt.

Erklärung (nicht verlangt)
Der Graph zeigt exponentielles Wachstum, aber der Anfangswert ist 0 kg und nicht 10 kg.

Mittlerer Schulabschluss und erweiterte Berufsbildungsreife Berlin/Brandenburg Mathematik 2020

Hinweis: Aufgaben zu anspruchsvolleren Themen sind mit einem * gekennzeichnet.

Punkte

Aufgabe 1 10 P.

Basisaufgaben

a) Herr Förster sagt: „Nur 4 % meiner Bäume wachsen nicht an.“ 1 P.

Kreuzen Sie die richtige Aussage an.

☐ 4 von 10 Bäumen wachsen nicht an.

☐ Jeder 4. Baum wächst nicht an.

☐ 4 von 100 Bäumen wachsen nicht an.

b) Einer der folgenden Punkte liegt auf der x-Achse des Koordinatensystems. 1 P.

Kreuzen Sie den richtigen Punkt an.

☐ A(3 | 2) ☐ B(0 | 2) ☐ C(–3 | –2) ☐ D(3 | 0)

c) Geben Sie die Gleichung für $\tan\alpha$ an. 1 P.

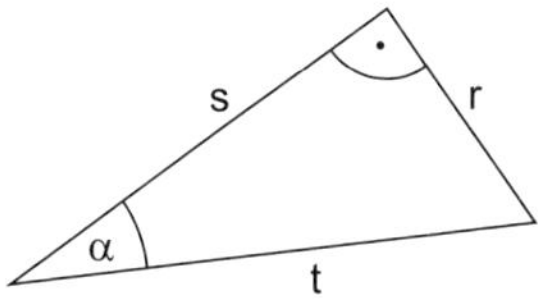

d) Der Flächeninhalt eines Quadrates beträgt $36\ \text{cm}^2$. 1 P.

Notieren Sie die Seitenlänge des Quadrates.

e) Geben Sie die Lösung der Gleichung $2(x-4)=6$ an. 1 P.

$x =$ ____________

f) Geben Sie die Zahl an, die genau in der Mitte zwischen –0,6 und –0,5 liegt. 1 P.

g) Die beiden Geraden g und h sind parallel zueinander. 1 P.

Geben Sie die Größe des Winkels α an.

$\alpha =$ ____________

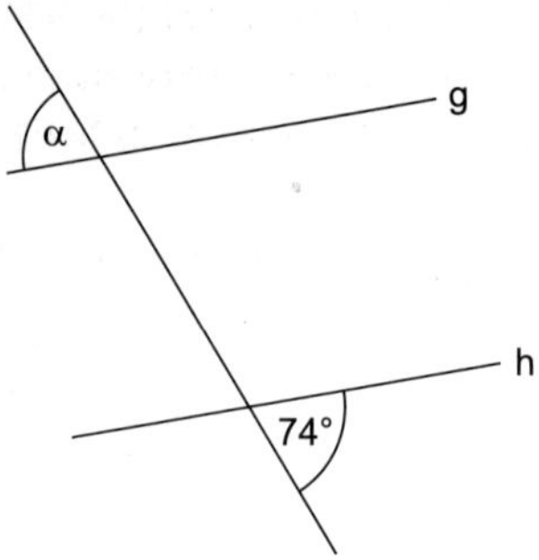

(Skizze nicht maßstabsgerecht)

h) Geben Sie die Zahl x an, für die die Gleichung $2^x = 16$ gilt. 1 P.

$x =$ ____________

i) Im Dreieck ABC hat die Seite a eine Länge von 10 cm. 1 P.
Für die Summe der Seitenlängen b und c gilt eine der folgenden Aussagen.

Kreuzen Sie die richtige Aussage an.

☐ $b + c > 10$ cm

☐ $b + c = 10$ cm

☐ $b + c < 10$ cm

j) Für x wurde die Gleichung $\sin 30° = \frac{7}{x}$ aufgestellt. 1 P.

Geben Sie den Wert von x an.

Aufgabe 2 9 P.

Schwimmbad

In dem Diagramm soll die Anzahl der Besucher eines Schwimmbades in der ersten Ferienwoche der Sommerferien dargestellt werden.
Am Donnerstag waren 180 Besucher im Schwimmbad.

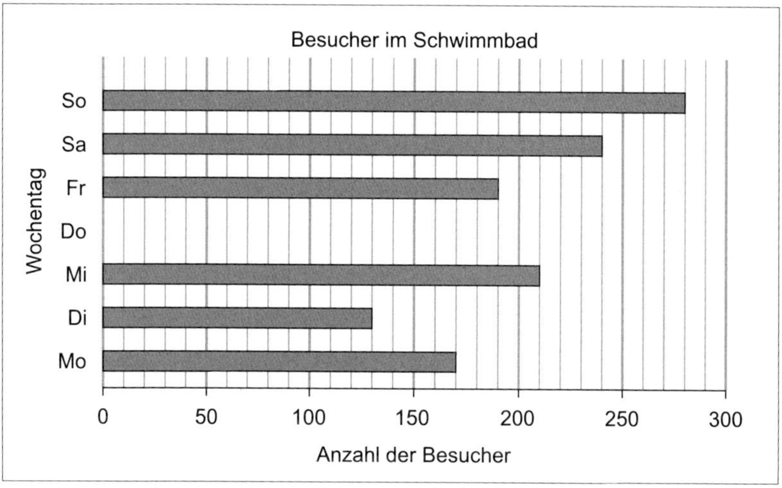

a) Ergänzen Sie im Diagramm den Balken für Donnerstag. 1 P.

b) Notieren Sie, an welchen Tagen mehr als 190 Besucher im Schwimmbad waren. 1 P.

c) Berechnen Sie die durchschnittliche Anzahl der Besucher in der ersten Ferienwoche. 2 P.

d) Die beiden folgenden Aussagen sind wahr. 2 P.

Weisen Sie die Aussagen rechnerisch nach.

Aussage	**Nachweis**
Die Spannweite der Besucherzahlen in der ersten Ferienwoche beträgt 150 Besucher.	
Am Sonntag kamen ein Drittel mehr Besucher als am Mittwoch.	

Am Wochenende kamen 520 Besucher in das Schwimmbad. An diesen Tagen kostet die Tageskarte 12 € pro Person.

*e) Der Betreiber des Schwimmbades behauptet: 3 P.
„Wären am Wochenende x Besucher mehr gekommen, dann hätte ich am Wochenende 7 920 € Einnahmen erzielt."

Stellen Sie eine Gleichung auf, die diesen Sachverhalt beschreibt.

Ermitteln Sie die Anzahl x der Besucher, die dafür gefehlt hat.

Aufgabe 3 10 P.

Funktionen

Im Koordinatensystem ist der Graph der quadratischen Funktion f mit der Gleichung $y = (x+2)^2 - 4$ dargestellt.

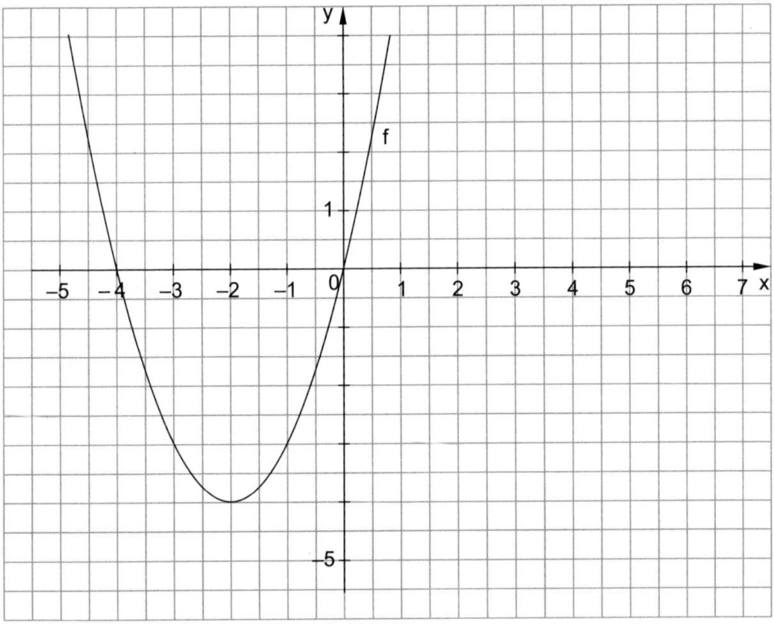

a) S ist der Scheitelpunkt des Graphen von f. 1 P.

Geben Sie die Koordinaten von S an.

b) Einer der folgenden Punkte liegt **nicht** auf dem Graphen von f. 1 P.

Kreuzen Sie an, welcher der folgenden Punkte **nicht** auf dem Graphen von f liegt.

☐ A(–3 | –3) ☐ B(0 | 0) ☐ C(–1 | –3)

☐ D(–1,5 | –2,5) ☐ E(–2 | –4)

c) Der Punkt A (2 | y) liegt auf dem Graphen von f mit der Gleichung $y = (x + 2)^2 - 4$. 2 P.

Bestimmen Sie den Wert der y-Koordinate des Punktes A.

*d) Die Parabel p entsteht durch Spiegelung des Graphen f an der y-Achse. 3 P.

Skizzieren Sie die Parabel p in dem vorgegebenen Koordinatensystem.

Geben Sie eine Gleichung für p an.

*e) Berechnen Sie für die Funktion mit der Gleichung $y = 2x^2 + 8x + 6$ die Nullstellen. 3 P.

Aufgabe 4 8 P.

Wasserverbrauch

Weltweiter Wasserverbrauch

Eine Studie aus dem Jahr 2019 besagt, dass der weltweite Wasserverbrauch pro Person in Zukunft um 3 % pro Jahr steigen wird. Im Jahr 2019 wurde ein jährlicher Wasserverbrauch von durchschnittlich 54 Tausend Liter pro Person ermittelt.

a) Ergänzen Sie die Tabelle entsprechend der Angaben aus dem Text. 2 P.

Jahr	2019	2020	2021	2022
Jährlicher Wasserverbrauch pro Person in Tausend Litern		55,6	57,3	

b) Der Graph zeigt den weltweiten Wasserverbrauch in Tausend Litern pro Person seit dem Jahr 2019. 3 P.

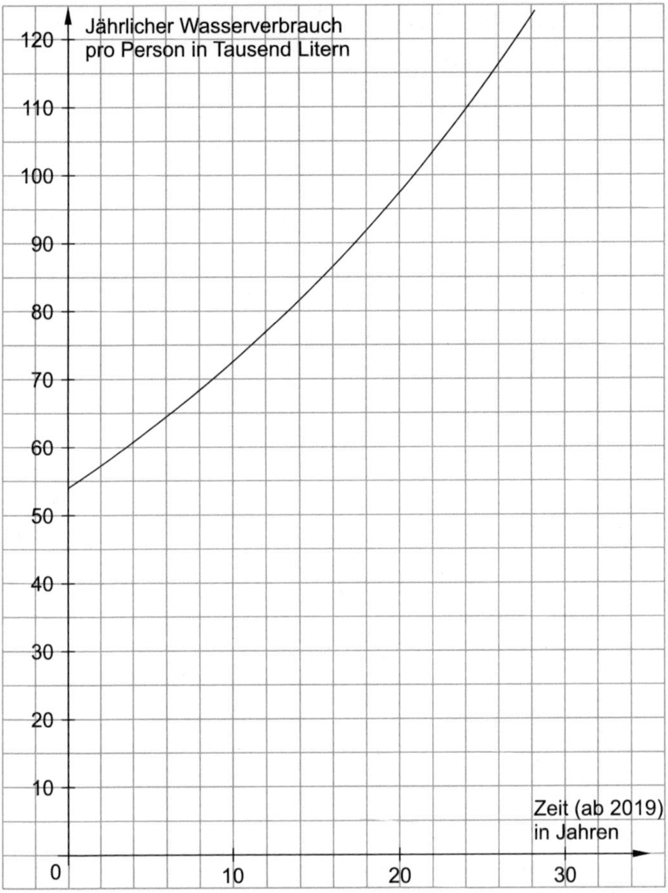

Ermitteln Sie anhand des Graphen, nach wie vielen Jahren sich der Wasserverbrauch pro Person in etwa verdoppelt haben wird. Beschreiben Sie Ihr Vorgehen.

*c) Die Vorhersage für den weltweiten Wasserverbrauch pro Person kann durch die Gleichung $y = 54 \cdot 1{,}03^x$ beschrieben werden. 3 P.
(x: Zeit in Jahren, y: Wasserverbrauch pro Person in Tausend Litern)
Eine andere Studie schätzt, dass der jährliche Wasserverbrauch pro Person von 2019 bis 2033 insgesamt um ca. 40 % steigen wird.
Untersuchen Sie, ob beide Studien für das Jahr 2033 den gleichen Wasserverbrauch vorhersagen.

Aufgabe 5 7 P.

Verpackung
Eine Schachtel hat die Form eines Prismas.

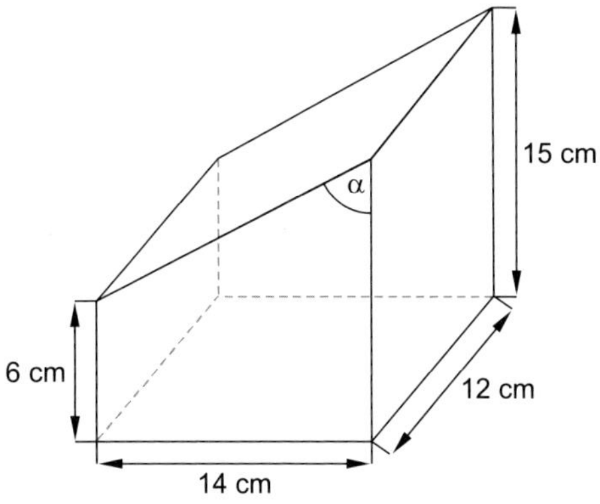

(Skizze nicht maßstabsgerecht)

a) Martina hat angefangen, das Netz dieser Schachtel zu skizzieren. 2 P.
Vervollständigen Sie das Netz.

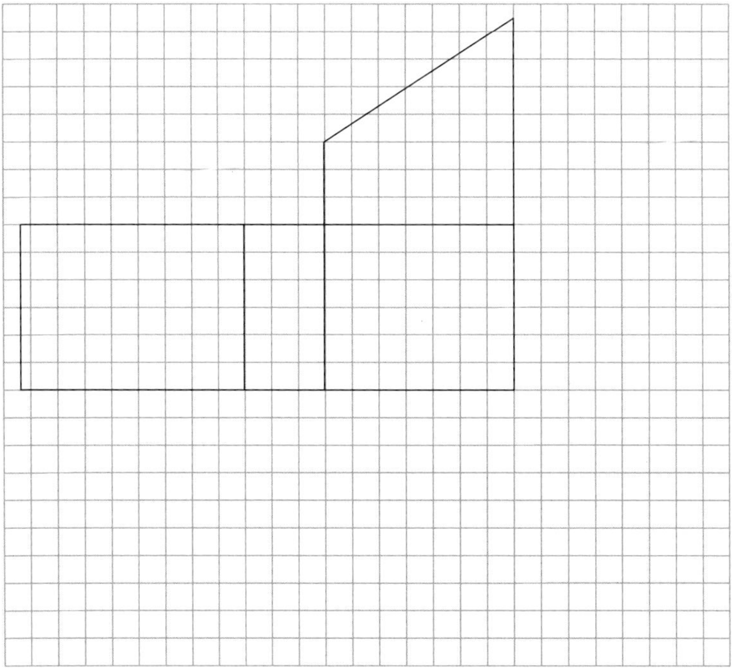

b) Berechnen Sie die Größe des Winkels α. 3 P.

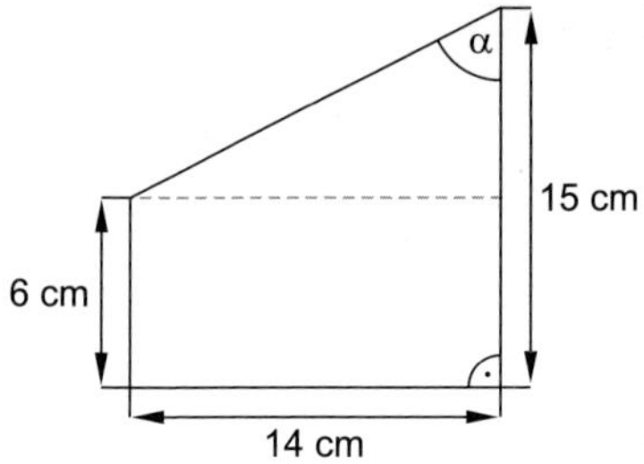

(Skizze nicht maßstabsgerecht)

*c) Mehrere Schachteln sollen in eine quaderförmige Kiste verpackt werden. 2 P.

Die Kiste hat die Abmessungen: Länge = 28 cm, Breite = 24 cm, Höhe = 22 cm

Geben Sie die größtmögliche Anzahl der Schachteln an, die in die Kiste passen.

Erläutern Sie Ihren Lösungsweg. Sie können auch eine Skizze verwenden.

Aufgabe 6 9 P.

Würfelspiel

Wird ein Würfel zweimal nacheinander geworfen, so können sich 36 verschiedene Augenpaare ergeben.

Hinweis: Beachten Sie, dass z. B. die Augenpaare (2, 1) und (1, 2) unterschiedliche Ergebnisse sind.

a) Notieren Sie alle möglichen Augenpaare, bei denen der zweite Wurf die Augenzahl „2“ zeigt. 3 P.

Ermitteln Sie die Wahrscheinlichkeit für die Augenzahl „2“ beim zweiten Wurf.

Geben Sie diese Wahrscheinlichkeit in Prozent an.

b) Max behauptet: „Die Wahrscheinlichkeit, zwei gleiche Augenzahlen zu würfeln, ist größer als die Wahrscheinlichkeit, zuerst eine 6 zu würfeln.“ 3 P.

Entscheiden Sie, ob Max recht hat.

☐ Max hat recht ☐ Max hat nicht recht

Begründen Sie Ihre Entscheidung.

Lisa und Max wollen ins Kino gehen.
Lisa wirft den Würfel 3-mal hintereinander. Wenn sie dabei mindestens 2-mal eine 6 würfelt, zahlt Max beide Kinokarten.

*c) Vervollständigen Sie das Baumdiagramm. 3 P.

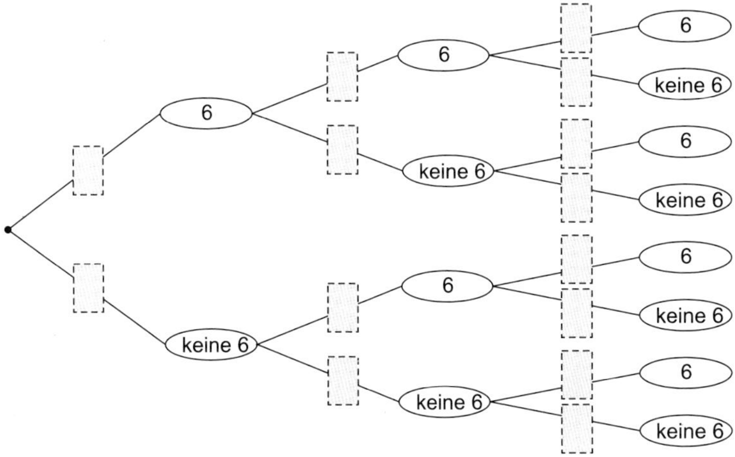

Berechnen Sie die Wahrscheinlichkeit, dass Max die Karten bezahlt.

Aufgabe 7 7 P.

Dreiecke

Gegeben ist das rechtwinklige Dreieck ABC.
Die Strecke $\overline{BC}$ ist 12 m lang und die Strecke $\overline{AC}$ hat eine Länge von 34 m.

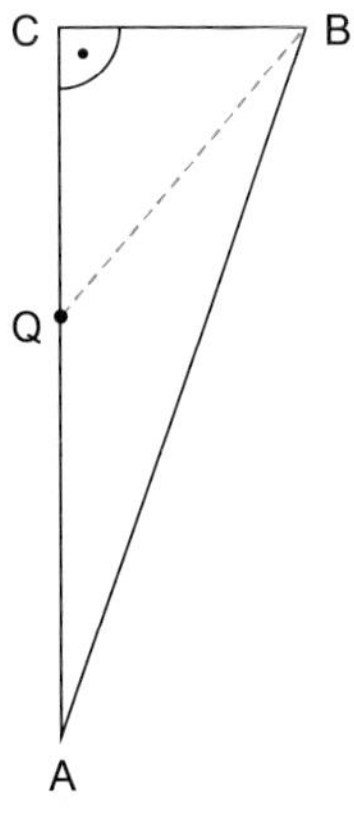

(Skizze nicht maßstabsgerecht)

a) Berechnen Sie die Länge der Strecke $\overline{AB}$. 2 P.

b) Der Punkt Q liegt auf der Strecke $\overline{AC}$. 2 P.
Der Flächeninhalt des Dreiecks QBC beträgt 90 m^2.
Berechnen Sie die Länge der Strecke $\overline{QC}$.

Betrachtet wird das Dreieck DEF. Der Punkt P liegt auf der Strecke $\overline{DE}$.

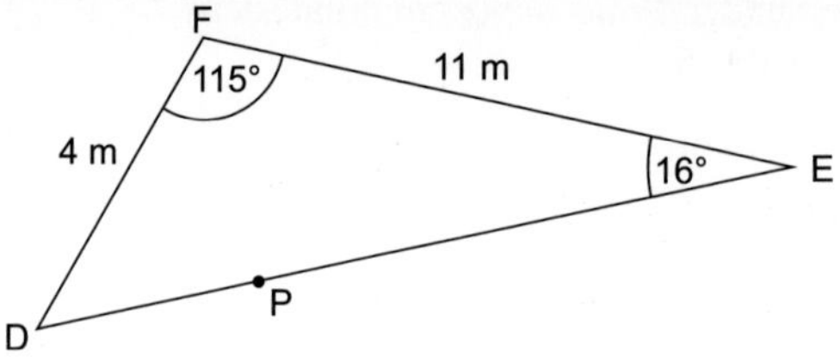

(Skizze nicht maßstabsgerecht)

*c) Die Länge der Strecke $\overline{PE}$ beträgt 10 m. 3 P.
Berechnen Sie die Länge der Strecke $\overline{DP}$.

Lösung

Aufgabe 1

a) *Überlegungen:*

- „4 von 10 Bäumen" entspricht $\frac{4}{10} = \frac{40}{100} = 40\ \%$.
- „Jeder 4. Baum" entspricht $\frac{1}{4} = \frac{25}{100} = 25\ \%$.
- „4 von 100 Bäumen" entspricht $\frac{4}{100} = 4\ \%$.

Es gilt:

☐ 4 von 10 Bäumen wachsen nicht an.

☐ Jeder 4. Baum wächst nicht an.

☒ 4 von 100 Bäumen wachsen nicht an.

b) Ein Punkt P(x | y) liegt dann auf der x-Achse, wenn die y-Koordinate null ist. Es gilt also P(x | 0).

oder

Lösung durch Einzeichnen der Punkte in ein Koordinatensystem:

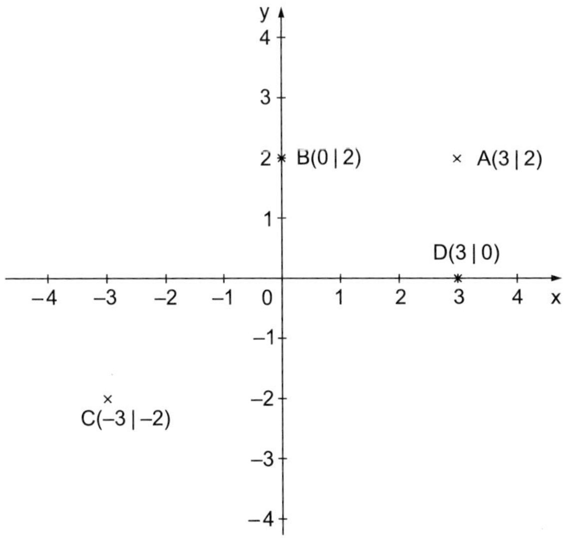

Es gilt:

☐ A(3 | 2) ☐ B(0 | 2) ☐ C(–3 | –2) ☒ D(3 | 0)

c) Der Tangens eines Winkels wird im rechtwinkligen Dreieck durch das Seitenverhältnis von Gegenkathete und Ankathete bestimmt:

$$\tan \alpha = \frac{\text{Gegenkathete}}{\text{Ankathete}}$$

Vom Winkel α aus betrachtet ist die Seite r die Gegenkathete und die Seite s die Ankathete.
Damit gilt für das abgebildete Dreieck:

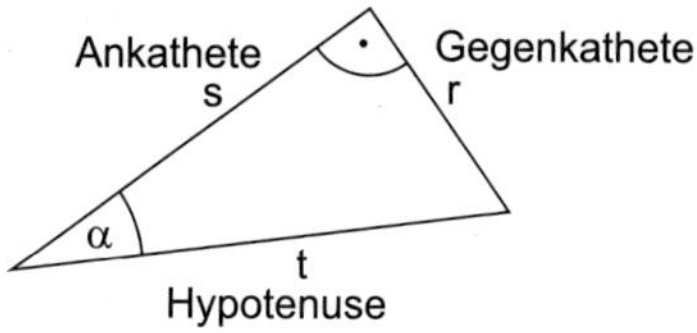

$$\boldsymbol{\tan \alpha = \frac{r}{s}}$$

d) Für die Flächenberechnung eines Quadrates mit der Seitenlänge a gilt:
$A = a^2$
Gegeben: $A = 36\ \text{cm}^2$
Gesucht: a

$$36 = a^2 \quad |\sqrt{\ }$$
$$a = 6$$

Die Seitenlänge beträgt **6 cm**.

e) Lösen der vorgegebenen linearen Gleichung:

$$2(x-4) = 6 \quad |\text{ Klammern auflösen}$$
$$2x - 8 = 6 \quad | +8$$
$$2x = 14 \quad | :2$$
$$x = \mathbf{7}$$

oder

$$2(x-4) = 6 \quad | :2$$
$$x - 4 = 3 \quad | +4$$
$$x = \mathbf{7}$$

f) Lösung mithilfe des Zahlenstrahls:

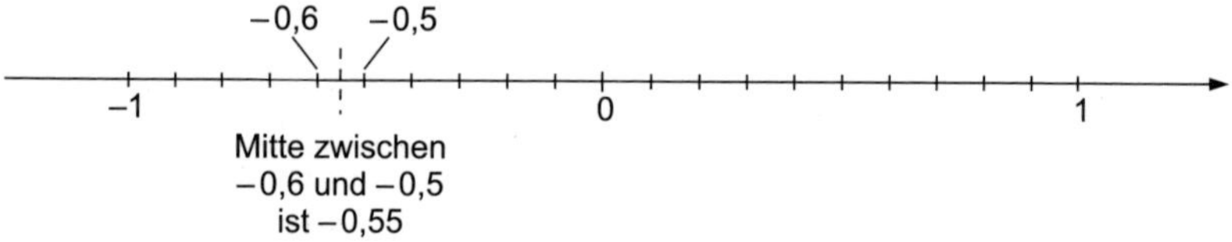

oder

Lösung mithilfe des Mittelwertes m:

$$\text{Mittelwert } m = \frac{\text{Summe der Zahlen}}{\text{Anzahl der Zahlen}}$$

$$m = \frac{-0{,}6 + (-0{,}5)}{2} = \frac{-1{,}1}{2} = -0{,}55$$

Die gesuchte Zahl ist **–0,55**.

g) Wenn zwei parallele Geraden von einer dritten Geraden geschnitten werden, entstehen gleich große Stufenwinkel (α). Der Winkel α und sein Gegenwinkel (auch Scheitelwinkel genannt) von 74° sind ebenfalls gleich groß.
$\alpha = \mathbf{74°}$

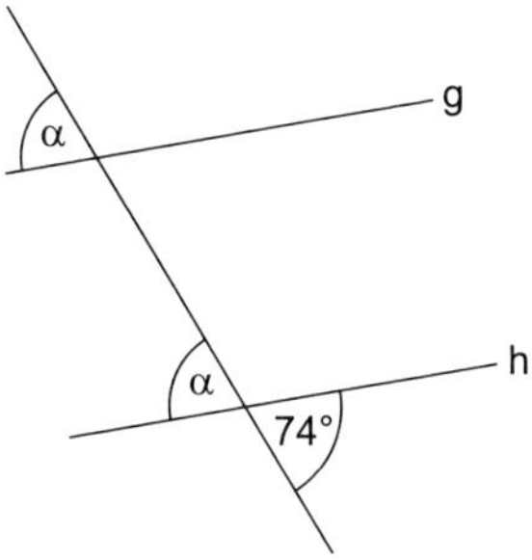

h) Es handelt sich hier um eine Potenz mit der Basis 2 und dem unbekannten Exponenten x. Eine Potenz ist die verkürzte Schreibweise einer Multiplikation. Man muss herausfinden, wie oft die Basis 2 mit sich selbst multipliziert wird, bis das Ergebnis 16 ist.
2-mal: $2 \cdot 2 = 2^2 = 4 \neq 16$
3-mal: $2 \cdot 2 \cdot 2 = 2^3 = 8 \neq 16$
4-mal: $2 \cdot 2 \cdot 2 \cdot 2 = 2^4 = 16 \quad \Rightarrow \quad x = \mathbf{4}$

i) Damit ein Dreieck entstehen kann, muss jeweils die Summe der Längen zweier Seiten größer sein als die Länge der dritten Seite. Veranschaulicht:

$b + c > a$

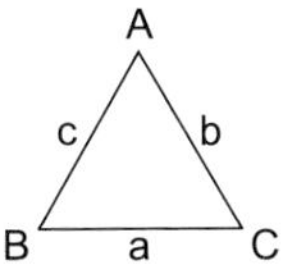

b und c berühren sich in einem Punkt A.

$b + c = a$

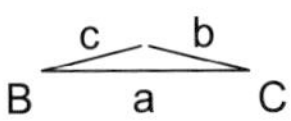

b und c können sich nur berühren, wenn sie auf a liegen.

$b + c < a$

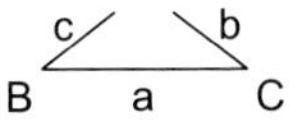

b und c können sich nicht berühren.

Es gilt:

☒ $b + c > 10$ cm ☐ $b + c = 10$ cm ☐ $b + c < 10$ cm

j) Lösen der vorgegebenen Gleichung:

$$\sin 30° = \frac{7}{x} \qquad |\cdot x$$

$$x \cdot \sin 30° = 7 \qquad |:\sin 30°$$

$$x = \frac{7}{\sin 30°}$$

$$x = \frac{7}{0{,}5}$$

$$x = \mathbf{14}$$

Aufgabe 2

Vorüberlegungen zum Balkendiagramm:

- Die Besucherzahlen an den einzelnen Wochentagen sind durch die Längen der Balken dargestellt und werden an der x-Achse abgelesen.
- Auf der x-Achse liegen zwischen 0 und 50, 50 und 100 usw. jeweils 5 Teileinheiten. Somit ist der Wert an jeder senkrechten Gitterlinie immer um $50:5=10$ höher als der Wert an der senkrechten Gitterlinie links daneben.

a) Am Donnerstag betrug die Besucheranzahl 180. Deshalb hat der Balken eine Länge von 18 Einheiten bzw. ist so lang wie die Strecke auf der x-Achse von 0 bis 180. Die Höhe des Balkens entspricht der Höhe der sechs anderen Balken.

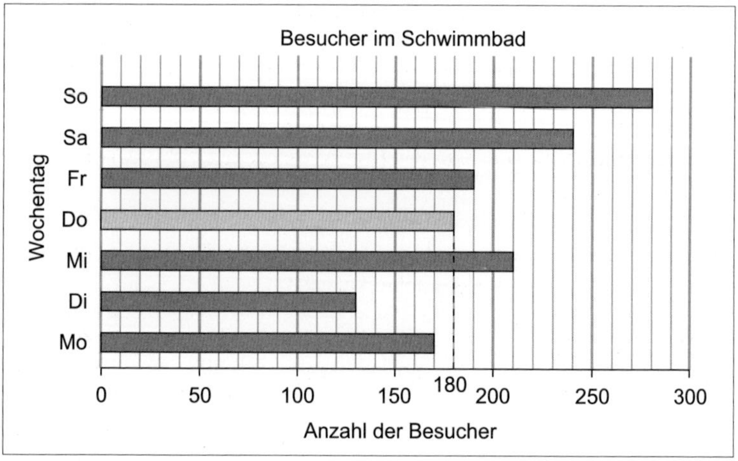

b) Lösung mithilfe des Diagramms:
Die Besucherzahl 190 wird durch eine Senkrechte zur x-Achse markiert. Alle Balken, die rechts über die Senkrechte hinausgehen, stehen für Besucherzahlen über 190.

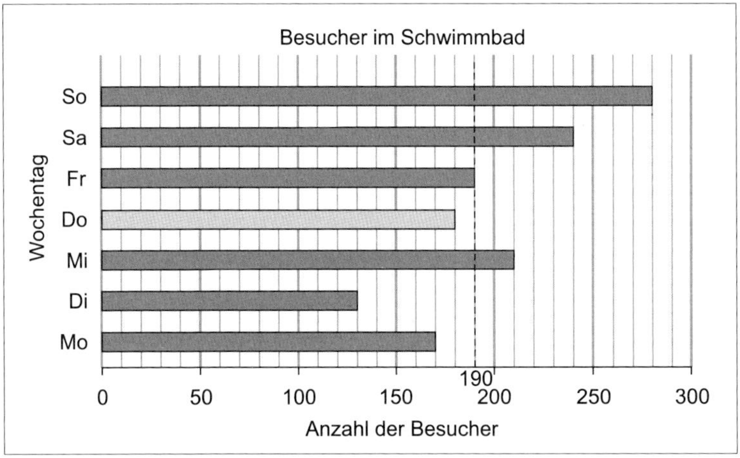

Am **Sonntag**, **Samstag** und **Mittwoch** waren mehr als 190 Besucher im Schwimmbad.

oder

Lösung mithilfe der absoluten Zahlen:
Aus dem Diagramm werden die einzelnen Besucherzahlen abgelesen und die Wochentage mit Besucherzahlen > 190 herausgesucht.

Wochentag	Sonntag	Samstag	Freitag	Donnerstag	Mittwoch	Dienstag	Montag
Besucher	**280**	**240**	190	180	**210**	130	170

Am **Sonntag**, **Samstag** und **Mittwoch** waren mehr als 190 Besucher im Schwimmbad.

c) Für die Berechnung des Durchschnittswertes werden die Besucherzahlen der einzelnen Wochentage benötigt (siehe Aufgabe b):

Wochentag	Sonntag	Samstag	Freitag	Donnerstag	Mittwoch	Dienstag	Montag
Besucher	280	240	190	180	210	130	170

Der Durchschnittswert d (= arithmetisches Mittel) einer Zahlenmenge ist die Summe aller Werte geteilt durch die Anzahl aller Werte.

$$d = \frac{x_1 + x_2 + \ldots + x_n}{n}$$

Berechnung mithilfe der Formel:

$$d = \frac{280 + 240 + 190 + 180 + 210 + 130 + 170}{7}$$

$$d = \frac{1\,400}{7}$$

$$d = 200$$

In der ersten Ferienwoche kamen durchschnittlich **200 Besucher** pro Tag ins Schwimmbad.

d)

Aussage	**Hinweis**	**Nachweis**
Die Spannweite der Besucherzahlen in der ersten Ferienwoche beträgt 150 Besucher.	Die Spannweite w ist die Differenz zwischen dem höchsten Datenwert (Maximum) und dem niedrigsten Datenwert (Minimum): $w = x_{max} - x_{min}$	Höchster Wert: 280 Besucher Niedrigster Wert: 130 Besucher $w = 280 - 130 = 150$
Am Sonntag kamen ein Drittel mehr Besucher als am Mittwoch.	Besucher am Sonntag (So): 280 Besucher am Mittwoch (Mi): 210 Ein Drittel von 210: $210 : 3 = 70$	Besucher Mi + ein Drittel der Besucher Mi = Besucher So $210 + 70 = 280$ **oder** Besucher So – Besucher Mi = ein Drittel der Besucher Mi $280 - 210 \stackrel{?}{=} 210 : 3$ $70 = 70$ **oder** Besucher Mi erhöht um ein Drittel = Besucher So $210 \cdot \frac{4}{3} \stackrel{?}{=} 280$ $280 = 280$

e) Tatsächliche Besucherzahl: 520

Tatsächliche Besucherzahl:	520
x:	Anzahl der fehlenden Besucher für die gewünschten Einnahmen
Gewünschte Besucherzahl:	$520 + x$
Preis für eine Karte:	12 €
Einnahmen bei $(520 + x)$ Besuchern:	$(520 + x) \cdot 12$ €
Gewünschte Einnahmen:	7 920 €
Gleichung:	$\mathbf{(520 + x) \cdot 12 = 7\,920}$

Lösung mithilfe der Gleichung:

$$
\begin{aligned}
(520 + x) \cdot 12 &= 7\,920 && \mid \text{Klammern auflösen} \\
6\,240 + 12x &= 7\,920 && \mid -6\,240 \\
12x &= 1\,680 && \mid :12 \\
x &= 140
\end{aligned}
$$

oder

Lösung über den Differenzbetrag:
Tatsächliche Einnahmen = Anzahl der Besucher · Preis für eine Karte
$520 \cdot 12$ € = 6 240 €
Gewünschte Einnahmen: 7 920 €

Differenz zwischen tatsächlichen und gewünschten Einnahmen:
7 920 € − 6 240 € = 1 680 €

Anzahl der Besucher, die bei 12 € Eintritt 1 680 € erbracht hätten:
$1\,680 : 12 = 140$

Es fehlten **140 Besucher**, um 7 920 € Einnahmen zu erzielen.

Aufgabe 3

a) Lösung durch Ablesen aus der Zeichnung:
Der Scheitelpunkt S einer nach oben geöffneten Parabel ist der tiefste Punkt der Parabel. Die Koordinaten des Scheitelpunkts S werden der Zeichnung entnommen: **S(–2 | –4)**

oder

Lösung mithilfe der Funktionsgleichung:
Die Scheitelpunktform einer Normalparabel lautet $y = (x + d)^2 + e$ für den Scheitelpunkt $S(-d \mid e)$.
Da die Funktionsgleichung $y = (x + 2)^2 - 4$ der Scheitelpunktform entspricht, gilt $d = 2$ und $e = -4$ und somit für den Scheitelpunkt **S(–2 | –4)**.

b) Zeichnerische Lösung:
Durch Einzeichnen der Punkte in das vorhandene Koordinatensystem wird überprüft, welcher Punkt nicht auf dem Graphen liegt.

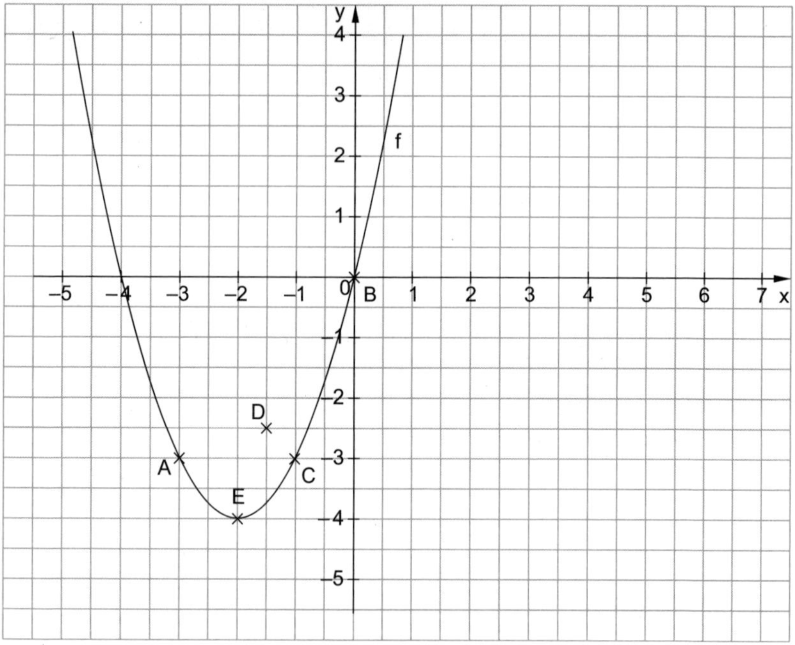

Der Punkt D liegt nicht auf dem Graphen von f.

oder

Rechnerische Lösung:
Durch Einsetzen der Koordinaten der jeweiligen Punkte in die Funktionsgleichung $y = (x+2)^2 - 4$ wird überprüft, ob sich eine wahre oder falsche Aussage ergibt:

Für A(–3 | –3):
$-3 \stackrel{?}{=} (-3+2)^2 - 4$
$-3 \stackrel{?}{=} 1 - 4$
$-3 = -3$ (wahr) $\Rightarrow$ A liegt auf f.

Für B(0 | 0):
$0 \stackrel{?}{=} (0+2)^2 - 4$
$0 \stackrel{?}{=} 4 - 4$
$0 = 0$ (wahr) $\Rightarrow$ B liegt auf f.

Für $C(-1 \mid -3)$:
$-3 \stackrel{?}{=} (-1+2)^2 - 4$
$-3 \stackrel{?}{=} 1 - 4$
$-3 = -3$ (wahr) $\Rightarrow$ C liegt auf f.

Für $D(-1{,}5 \mid -2{,}5)$:
$-2{,}5 \stackrel{?}{=} (-1{,}5+2)^2 - 4$
$-2{,}5 \stackrel{?}{=} 0{,}25 - 4$
$-2{,}5 \neq -3{,}75$ (falsch) $\Rightarrow$ D liegt nicht auf f.

Für $E(-2 \mid -4)$:
$-4 \stackrel{?}{=} (-2+2)^2 - 4$
$-4 \stackrel{?}{=} 0 - 4$
$-4 = -4$ (wahr) $\Rightarrow$ E liegt auf f.

Der Punkt D liegt nicht auf dem Graphen von f.

Somit gilt:

☐ A(–3 | –3) ☐ B(0 | 0) ☐ C(–1 | –3)
☒ D(–1,5 | –2,5) ☐ E(–2 | –4)

c) Eine zeichnerische Lösung durch Ablesen mithilfe des vorhandenen Graphen ist nicht möglich, da der Punkt $A(2 \mid y)$ außerhalb der Zeichnung liegt.

Rechnerische Lösung:
Zur Bestimmung der y-Koordinate wird die x-Koordinate $x = 2$ in die Funktionsgleichung $y = (x+2)^2 - 4$ eingesetzt:

$y = (2+2)^2 - 4$
$y = 4^2 - 4$
$y = \mathbf{12}$ $\Rightarrow$ $A(2 \mid 12)$

d) *Vorüberlegungen zur Spiegelung an der y-Achse:*

1. Der gespiegelte Graph p hat dieselbe Form wie der Originalgraph f, ist also wieder eine verschobene Normalparabel.
2. Jeder gespiegelte Punkt P' liegt auf der anderen Seite der y-Achse und hat denselben Abstand von der y-Achse wie der Originalpunkt P.
3. Beim Spiegeln an der y-Achse ändert sich bei jedem Spiegelpunkt nur das Vorzeichen der x-Koordinate:

$$P(x \mid y) \xrightarrow{\text{gespiegelt}} P'(-x \mid y)$$

- Tipps zum Spiegeln des Graphen f:
  - Da der gespiegelte Graph p nur skizziert werden soll, reicht es aus, nur einige Punkte des Graphen f zu spiegeln, die anschließend zum Graph p verbunden werden können.
  - Die Schnittpunkte mit den Achsen (N_1, N_2) und der Scheitelpunkt S als besondere Punkte sollten gespiegelt werden, damit das Skizzieren des gespiegelten Graphen p einfacher wird.
  - Beim Spiegeln liegt die Mittellinie des Geodreiecks auf der Spiegelachse, also auf der y-Achse, der Abstand von P zur y-Achse und von P' zur y-Achse ist gleich.

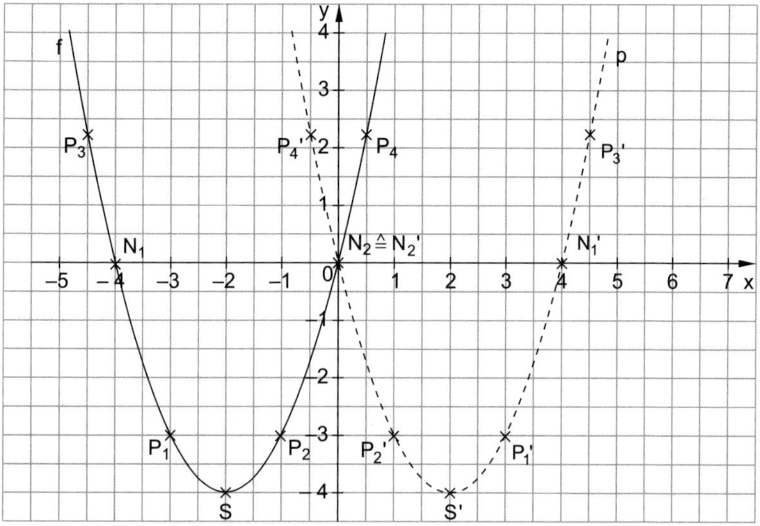

Hinweis: Es können auch andere Punkte als P_1, P_2, P_3 und P_4 zum Spiegeln ausgewählt werden.

- Lösung als Scheitelpunktform:
  Die Scheitelpunktform der verschobenen Normalparabel mit dem Scheitelpunkt $S(-d \mid e)$ lautet $y = (x + d)^2 + e$. Zur Bestimmung der Scheitelpunktform werden die Koordinaten des gespiegelten Scheitelpunktes $S'(2 \mid -4)$ eingesetzt.
  Für $S'(2 \mid -4)$ gilt $d = -2$ und $e = -4$.
  Scheitelpunktform für p: $\mathbf{y = (x - 2)^2 - 4}$ *

oder

Lösung über den Vorzeichenwechsel der x-Koordinaten:
Beim Spiegeln an der y-Achse ändern sich die Vorzeichen der x-Koordinaten aller Punkte des Originalgraphen:

$x \xrightarrow{\text{gespiegelt}} -x$

Deshalb gilt: Originalgraph f: $y=(x+2)^2-4 \xrightarrow{\text{gespiegelt}}$
Spiegelgraph p: $\mathbf{y=(-x+2)^2-4}$ *

oder

Lösung über ein lineares Gleichungssystem:
Allgemeine Form einer verschobenen Normalparabel p: $y=x^2+ax+b$
Alle Punkte, die auf der Parabel liegen, erfüllen diese Gleichung. Auf dem Graphen p liegen zum Beispiel die Punkte $N_2'(0|0)$, $N_1'(4|0)$, $S'(2|-4)$, …

Einsetzen der Koordinaten von N_2' in $y=x^2+ax+b$:

I $\quad 0=0^2+a\cdot 0+b$
$\quad b=0$

Einsetzen der Koordinaten von N_1' in $y=x^2+ax+b$:

II
$$
\begin{aligned}
0 &= 4^2+4a+b && |\text{einsetzen } b=0\\
0 &= 16+4a+0 && |-16\\
-16 &= 4a && |:4\\
a &= -4
\end{aligned}
$$

$a=-4$ und $b=0$ werden eingesetzt in $y=x^2+ax+b$:
$\Rightarrow$ Funktionsgleichung für p: $\mathbf{y=x^2-4x}$ *

* *Hinweis:* Alle Ergebnisse sind gleichwertig, denn:

$(x-2)^2-4=(-x+2)^2-4=x^2-4x$

$\downarrow \qquad\qquad \downarrow$

$x^2-4x+4-4 \qquad x^2-4x+4-4$

$\downarrow \qquad\qquad \downarrow$

$x^2-4x \qquad x^2-4x$

e) Nullstellen sind die x-Koordinaten der Schnittpunkte der Parabel mit der x-Achse. Da für jeden Schnittpunkt mit der x-Achse die y-Koordinate 0 wird, setzt man $y=0$:
$y=2x^2+8x+6 \;\Rightarrow\; 0=2x^2+8x+6$
Um mit der pq-Formel rechnen zu können, muss diese Gleichung zunächst in die Normalform umgeformt werden:

$2x^2+8x+6=0 \quad |:2$
$x^2+4x+3=0$ (Normalform: $p=4$, $q=3$)

Es folgt:

$$x_{1/2} = -\frac{p}{2} \pm \sqrt{\left(\frac{p}{2}\right)^2 - q}$$

$$x_{1/2} = -\frac{4}{2} \pm \sqrt{\left(\frac{4}{2}\right)^2 - 3}$$

$$x_{1/2} = -\frac{4}{2} \pm \sqrt{1}$$

$$x_1 = -2 + \sqrt{1} = -1$$

$$x_2 = -2 - \sqrt{1} = -3$$

Die Nullstellen dieser Funktion sind $\mathbf{x_1 = -1}$ und $\mathbf{x_2 = -3}$.

Aufgabe 4

a) *Wichtige Angaben im Text:*
- Der Wasserverbrauch 2019 beträgt **54 Tausend Liter pro Person**.
- Der Wasserverbrauch pro Person **steigt jährlich um 3 %**.

Ergänzen der fehlenden Werte in der Tabelle:
Der erste fehlende Wert für das Jahr 2019 wird direkt aus dem Text übernommen.
Der zweite fehlende Wert für das Jahr 2022 ist gegenüber dem Wert des Jahres 2021 um 3 % gestiegen und beträgt 103 % von 57,3 Tausend Liter.

Berechnung des Wertes für 2022 mithilfe der Prozentrechnung:

Lösung mit dem Dreisatz:

$$100\,\% \triangleq 57{,}3 \text{ Tsd. } \ell \quad (:100)$$

$$1\,\% \triangleq \frac{57{,}3}{100} \text{ Tsd. } \ell \quad (\cdot 103)$$

$$103\,\% \triangleq \frac{57{,}3 \cdot 103}{100} \text{ Tsd. } \ell \approx 59{,}02 \text{ Tsd. } \ell$$

oder

Lösung über proportionale Zuordnung:

$$\frac{57{,}3}{100} = \frac{x}{103} \quad | \cdot 103$$

$$x = \frac{57{,}3 \cdot 103}{100}$$

$$x \approx 59{,}02$$

Jahr	2019	2020	2021	2022
Jährlicher Wasserverbrauch pro Person in Tausend Litern	**54,0 ***	55,6	57,3	**59,0 ***

* *Hinweis:* Wie bei den anderen Werten in der Tabelle wird auf die erste Dezimalstelle gerundet.

b) *Vorüberlegungen zum Diagramm:*
- Das Diagramm zeigt die voraussichtliche Entwicklung des jährlichen Wasserverbrauchs pro Person ab dem Jahr 2019.
- Auf der y-Achse wird der Wasserverbrauch pro Person dargestellt, die Maßeinheit ist 1 000 Liter, die y-Achse ist mit einer Schrittweite von 5 eingeteilt, d. h., ein „Kästchen“ steht für 5 000 Liter.
- Auf der x-Achse wird die Zeit ab 2019 dargestellt, die Einheit ist Jahre, die x-Achse ist mit einer Schrittweite von 2 eingeteilt, d. h., ein „Kästchen“ steht für 2 Jahre und $x = 0$ entspricht dem Jahr 2019.
- Der Graph zeigt exponentielles Wachstum, der Anfangswert ist 54 Tausend Liter im Jahr 2019.

Verdopplung des Wasserverbrauchs pro Person:

Lösung durch Ablesen aus der Grafik:
Ab 2019 dauert es **ca. 23 Jahre**, bis sich der Wasserverbrauch verdoppelt.

Beschreibung des Vorgehens zur Findung der Lösung:

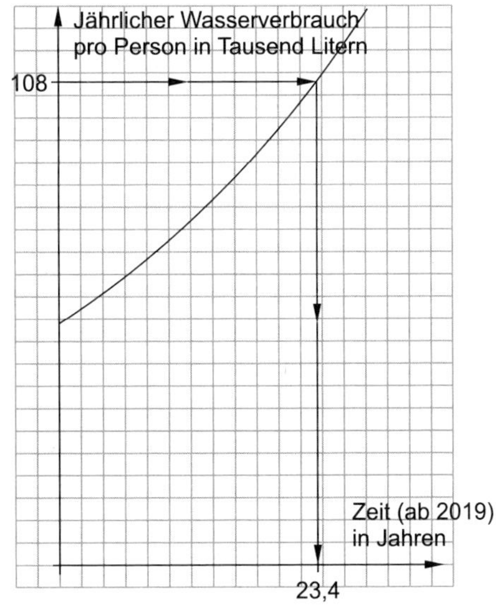

1. Das Ausgangsjahr sei 2019.
2. Den Wasserverbrauch 2019 durch Ablesen auf der y-Achse bzw. durch die Angabe im Text ermitteln: 54 Tausend Liter
3. Den Wert 54 verdoppeln:
   $54 \cdot 2 = 108$
4. Die x-Koordinate zu $y = 108$ in der Grafik ablesen:
   - Den Wert 108 auf der y-Achse markieren.
   - Von dieser Stelle aus eine Parallele zur x-Achse bis zum Graphen zeichnen.
   - Den Schnittpunkt mit dem Graphen markieren.
   - Von dieser Stelle aus eine Parallele zur y-Achse bis zur x-Achse zeichnen.
   - An der Schnittstelle auf der x-Achse den Wert ablesen: ca. 23,4
5. Den Wert 23,4 runden und die Lösung formulieren:
   Ab 2019 dauert es **ca. 23 Jahre**, bis sich der Wasserverbrauch verdoppelt.

Hinweis:
Alle Werte zwischen 22 und 24 Jahren werden als Lösung akzeptiert.

c) Für beide Studien wird der Wasserbrauch (in Tausend Litern) im Jahr 2033 berechnet, dann werden die Werte verglichen.

Studie 1:
Vorhersage: Der Wasserverbrauch wird mithilfe folgender Gleichung bestimmt:
$y = 54 \cdot 1{,}03^x$
(x: Zeit in Jahren, y: Wasserverbrauch pro Person in Tausend Litern)

Berechnung der Anzahl der Jahre von 2019 bis 2033:
$2033 - 2019 = 14 \Rightarrow x = 14$
$x = 14$ einsetzen in die Gleichung:
$y = 54 \cdot 1{,}03^{14} \approx 81{,}7$
Ergebnis für Studie 1: Im Jahr 2033 beträgt der Wasserverbrauch etwa **81,7 Tausend Liter**.

Studie 2:
Vorhersage: Der Wasserverbrauch steigt von 2019 bis 2033 um 40 %.
Gegeben: Wasserverbrauch 2019: 54 Tausend Liter

Berechnung des Anstiegs des Wasserverbrauchs von 2019 bis 2033 mithilfe der Prozentrechnung:

Lösung mit dem Dreisatz: **oder** Lösung über proportionale Zuordnung:

Lösung mit dem Dreisatz:

$$\begin{aligned} 100\,\% &\triangleq 54 \text{ Tsd. } \ell \\ 1\,\% &\triangleq \frac{54}{100} \text{ Tsd. } \ell \\ 40\,\% &\triangleq \frac{54 \cdot 40}{100} \text{ Tsd. } \ell \\ &= 21{,}6 \text{ Tsd. } \ell \end{aligned} \quad (:100,\ \cdot 40)$$

Lösung über proportionale Zuordnung:

$$\frac{54}{100} = \frac{x}{40} \quad | \cdot 40$$
$$x = \frac{54 \cdot 40}{100}$$
$$x = 21{,}6$$

$\Rightarrow$ Damit steigt der Wasserverbrauch bis 2033 auf $54 + 21{,}6 = 75{,}6$ Tausend Liter.

Ergebnis für Studie 2: Im Jahr 2033 beträgt der Wasserverbrauch **75,6 Tausend Liter**.

Vergleich der beiden Studien:
$81{,}7 > 75{,}6 \Rightarrow$ Die beiden Studien sagen verschiedene Werte für den Wasserverbrauch pro Person im Jahr 2033 voraus.

Aufgabe 5

Vorüberlegungen:
Es handelt sich um ein „liegendes" Prisma mit trapezförmiger Grund- und Deckfläche. Die Körperhöhe zwischen Grund- und Deckfläche beträgt 12 cm. Die Seitenflächen bestehen aus vier unterschiedlichen Rechtecken.

a) In dem unvollständigen Netz der Schachtel fehlen zwei Flächen:
   - trapezförmige Wand in der Vorderansicht, die kongruent zur Rückwand ist
   - rechteckige rechte Seitenwand mit den Maßen 12 cm × 15 cm

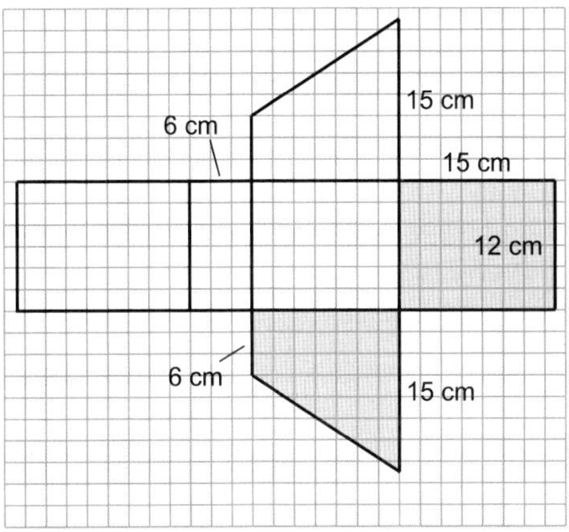

oder

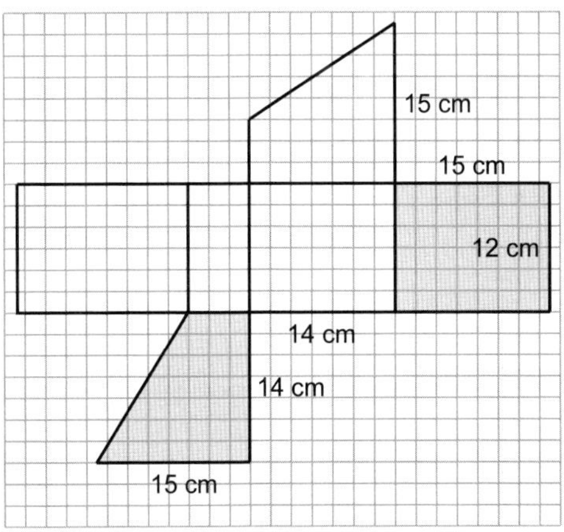

Anmerkungen:
1 „Kästchen" ≙ 2 cm; Es gibt noch weitere Lösungsmöglichkeiten.

b) Betrachtet wird das rechtwinklige Dreieck mit den Seitenlängen 14 cm und 9 cm.

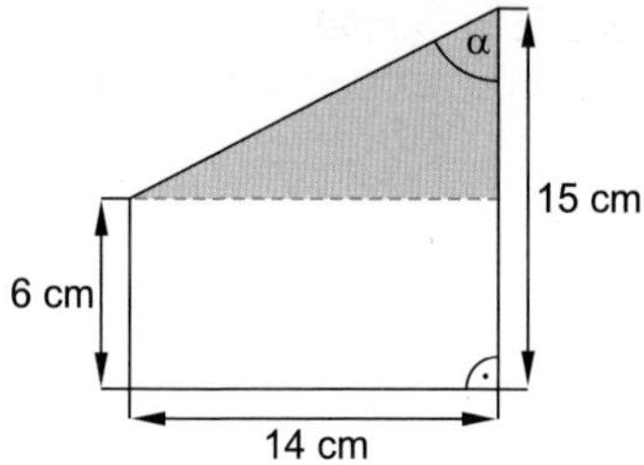

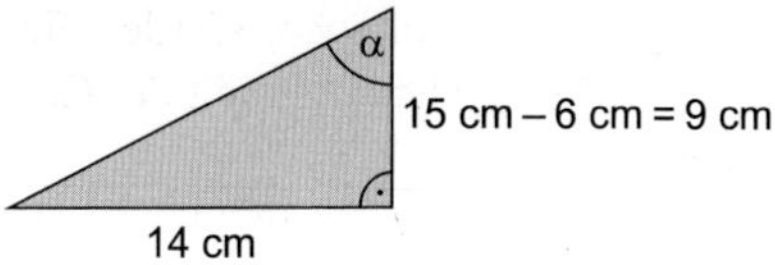

Vom Winkel α aus gesehen ist die Seite mit der Länge 14 cm die Gegenkathete und die Seite mit der Länge 9 cm die Ankathete.

Im rechtwinkligen Dreieck gilt:

$$\tan\alpha = \frac{\text{Gegenkathete}}{\text{Ankathete}}$$

$$\tan\alpha = \frac{14}{9}$$

$$\tan\alpha = 1{,}555\ldots$$

$$\alpha \approx \mathbf{57{,}26}°$$

c) Es geht nicht um die Berechnung, wie oft das Volumen einer Schachtel in das Volumen der Kiste hineinpasst, sondern hier ist das räumliche Vorstellungsvermögen gefragt. Herauszufinden ist, wie viele Schachteln (Trapezsäulen mit vorgegebenen Maßen) maximal in die Kiste (Quader mit vorgegebenen Maßen) passen:

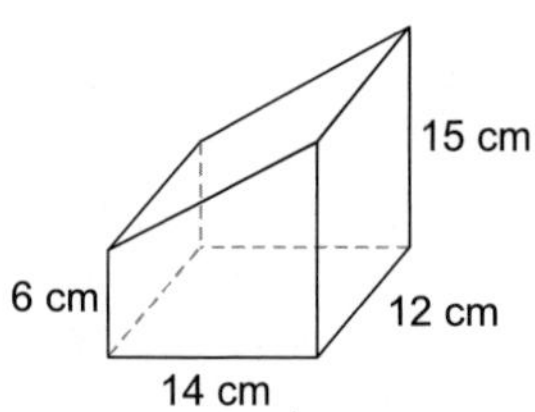

Schrägbild der Schachtel

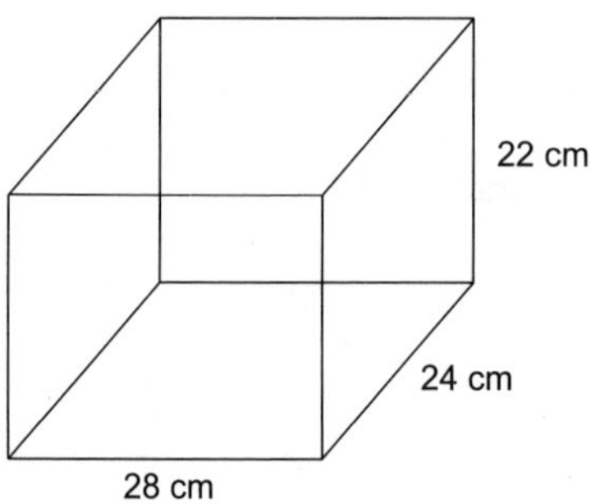

Schrägbild der Kiste

Beschreibung des Lösungsweges:

Die Kiste ist mit 28 cm doppelt so lang wie eine Schachtel, also passen in der Länge 2 Schachteln nebeneinander.

Die Kiste ist mit 24 cm doppelt so breit wie eine Schachtel, also passen in der Breite 2 Schachteln hintereinander.
Die Kiste ist 22 cm hoch. Werden die Schachteln umgedreht gestapelt, passen in der Höhe 2 Schachteln mit der Gesamthöhe 6 cm + 15 cm = 21 cm übereinander.
Es ergeben sich zwei Schichten mit je 4 Schachteln.

Insgesamt passen also **8 Schachteln** in die Kiste.

oder

Insgesamt passen also $2 \cdot 2 \cdot 2 = $ **8 Schachteln** in die Kiste.

Skizzen:

Schachteln in der Kiste, von vorne betrachtet:

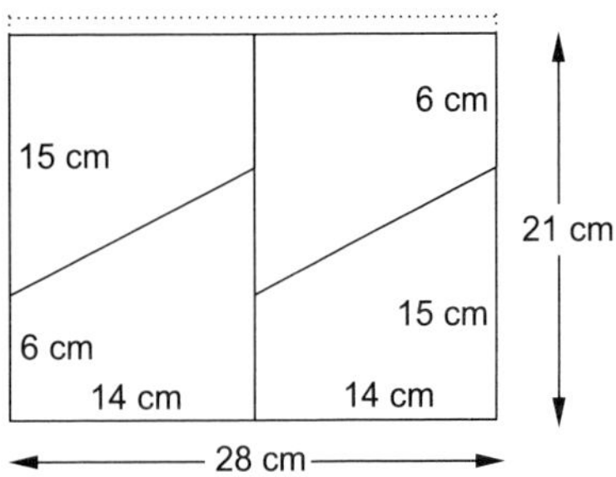

Schachteln in der Kiste, von oben betrachtet:

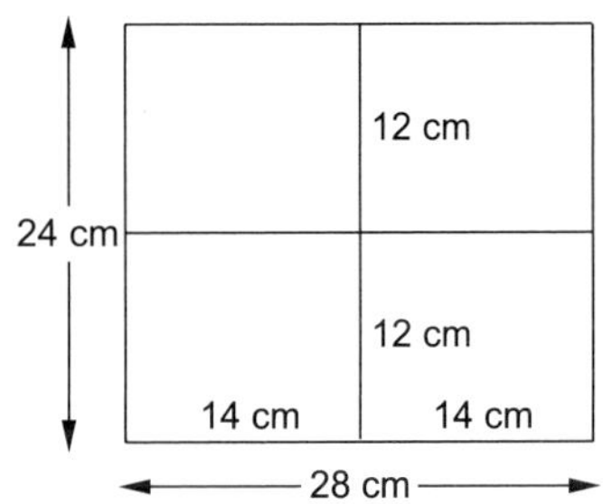

Aufgabe 6

Vorüberlegungen:
Der Würfel wird zweimal nacheinander geworfen. Es handelt sich also um einen zweistufigen Zufallsversuch „mit Zurücklegen“. Zum besseren Verständnis sind im folgenden Diagramm alle 36 Augenpaare dargestellt:

1. Wurf / 2. Wurf	**1**	**2**	**3**	**4**	**5**	**6**
1	(1, 1)	(2, 1)	(3, 1)	(4, 1)	(5, 1)	(6, 1)
2	(1, 2)	(2, 2)	(3, 2)	(4, 2)	(5, 2)	(6, 2)
3	(1, 3)	(2, 3)	(3, 3)	(4, 3)	(5, 3)	(6, 3)
4	(1, 4)	(2, 4)	(3, 4)	(4, 4)	(5, 4)	(6, 4)
5	(1, 5)	(2, 5)	(3, 5)	(4, 5)	(5, 5)	(6, 5)
6	(1, 6)	(2, 6)	(3, 6)	(4, 6)	(5, 6)	(6, 6)

a) Ereignis E: „Augenzahl 2 im zweiten Wurf"
günstige Ergebnisse: **(1, 2)**; **(2, 2)**; **(3, 2)**; **(4, 2)**; **(5, 2)**; **(6, 2)**

Anzahl der für E günstigen Ergebnisse: 6
Anzahl aller möglichen Ergebnisse: 36

Berechnung der Wahrscheinlichkeit für das Ereignis E:

$$P(E) = \frac{\text{Anzahl der für E günstigen Ergebnisse}}{\text{Anzahl aller möglichen Ergebnisse}}$$

$$P(E) = \frac{6}{36}$$

$$P(E) = \frac{1}{6} \approx 0{,}1667 = 16{,}67\ \%$$

Die Wahrscheinlichkeit dafür, dass der zweite Wurf eine 2 zeigt, beträgt ca. **16,67 %**.

b) Zunächst werden die Einzelwahrscheinlichkeiten für die Behauptung von Max berechnet und danach miteinander verglichen.

Ereignis E_1: „zwei gleiche Augenzahlen"
günstige Ergebnisse: (1, 1); (2, 2); (3, 3); (4, 4); (5, 5); (6, 6)

Anzahl der für E_1 günstigen Ergebnisse: 6
Anzahl aller möglichen Ergebnisse: 36

Berechnung der Wahrscheinlichkeit für das Ereignis E_1:

$$P(E_1) = \frac{\text{Anzahl der für } E_1 \text{ günstigen Ergebnisse}}{\text{Anzahl aller möglichen Ergebnisse}}$$

$$P(E_1) = \frac{6}{36}$$

$$P(E_1) = \frac{1}{6} \approx 0{,}1667 = 16{,}67\ \%$$

Ereignis E_2: „Augenzahl 6 im ersten Wurf"
günstige Ergebnisse: (6, 1); (6, 2); (6, 3); (6, 4); (6, 5); (6, 6)

Anzahl der für E_2 günstigen Ergebnisse: 6
Anzahl aller möglichen Ergebnisse: 36

Berechnung der Wahrscheinlichkeit für das Ereignis E_2:

$$P(E_2) = \frac{\text{Anzahl der für } E_2 \text{ günstigen Ergebnisse}}{\text{Anzahl aller möglichen Ergebnisse}}$$

$$P(E_2) = \frac{6}{36}$$

$$P(E_2) = \frac{1}{6} \approx 0{,}1667 = 16{,}67\ \%$$

Die Wahrscheinlichkeit, zwei gleiche Augenzahlen zu würfeln, ist genauso groß wie die Wahrscheinlichkeit, zuerst eine 6 zu würfeln.

☐ Max hat recht ☒ Max hat nicht recht

c) Der Würfel wird dreimal hintereinander geworfen. Es handelt sich um einen dreistufigen Zufallsversuch „mit Zurücklegen".
Für die Einzelwahrscheinlichkeiten gilt:
Augenzahl „6" mit der Wahrscheinlichkeit $\frac{1}{6}$ (eine von sechs Augenzahlen ist günstig) und
Augenzahl „keine 6" mit der Wahrscheinlichkeit $\frac{5}{6}$ (fünf von sechs Augenzahlen sind günstig)

Vervollständigtes Baumdiagramm:

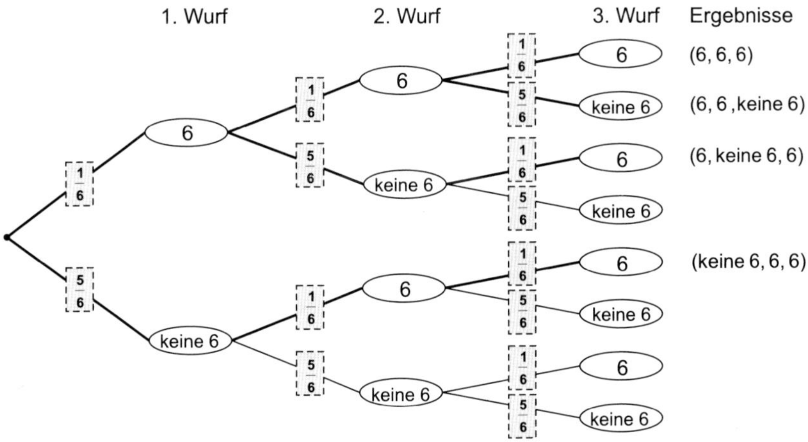

Lösung über das Baumdiagramm:
Das Ereignis „mindestens 2-mal eine 6" bedeutet, dass 2-mal oder 3-mal die 6 erscheinen muss. Die zugehörigen Pfade sind im Baumdiagramm fett markiert.

Berechnung der Wahrscheinlichkeit mithilfe der 1. und 2. Pfadregel:
P(„mindestens 2-mal 6") =

$= P(6, 6, 6) + P(6, 6, \text{keine } 6) + P(6, \text{keine } 6, 6) + P(\text{keine } 6, 6, 6)$

$= \frac{1}{6} \cdot \frac{1}{6} \cdot \frac{1}{6} + \frac{1}{6} \cdot \frac{1}{6} \cdot \frac{5}{6} + \frac{1}{6} \cdot \frac{5}{6} \cdot \frac{1}{6} + \frac{5}{6} \cdot \frac{1}{6} \cdot \frac{1}{6}$

$= \frac{1}{216} + \frac{5}{216} + \frac{5}{216} + \frac{5}{216}$

$= \frac{16}{216}$

$\approx 0{,}074$

$= 7{,}4\ \%$

oder

Lösung über gleiche Wahrscheinlichkeit (Laplace):
Wird ein Würfel 3-mal nacheinander geworfen, so können sich 216 verschiedene Augenkombinationen ergeben, die alle gleich wahrscheinlich sind.
Begründung:
6 Zahlen im 1. Wurf kombiniert mit 6 Zahlen im 2. Wurf kombiniert mit 6 Zahlen im 3. Wurf:

$6 \cdot 6 \cdot 6 = 216$

Ereignis E: „mindestens 2-mal 6"
günstige Ergebnisse: (6, 6, 6)
(6, 6, 1); (6, 6, 2); (6, 6, 3); (6, 6, 4); (6, 6, 5)
(6, 1, 6); (6, 2, 6); (6, 3, 6); (6, 4, 6); (6, 5, 6)
(1, 6, 6); (2, 6, 6); (3, 6, 6); (4, 6, 6); (5, 6, 6)

Anzahl der für E günstigen Ergebnisse: 16
Anzahl aller möglichen Ergebnisse: 216

Berechnung der Wahrscheinlichkeit für das Ereignis E:

$$P(E) = \frac{\text{Anzahl der für E günstigen Ergebnisse}}{\text{Anzahl aller möglichen Ergebnisse}}$$

$$P(E) = \frac{16}{216}$$

$P(E) \approx 0{,}074 = 7{,}4\ \%$

Die Wahrscheinlichkeit, dass Max die Kinokarten bezahlt, beträgt **7,4 %**.

Aufgabe 7

a) Berechnung der Länge der Strecke $\overline{AB}$ im rechtwinkligen Dreieck ABC mithilfe des Satzes des Pythagoras:

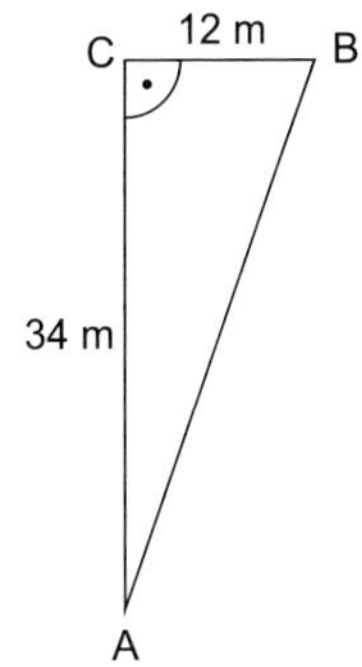

$$\overline{BC}^2 + \overline{CA}^2 = \overline{AB}^2$$
$$12^2 + 34^2 = \overline{AB}^2$$
$$144 + 1\,156 = \overline{AB}^2$$
$$\overline{AB}^2 = 1\,300 \qquad |\sqrt{}$$
$$\overline{AB} = \sqrt{1\,300} \approx 36{,}06$$

Die Strecke $\overline{AB}$ hat eine Länge von ca. **36,06 m**.

b) Betrachtet wird das Dreieck QBC:

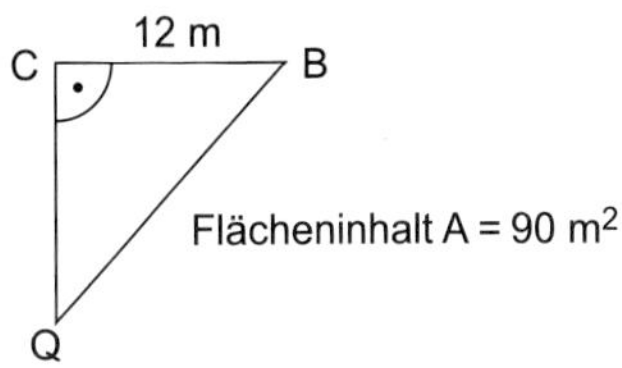

Für die Flächenberechnung im allgemeinen Dreieck gilt die Formel

$$A = \frac{\text{Grundseite} \cdot \text{Höhe}}{2} = \frac{g \cdot h}{2}.$$

Im rechtwinkligen Dreieck bilden die beiden Katheten a und b den rechten Winkel und entsprechen somit der Grundseite mit der zugehörigen Höhe, deshalb gilt im rechtwinkligen Dreieck:

$$A = \frac{a \cdot b}{2}$$

Gegeben: $\overline{BC} = 12$ m; $A = 90$ m^2

Gesucht: $\overline{CQ}$

Es gilt: $A = \dfrac{\overline{BC} \cdot \overline{CQ}}{2}$

$$90 = \frac{12 \cdot \overline{CQ}}{2} \qquad |\cdot 2$$
$$180 = 12 \cdot \overline{CQ} \qquad |:12$$
$$\overline{CQ} = 15$$

Die Strecke $\overline{CQ}$ hat eine Länge von **15 m**.

c) Bei dem Dreieck DEF handelt es sich um ein allgemeines Dreieck mit den in der Skizze angegebenen Maßen:

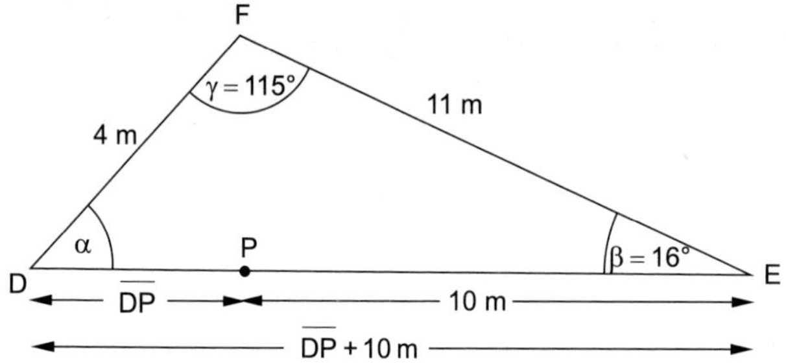

Es gilt der Sinussatz: $\frac{a}{\sin\alpha} = \frac{b}{\sin\beta} = \frac{c}{\sin\gamma}$

Berechnung der Länge der Strecke $\overline{DE}$ im allgemeinen Dreieck DEF mithilfe des Sinussatzes:

$$\frac{\overline{DE}}{\sin\gamma} = \frac{\overline{FD}}{\sin\beta}$$

Gegeben: $\overline{DE} = \overline{DP} + 10$ m; $\overline{FD} = 4$ m; $\beta = 16°$; $\gamma = 115°$

Gesucht: $\overline{DP}$

$$\frac{\overline{DP}+10}{\sin 115°} = \frac{4}{\sin 16°} \qquad \Big| \cdot \sin 115°$$

$$\overline{DP}+10 = \frac{4 \cdot \sin 115°}{\sin 16°}$$

$$\overline{DP}+10 \approx 13{,}15 \qquad \Big| -10$$

$$\overline{DP} \approx 3{,}15$$

oder

$$\frac{\overline{DE}}{\sin 115°} = \frac{4}{\sin 16°} \qquad \Big| \cdot \sin 115°$$

$$\overline{DE} = \frac{4 \cdot \sin 115°}{\sin 16°}$$

$$\overline{DE} \approx 13{,}15$$

$$\overline{DE} = \overline{DP}+10$$

$$13{,}15 \approx \overline{DP}+10 \qquad \Big| -10$$

$$\overline{DP} \approx 3{,}15$$

Die Länge der Strecke $\overline{DP}$ beträgt etwa **3,15 m**.